北大社·"十四五"普通高等教育本科规划教材
高等院校机械类专业"互联网+"创新规划教材
浙江省普通高校"十三五"新形态教材

机械 CAD 基础
（第 2 版）

主　编　徐云杰　胡晓军
副主编　钱孟波　张雪芬　杨俊凯
参　编　郑慧萌　方明辉

内容简介

本书系统介绍了机械CAD的基本原理，常用二维软件、三维软件的主要功能及使用技巧，通过丰富的机械设计案例，以机械设计过程为主线，引导学生快速掌握计算机辅助机械设计技术。

全书共分8章，内容包括绪论、机械CAD系统的基本原理、AutoCAD软件及其应用、NX软件及其应用、SolidWorks软件及其应用、AutoCAD二次开发、综合工程案例、机械CAD及其相关领域的发展。

本书结构严谨，内容翔实，实例针对性强，步骤讲解细致，特别适合初学者自学。本书可作为普通工科院校机械类、自动化类专业的教材和高职院校软件教学的教材，也可作为从事机械设计工作的工程技术人员的参考书。

图书在版编目（CIP）数据

机械CAD基础/徐云杰，胡晓军主编. —2版. —北京：北京大学出版社，2023.5
高等院校机械类专业"互联网+"创新规划教材
ISBN 978-7-301-33807-0

Ⅰ.①机… Ⅱ.①徐… ②胡… Ⅲ.①机械设计—计算机辅助设计—AutoCAD软件—高等学校—教材 Ⅳ.①TH122

中国国家版本馆CIP数据核字（2023）第037233号

书　　　名	机械CAD基础（第2版） JIXIE CAD JICHU（DI-ER BAN）
著作责任者	徐云杰　胡晓军　主编
策 划 编 辑	童君鑫
责 任 编 辑	孙　丹　童君鑫
数 字 编 辑	蒙俞材
标 准 书 号	ISBN 978-7-301-33807-0
出 版 发 行	北京大学出版社
地　　　址	北京市海淀区成府路205号　100871
网　　　址	http://www.pup.cn　　新浪微博：@北京大学出版社
电 子 信 箱	pup_6@163.com
电　　　话	邮购部 010-62752015　发行部 010-62750672　编辑部 010-62750667
印 刷 者	北京溢漾印刷有限公司
经 销 者	新华书店
	787毫米×1092毫米　16开本　19印张　456千字 2012年2月第1版 2023年5月第2版　2023年5月第1次印刷
定　　　价	59.00元

未经许可，不得以任何方式复制或抄袭本书之部分或全部内容。
版权所有，侵权必究
举报电话：010-62752024　电子信箱：fd@pup.pku.edu.cn
图书如有印装质量问题，请与出版部联系，电话：010-62756370

前　言

党的二十大报告提出，坚持把发展经济的着力点放在实体经济上，推进新型工业化，加快建设制造强国，实施产业基础再造工程和重大技术装备攻关工程，推动制造业高端化、智能化、绿色化发展，到 2035 年基本实现新型工业化。在实现制造强国的过程中，存在如下问题：利用信息技术改造传统生产方式和工艺流程的水平有待提升。因此，大力普及使用数字化研发设计工具（包括计算机绘图技术）是大势所趋，是提升制造业水平的基本要素。因此，编者参照适用于应用型本科院校的机械类专业课程、高职院校的机械类专业课程的教学基本要求，以提升学生数字化研发设计能力、操作能力、创新能力为目标，编写了本书。

本书以新形态一体化形式呈现，以纸质教材为核心，配合数字资源，充分发挥纸质教材体系完整、数字资源呈现方式多样化的特点。扫描书中二维码，观看相关知识点的讲解及三维模型，实现以知识点为基础的视频、音频、图像、文本等教学内容的数字化和智能重构。

本书注重理论与实践结合，将 AutoCAD 的基本原理融入案例，以"理论—实践—开发"为主线展开。讲解了机械设计中应用较广泛的 AutoCAD、NX、SolidWorks 三种软件的实体建模技术，以齿轮泵、台虎钳、减速器为例，将设计过程融入零件实体建模和装配体建模，边学基础理论，边应用基础建模技术设计产品，使学生用最短的时间掌握基础建模技术的最佳应用场合，并进行二次开发，提升工作效率。

本书由湖州师范学院的徐云杰、胡晓军担任主编，浙江农林大学的钱孟波、张雪芬和湖州师范学院的杨俊凯担任副主编，参编人员有湖州学院的郑慧萌、方明辉。本书具体编写分工如下：第 1 章、第 3 章、第 4 章、第 5 章的 5.1 节和 5.2 节、第 7 章由徐云杰、钱孟波、张雪芬编写，第 2 章由郑慧萌编写，第 5 章的 5.3 节和 5.4 节由杨俊凯编写，第 6 章由胡晓军编写，第 8 章由方明辉编写。

由于编者水平有限，本书难免存在疏漏和不妥之处，恳请广大读者批评指正，联系邮箱为 02455@zjhu.edu.cn。

编　者
2023 年 3 月

资源索引

目　录

前言
第1章　绪论 ……………………………… 1
1.1　机械 CAD 系统概述 …………… 2
1.2　机械 CAD 系统硬件和软件的组成… 3
 1.2.1　机械 CAD 系统的硬件 …… 3
 1.2.2　机械 CAD 系统的软件 …… 5
1.3　常用二维和三维机械 CAD 系统 … 6
1.4　机械 CAD 系统的作用 …………… 7
1.5　机械 CAD 系统的发展趋势 ……… 8
本章小结 ………………………………… 9
习题 …………………………………… 10
第2章　机械 CAD 系统的基本原理 ……… 11
2.1　坐标变换 ……………………… 12
2.2　几何变换 ……………………… 15
 2.2.1　二维图形的齐次坐标矩阵表示 …………………… 15
 2.2.2　二维图形的基本几何变换 … 15
 2.2.3　三维图形的基本几何变换 … 19
2.3　图形的开窗和裁剪 ……………… 24
 2.3.1　二维裁剪 ………………… 24
 2.3.2　平面多边形裁剪 ………… 25
 2.3.3　三维图形的裁剪 ………… 26
2.4　图形消隐 ……………………… 27
 2.4.1　求平面的法向矢量和方程 … 27
 2.4.2　包含性测试 ……………… 28
本章小结 ………………………………… 29
习题 …………………………………… 29

第3章　AutoCAD 软件及其应用 ………… 30
3.1　AutoCAD 设置及基本操作 ……… 32
 3.1.1　AutoCAD 界面简介 ……… 32
 3.1.2　设置绘图环境 …………… 33
 3.1.3　基本操作 ………………… 34
3.2　基本图形的绘制与编辑 ………… 39
 3.2.1　基本图形的绘制 ………… 39
 3.2.2　基本图形的编辑 ………… 45
3.3　文本尺寸标注 …………………… 53
 3.3.1　文本输入 ………………… 53
 3.3.2　创建标题栏和明细表 …… 57
 3.3.3　尺寸标注 ………………… 61
 3.3.4　图层的定义、特性、创建与管理 …………………… 71
 3.3.5　块的定义、应用和编辑 … 72
3.4　零件图 ………………………… 76
 3.4.1　零件图的绘制过程 ……… 76
 3.4.2　样板文件的创建与使用 … 79
3.5　装配图 ………………………… 82
 3.5.1　由零件图组合成装配图 … 82
 3.5.2　标注零件序号 …………… 84
本章小结 ………………………………… 88
习题 …………………………………… 88
第4章　NX 软件及其应用 ………………… 93
4.1　NX 设置及基本操作 …………… 94
 4.1.1　常用功能模块 …………… 94
 4.1.2　操作环境 ………………… 95

4.2 NX 实体建模 ·················· 99
   4.2.1 NX 实体建模综述 ········· 99
   4.2.2 创建草图 ················ 103
   4.2.3 扫描特征 ················ 113
   4.2.4 成型特征 ················ 115
   4.2.5 特征操作 ················ 116
   4.2.6 特征编辑 ················ 122
   4.2.7 同步建模 ················ 124
4.3 NX 装配 ······················ 127
   4.3.1 装配综述 ················ 127
   4.3.2 装配导航器 ·············· 128
   4.3.3 引用集 ·················· 129
   4.3.4 自底向上装配 ············ 130
   4.3.5 自顶向下装配 ············ 130
   4.3.6 装配爆炸图 ·············· 131
   4.3.7 装配实例 ················ 132
4.4 NX 工程图 ···················· 137
   4.4.1 工程图概述 ·············· 137
   4.4.2 工程图参数 ·············· 138
   4.4.3 工程图管理 ·············· 139
   4.4.4 图幅管理 ················ 140
   4.4.5 视图管理 ················ 141
   4.4.6 工程图标注和符号 ········ 146
本章小结 ···························· 150
习题 ································ 150

第 5 章 SolidWorks 软件及其应用 ····· 153
5.1 SolidWorks 基本操作 ·········· 154
   5.1.1 基本操作模式 ············ 154
   5.1.2 操作界面 ················ 155
   5.1.3 文件管理 ················ 156
   5.1.4 模型操控 ················ 156
   5.1.5 显示选项 ················ 156
   5.1.6 创建参照几何 ············ 156
   5.1.7 特征编辑 ················ 160
5.2 SolidWorks 零件实体建模 ····· 161
   5.2.1 草图绘制 ················ 161
   5.2.2 实体建模 ················ 169
   5.2.3 直接特征 ················ 172
   5.2.4 复制特征 ················ 176
5.3 SolidWorks 装配 ·············· 177
   5.3.1 装配模块简介 ············ 178
   5.3.2 约束装配 ················ 178
   5.3.3 元件放置操控板 ·········· 178
   5.3.4 爆炸视图 ················ 184
5.4 SolidWorks 工程图 ············ 186
   5.4.1 工程图概述 ·············· 186
   5.4.2 工程图图纸格式 ·········· 187
   5.4.3 创建基本工程视图 ········ 188
   5.4.4 工程图标注和符号 ········ 193
本章小结 ···························· 195
习题 ································ 195

第 6 章 AutoCAD 二次开发 ········· 199
6.1 AutoCAD 二次开发简介 ········ 200
6.2 AutoCAD 二次开发的目的和
    途径 ·························· 200
6.3 AutoCAD 二次开发的基本过程 ·· 201
6.4 AutoCAD 二次开发实例 ········ 202
本章小结 ···························· 212
习题 ································ 212

第 7 章 综合工程案例 ················ 213
7.1 齿轮泵 ························ 214
   7.1.1 齿轮泵的结构及工作原理 ··· 214
   7.1.2 案例分析 ················ 214
7.2 台虎钳 ························ 230

7.2.1 台虎钳的结构和工作

原理 …………… 230

7.2.2 案例分析 …………… 230

7.3 一级减速器 …………… 243

7.3.1 减速器的结构和工作

原理 …………… 243

7.3.2 案例分析 …………… 244

本章小结 …………… 277

习题 …………… 277

第8章 机械CAD及其相关领域的发展 … 282

8.1 CAD/CAM 技术 …………… 283

8.1.1 CAD/CAM 技术的基本

概念 …………… 283

8.1.2 我国 CAD/CAM 技术

现状 …………… 284

8.1.3 CAD/CAM 技术的发展

趋势 …………… 286

8.2 数字化制造技术 …………… 287

8.2.1 数字化制造技术的概念 … 287

8.2.2 数字化制造技术的起源与

发展 …………… 287

8.2.3 数字化制造技术的主要

内容 …………… 288

8.2.4 数字化制造技术的发展

方向 …………… 290

参考文献 …………… 293

第 1 章 绪论

通过本章的学习,读者可了解机械 CAD 系统的概念、硬件和软件组成、作用及发展趋势。

能力目标	知识要点	权重	自测分数
了解机械 CAD 系统的概念	机械 CAD 系统概述	15%	
了解机械 CAD 系统的硬件和软件组成	机械 CAD 系统硬件和软件的组成	20%	
了解常用二维和三维机械 CAD 系统	常用二维和三维机械 CAD 系统	40%	
了解机械 CAD 系统的作用	机械 CAD 系统的作用	15%	
了解机械 CAD 系统的发展趋势	机械 CAD 系统的发展趋势	10%	

引例

图 1.1 所示 EBJ-120TP 型掘进机是煤炭科学研究总院太原分院设计的产品。由于掘进机庞大、结构复杂且缺乏先进的设计手段,因此设计周期较长,一般为半年。由于在 EBJ-120TP 型掘进机的设计中广泛采用了 CAD 技术,特别是首次应用了 CAXA 三维实体设计软件,因此有效缩短了设计周期,从方案设计到交付生产图纸仅用 3 个月。机械 CAD 系统就是为高效设计诞生的。

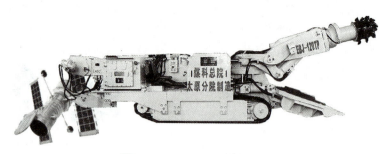

图1.1　EBJ-120TP型掘进机

1.1　机械 CAD 系统概述

计算机辅助设计（Computer Aided Design，CAD）**是用计算机系统协助产生、修改、分析和优化设计的技术**。工程技术人员利用计算机强大的图形处理能力和数值计算能力，设计和分析工程或产品。自 1950 年诞生以来，CAD 广泛应用于机械、电子、建筑、化工、航空航天及能源交通等领域。随着产品设计效率的快速提高，计算机辅助制造技术（Computer Aided Manufacturing，CAM）、产品数据管理技术（Product Data Management，PDM）、计算机集成制造系统（Computer Integrated Manufacturing System，CIMS）及计算机辅助测试（Computer Aided Testing，CAT）融为一体。

传统机械设计与现代机械设计的区别如图 1.2 所示。

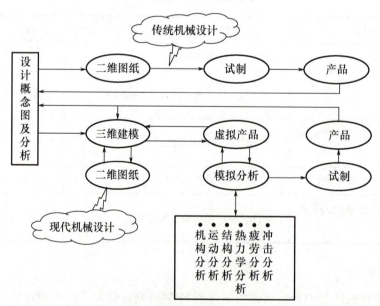

图1.2　传统机械设计与现代机械设计的区别

一般机械设计由以下三个步骤组成。

（1）**概念设计**。通过调查研究、收集资料，仔细分析用户需求，确定产品功能，进而构思方案，进行分析与论证，获得一组可行的原理性方案。

（2）初步设计。从一组可行的原理性方案中选择最优方案，绘制总布置草图，确定各部件的基本结构和形状，建立相应数学模型，分析计算与优化主要设计参数。

（3）详细设计。确定设计对象的细部结构，绘制总布置图和零部件图，并编写技术文件。

详细设计的结束并不意味着获得了一个好的设计。机械产品经历了制造加工、样机测试、批量生产及销售使用后，将返回大量信息，要依据这些信息不断修改产品。由此可见，机械设计是一个"设计—评价—再设计"的反复迭代、不断优化的过程，采用人工设计时，设计周期长。因此，实现某种程度的设计自动化、缩短设计周期、降低设计成本、提高设计质量成为机械设计发展的迫切需求，也是在这种背景下产生了机械CAD系统。

1.2 机械CAD系统硬件和软件的组成

机械CAD系统由五部分组成：计算机主机、外存储器、输入设备、输出设备和网络设备，如图1.3所示。计算机主机有中央处理器、内存储器（内存）；外存储器有硬盘、U盘、光盘和云盘等；输入设备有键盘、鼠标、数字化仪、扫描仪等；输出设备有图形显示器、绘图仪和打印机等；网络设备有网卡、传输介质、调制解调器等。

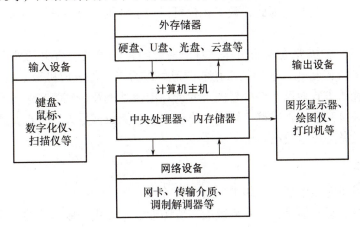

图1.3 机械CAD系统的组成

1.2.1 机械CAD系统的硬件

机械CAD系统的硬件包括主机、外存储器、输入设备、输出设备等。

1. 主机

主机由中央处理器和内存储器两部分组成，是计算机硬件的核心，用于指挥、控制整个计算机系统完成运算和分析工作。衡量主机的主要指标有运算速度、字长和内存容量。

2. 外存储器

内存储器直接与中央处理器连接，能够快速存取，但价格较高。为了提高计算机的经济性，不为计算机配置很大的内存储器，而配置外存储器，用来存放暂时不用或等待调用的程序、数据等信息。常用外存储器有硬盘、U盘、光盘和云盘等。

3. 输入设备

输入设备用于将外部数据转换成计算机能识别的电子脉冲信号。交互式机械CAD系统除需具备一般计算机系统的输入设备外，还应具备定位、笔画、输入数值、选择、拾取、输入字符串等功能。交互式输入设备主要有以下四种。

（1）键盘。键盘属输入设备，设有字符键、功能键及控制键等，其中字符键用来输入数据和程序。

（2）鼠标。鼠标作为定位输入设备，能十分方便地操纵图标菜单，且体积小、使用灵活、价格低。鼠标上有多个按键，可实现定位、选择等交互操作。鼠标按键可用程序定义，按下时可实现不同的操作功能。

（3）数字化仪。数字化仪，也称图形输入板，由图形板和触笔（或游标）组成。当触笔在台面上接触或移动时，利用电磁感应原理，可以测到台面上相应的点坐标(x,y)，计算机接收后映射到显示屏上。触笔在图形板上的移动与显示屏上坐标的移动一致，当触笔在图形板上连续移动时，显示屏上会出现相应的移动轨迹，为用户提供随时可以观察的反馈信号，便于人机交互。因此，数字化仪可以用于画图，提高画图的速率和效率，但只限于二维图形。

（4）扫描仪。扫描要输入的图样，对扫描后的光栅图像进行去污处理及字符识别处理，再将点阵图像矢量化，这种矢量化的图形可以编辑、修改成机械CAD系统所需的图形文件。这种输入方式对已有图样建图形库或在图像处理及识别等有重要意义。用扫描仪输入数据具有速度高、成像准确、输入工作量小、存储数据量大等优点，因而对存储器容量要求高，且设备的成本较高。

4. 输出设备

常用输出设备有显示器、打印机、绘图仪等。

（1）显示器。显示器是交互式系统的主要图形显示方式。显示器的主要功能是显示图像的尺寸，常用的有15in、17in、21in（1in=2.54cm）等；显示系统的空间分辨率，常用的有800×600、1024×768、1024×1024、4096×4096等。

（2）打印机。机械CAD系统中设计的图形除了在显示器上显示外，有时还需要把图形画在纸上，此时就需要用打印机。打印机根据工作方式可以分为点阵式打印机、喷墨式打印机和激光打印机。

（3）绘图仪。绘图仪主要用于绘制大型图形，可分为笔式绘图仪、喷墨式绘图仪、激光式绘图仪等，其中笔式绘图仪又可分为滚筒式绘图仪和平板式绘图仪。

1.2.2 机械 CAD 系统的软件

机械 CAD 系统的软件是指控制计算机运行,并使计算机发挥最大功效的程序、数据及相关图形文件。软件注重研究有效管理和使用硬件的方法。硬件配置完成后,软件配置水平直接影响系统的功能、工作效率及使用方便性,软件包含管理和应用计算机的全部技术。因此,在机械 CAD 系统中,硬件是物质基础,软件是核心。软件的成本高于硬件,占据着越来越重要的地位。根据在系统中执行任务及服务对象的不同,软件系统分为三个层次:系统软件、支撑软件和应用软件。

1. 系统软件

系统软件是使用、管理、控制计算机运行的程序的集合,是用户与计算机硬件的纽带,一般由软件专业人员研制。系统软件首先为用户使用计算机提供一个清晰、简洁、易使用的友好界面;其次尽可能使计算机系统中的资源得到充分、合理的应用。系统软件具有如下两个特点:一是公用性,不同领域的用户都可以使用,即多机公用和多用户公用;二是基础性,系统软件是支撑软件和应用软件的基础,系统中软件的层次性要借助系统软件的编制实现。

(1)操作系统。计算机的常用操作系统有 DOS、Windows、UNIX 等,其主要功能是内存分配管理、文件管理、中断管理、外部设备管理和作业管理。操作系统依赖计算机系统的硬件,用户通过操作系统使用计算机,任何程序都需经操作系统分配必要的资源后执行。

(2)计算机语言。计算机语言分为低级语言和高级语言。如汇编语言属于低级语言,是面向计算机的,执行速度高,能充分发挥硬件功能,常用于编制最低层的绘图功能;高级语言与自然语言比较接近,编写的程序与具体的计算机无关,编译和连接后即可执行。应用比较广泛的高级语言有 BASIC、C、C++ 等;在人工智能方面应用较多的语言有 LISP、PROLOG 等。

2. 支撑软件

支撑软件是机械 CAD 系统的核心,不针对具体的设计对象,而是为用户提供工具或开发环境。不同的支撑软件依赖一定的操作系统,且是各类应用软件的基础。支撑软件可以从软件市场购买,也可以自行开发。支撑软件按功能可分为三种:第一种解决几何图形设计问题,如二维绘图软件 AutoCAD、三维绘图软件 Creo,解决零部件图的详细设计问题,输出符合工程要求的零件图或装配图;第二种解决工程分析与计算问题,如基于 ANSYS 的有限元分析、基于 ABAQUS 的注塑模分析等,可进行工程分析和数学计算;第三种解决文档写作与生成问题,如 Word、Excel 等,可编辑报告、表格、文件等。

3. 应用软件

应用软件是用户为解决实际问题而自行开发或委托开发的程序系统。它是在系统软件的基础上用高级语言编程,或在某种支撑软件基础上针对待定问题设计研制的。设计研发应用软件又称"二次开发",如模具设计软件、机械零件设计软件、机床设计软件等,既可供一个用户使用,又可供多个用户使用。

1.3 常用二维和三维机械 CAD 系统

1. AutoCAD 及 MDT AutoCAD 系统

AutoCAD 及 MDT AutoCAD 系统是美国 Autodesk 公司开发的交互式绘图软件,它基本上是一个二维工程绘图软件,具有较强的绘图、编辑、剖面线和图案绘制、尺寸标注功能且方便用户二次开发,也具有部分三维作图造型功能。

AutoCAD 提供 AuotoLISP、ADS、ARX 等二次开发的工具。在许多实际应用领域(如机械、建筑、电子),一些软件开发商在 AuotoCAD 的基础上开发出符合实际应用的软件。

2. UG

UG(Unigraphics NX)是 Siemens PLM Software 公司出品的产品工程解决方案,广泛应用于机械、模具、家电、汽车及航天领域。UG 采用基于特征的实体造型,具有尺寸驱动编辑功能和统一数据库,实现了 CAD、CAE、CAM 之间无数据交换的自由切换。它具有很强的数控加工能力,可以进行 2~2.5 轴、3~5 轴联动的复杂曲面加工和镗铣。

1997 年 10 月, Unigraphics Solutions 公司与 Intergraph 公司签约, 合并了后者的 CAD 产品,将计算机版的 SolidEdge 软件统一到 Parasolid 平面上,形成一个从低端到高端,兼具 UNIX 工作站版和 Windows NT 计算机版的较完善的企业级 CAD/CAE/CAM/PDM 集成系统。20 世纪 90 年代初,UG 进入我国市场。2008 年 6 月,Siemens PLM Software 公司发布 UG NX 6.0,目前常用版本有 UG NX 10.0、UG NX 12.0 等。

3. SolidWorks

SolidWorks 是基于 Windows 的 CAD/CAE/CAM/PDM 桌面集成系统,是 1995 年 11 月美国 SolidWorks 公司研制开发的,其价格仅为工作站 CAD 系统的 1/4。该软件采用自顶向下的设计方法,可动态模拟装配过程,采用基于特征的实体建模,自称具有 100% 的参数化设计和 100% 的可修改性,同时具有中、英文两种界面,其先进的特征树结构使操作更加简便、直观。

4. Creo

Creo 是美国 PTC 公司 2010 年 10 月推出的 CAD 设计软件包,整合了 PTC 公司 Pro/Engineer 的参数化技术、CoCreate 的直接建模技术和 ProductView 的三维可视化技术,是 PTC 公司推出的第一个闪电计划产品。Creo 以先进的参数化设计、基于特征设计的实体造型深受用户的欢迎,随后其他公司纷纷推出基于约束的参数化造型模块,完整、统一的模型能将整个设计至生产过程集成在一起,共有 10 多个模块。

Creo 界面简洁、概念清晰,符合工程人员的设计思想与习惯,具有互操作性、开放性、易用性。在产品生命周期中,不同的用户对产品开发有不同的需求。不同于其他解决方案,Creo 旨在消除如下问题。

（1）机械 CAD 系统中未解决的重大问题，包括基本的易用性、互操作性和装配管理。

（2）采用全新的方法实现解决方案（建立在 PTC 公司的特有技术和资源上）。

（3）提供一组可伸缩、可互操作、开放且易使用的机械设计应用程序。

（4）为设计过程中的每位参与者适时提供合适的解决方案。

5. CATIA

CATIA 系统是法国达索公司的产品，是在 CADAM 系统的基础上扩充开发的，在 CAD 方面购买了原 CADAM 系统的源程序，在加工方面购买了著名的 APT 系统的源程序，经过多年努力，成为商品化的系统。CATIA 系统已经发展为集成化的 CAD/CAE/CAM 系统，具有统一的用户界面、数据管理及兼容的数据库和应用程序接口，并拥有 20 多个独立计价的模块。

1.4 机械 CAD 系统的作用

由于机械制造业产品结构复杂、工艺复杂，因此工程设计任务很重，不仅新产品开发要重新设计，而且生产过程中有大量变型设计和工艺设计任务，设计版本不断更改。为了不断推出知识含量高且价格能被用户接受的新产品，机械制造企业必须具备强大的新产品开发能力。因而计算机辅助设计或工艺在机械制造业中的应用越来越普遍，其覆盖产品结构设计、工程分析、工程绘图、工艺设计、数控编程和仿真，拥有二维绘图、三维绘图及装配检查 CAD（Computer Aided Design）、模拟整机性能的 CAE（Computer Aided Engineering）、工艺设计 CAPP（Computer Aided Process Planning）、以数控加工编程为主的 CAM（Computer Aided Manufacturing）等技术。

据统计，20 世纪 90 年代初，CAD 技术的应用进入近百个工业领域，应用比较成熟的是机械、电子、建筑等领域。CAD 软件销售额逐年增长，社会需求量越来越大，应用前景十分广阔。航空航天、造船、机床制造都是国内外应用 CAD 技术较早的工业部门，主要用于飞机、船体、机床零部件的外形设计与分析计算等。机床行业应用 CAD 技术进行模块化设计，缩短了设计制造周期，提高了整机质量。CAD 技术之所以得到如此迅速的发展和应用，是因为它能够带来显著的经济效益。例如，沈阳鼓风机集团股份有限公司将 CAD 技术用于生产透平压缩机，报价周期从原来的 6 周缩短到 2 周，技术准备周期从原来的 12 个月缩短到 6 个月，设计周期从原来的 6 个月缩短到 3 个月，整机运行效率提高了 3%～5%。

综上所述，将 CAD 技术应用于机械制造领域大大提高了新产品的开发能力，具有明显的优越性。机械 CAD 系统的作用主要体现在如下方面：①缩短了手工计算、制图、制表时间，提高了计算速度，解决了复杂的计算问题，缩短了设计周期；②将设计人员从大量烦琐的重复劳动中解放出来，充分发挥他们的创造性；③便于修改设计；④有利于实现产品的标准化、规格化和系列化；⑤提高了产品的质量和生产效率，为企业带来综合效益。

1.5 机械CAD系统的发展趋势

机械CAD系统的发展阶段划分如下。

（1）二维交互式绘图系统。技术已经成熟，应用广泛。

（2）以实体模型为基础的CAD/CAM集成系统。这种系统一般集成三维线框造型、曲面造型、实体造型、三维装配、二维绘图、工程分析、机构分析、数控编程等模块，具有强大的设计能力和分析能力。技术已经成熟，商品化软件市场发育良好，成为CAD支撑软件的主流。

（3）以特征建模、参数化、变量化设计为特点，支持自顶向下设计，具有内部统一数据模型的CAD/CAM集成系统。这种系统正在发展，特征建模、参数化、变量化设计等技术已实现，但作为功能完善的商品化系统还需要时间。

（4）遵照STEP标准，以统一产品数据模型为核心，以产品数据管理为平台，以Internet和Web技术为集成环境的高级CAD/CAM集成系统。这种系统成为当前研究热点，但许多技术尚待解决，系统尚不成熟。

为了不断提高CAD技术的功能，使产品的生产向自动化方向发展，CAD技术的主要发展方向为集成化、智能化、网络化和标准化。

1. 集成化

集成化一般包含如下内容：①提高机械CAD系统的集成度，即整个产品设计过程中的每个阶段和每个设计步骤都能有效地使用CAD技术；②CAD和CAM集成，即设计信息能自动转换成CAD/CAM系统的信息；③逐步形成一个以工厂生产自动化为目标的集成制造系统。

2. 智能化

传统CAD技术在工程设计中主要用于计算分析和图形处理等，较难处理概念设计、评价、决策及参数选择等问题，因为解决这些问题需要专家的经验和创造性思维，所以将人工智能的原理和方法，特别是专家系统的技术与传统CAD技术结合起来，形成智能CAD（Intelligent CAD，ICAD）系统，这是工程CAD发展的必然趋势。

ICAD系统的研究与应用主要解决以下三个基本问题。

（1）设计知识模型的表示与建模方法：解决从需求出发，建立知识模型，进行逻辑计算机辅助设计与制造，并在计算机上实现等问题。

（2）知识利用：研究各种推理机制，即研究各种搜索方法、约束满足方法、基于规则的推理方法、框架推理方法、基于实例的推理方法等。

（3）CAD 的体系结构：研究 ICAD 系统的体系结构，更好地体现 ICAD 系统的基本思想与特点，如集成的思想、多智能体协同工作的思想等。

3. 网络化

在科学技术和经济水平快速发展的时代，不断出现超大型项目和跨国界项目，其突出特点是参与工作的人员众多，且地理分布较广，而项目本身要求各类型的工作人员紧密合作。例如，汽车新车型的设计需要功能设计师、制造工艺师、安全设计师等学科专家共同工作。为了解决这个矛盾，出现了计算机支持协同工作（Computer Supported Cooperative Work，CSCW）。

CSCW 是 1984 年由 Iren Grief 和 Paul Cashman 首次提出的，一般是指一个工作群体中的人员，在计算机的帮助下得到一个虚拟的共享环境，协同工作，快速、高效地完成一项共同的任务。现代设计强调协同设计，从 CSCW 应用的角度出发，协同设计是指在计算机的支持下，各成员围绕一个设计项目，承担相应部分的设计任务，并行交互地进行设计工作，最终得到满足要求的设计结果的设计方法。显然，协同设计可以大大提高设计质量和进度，提高产品的市场竞争能力。协同设计需要多学科专家协同工作，而其实现基础就是计算机网络和多媒体技术。通过计算机网络，设计人员可以在设计过程中方便地交流。

4. 标准化

在 CAD 技术不断发展的过程中，工业标准化问题越来越重要。迄今已制定许多标准，如计算机图形接口标准（Computer Graphics Interface，CGI）、计算机图形元文件标准（Computer Graphics Metafile，CGM）、计算机图形核心系统（Graphics Kernel System，GKS）、程序员层次交互式图形系统（Programmer's Hierarchical Interactive Graphics Standard，PHIGS）、基于图形转换规范（Initial Graphics Exchange Specification，IGES）和产品数据交换标准（Standard for The Exchange of Product model data，STEP）等。随着技术的进步，新标准还会出现，基于这些标准推出的软件是宝贵的资源，用户的应用开发离不开它们，有些标准还指明了 CAD 技术进一步发展的道路。

本章小结

本章介绍了机械 CAD 系统的基本概念，从机械制图的角度描述了机械 CAD 系统的硬件和软件组成；介绍了常用二维、三维机械 CAD 软件，其中重点介绍了软件的适用范围；讨论了机械 CAD 系统的作用及发展趋势。

习 题

1.1 在新产品的开发过程中,为什么选用 CAD 软件辅助开发?
1.2 机械 CAD 系统对硬件和软件分别有什么要求?
1.3 机械 CAD 系统的发展趋势是什么?

第 2 章
机械 CAD 系统的基本原理

 教学目标

通过本章的学习,读者可了解计算机图形处理的基本方法,熟悉基本的计算机图形变换的技术和概念。

 教学要求

能力目标	知识要点	权重	自测分数
了解坐标变换的概念	坐标系的定义及窗口与视区变换	20%	
了解几何变换的概念	二维图形和三维图形的基本几何变换	30%	
了解图形的开窗和裁剪技术	二维图形和三维图形的裁剪	25%	
掌握图形消隐的基本方法	图形消隐的基本方法	25%	

引例

在机械行业,不可避免地要产生和复制各种图形,如二维的平面图、三维的线框图和立体图(图2.1),以及机械的零件图(图2.2)、部件图、装配图等。计算机图形处理的任务是利用计算机存储、生成、显示、输出、变换图形,以及对图形进行组合、分解和运算,并在计算机的控制下,用自动绘图输出设备完成绘图工作。机械 CAD 系统提供了这种高效的工具。

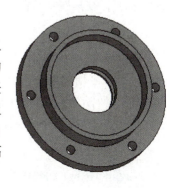

图2.1 轴承端盖立体图

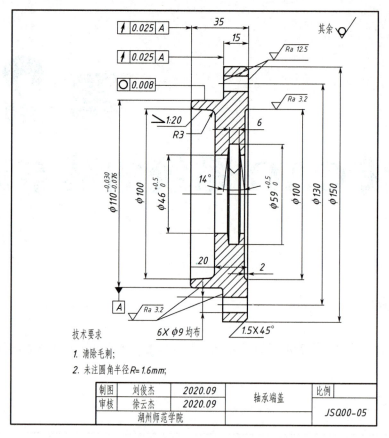

图2.2 轴承端盖零件图

2.1 坐标变换

从定义零件的几何形状到图形输入及图形设备生成和显示相应的图形,一般都需要建立相应的坐标系来描述图形,并通过坐标变换实现图形的表达。**机械CAD系统常用笛卡儿坐标系,在某些特殊情况下采用极坐标系。**

1. 用户坐标系

按照形体结构特点,由设计者(用户)建立的坐标系称为用户坐标系,也称世界坐标系。图2.3所示用户坐标系使用的是笛卡儿坐标系,通常取向右为 X 轴正向,向上为 Y 轴正向,坐标为实数,范围从负无穷到正无穷。图中坐标轴的单位可以是米(m)、厘米(cm),也可以是英寸(in)、英尺(ft)。

2. 设备坐标系

由图形设备(如绘图机、显示器等)绘制或显示图形而建立的相对独立的坐标系,称为设备坐标系或物理坐标系。

图 2.4 所示为设备坐标系，它的原点设置在屏幕左下角，横向为 X 坐标轴，向右为正增量，纵向为 Y 坐标轴，向上为正增量。

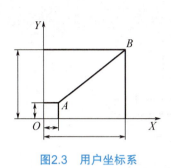

图2.3 用户坐标系

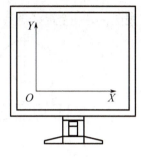

图2.4 设备坐标系

设备坐标系上的一个点一般对应图形设备上的一个像素。设备坐标系一般采用整数坐标，其坐标范围由设备的分辨率决定。对于分辨率为 1024×768 的显示器来说，坐标值最大的点在屏幕右上角，其坐标为（1023，767）。受设备的限制，设备坐标系的坐标范围是有限的。

3. 窗口与窗口技术

处理图形时，为了正确地将指定的局部图形从整个复杂图形中分离出来，通常需要定义一个观察框，并在其中裁剪和处理图形，仅显示观察框内的图形，而不显示观察框外的图形，这种技术称为窗口技术，该观察框称为窗口。为了便于处理图形，窗口形状通常为矩形，也可以是圆形、多边形等。图 2.5 所示为矩形窗口，它的位置和尺寸在用户坐标系中一般用矩形左下角的点坐标（X_{V1}，Y_{V1}）和右上角的点坐标（X_{V2}，Y_{V2}）表示，也可以给定左下角的点坐标和矩形并采用窗口技术，系统认为虚线方框内的图形是可见的，而虚线方框外的图形是不可见的。改变窗口的尺寸和位置，可以调整图形的尺寸和区域位置。窗口可以嵌套，即在第 1 层窗口内定义第 2 层窗口，……，在第 i 层窗口内定义第 $i+1$ 层窗口（$i=1$，2，…）。嵌套层数由绘图软件的系统决定。

在图形设备上定义输出图形的矩形区域称为视区。视区的位置和尺寸同样用矩形左下角的点坐标（X_{V1}，Y_{V1}）和右上角的点坐标（X_{V2}，Y_{V2}）表示。如图 2.6 所示，在图形设备的视区显示窗口中的图形，视区决定了窗口中的图形在屏幕上的位置、形状和尺寸。

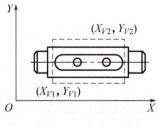

图2.5 矩形窗口

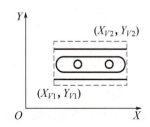

图2.6 视区

图形设备的屏幕尺寸是固定的,在图形设备上定义用于显示窗口内图形的视区的尺寸应小于或等于整个屏幕的尺寸。有时为了同时显示不同的图形信息,将屏幕定义为多个视区。当表达图 2.7 所示的零件时,按照工程制图标准将屏幕分为四个视区,其中三个视区显示零件的三视图,另一个视区显示零件的轴测图。

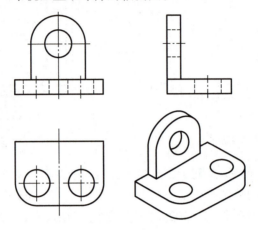

图2.7 零件的四个视区

4. 窗口与视区转换

窗口与视区的尺寸和单位一般不同,为了在相应的视区显示所选窗口内的图形,需要进行坐标变换,这个过程称为窗口与视区转换,如图 2.8 所示,其实质为坐标点的变换。

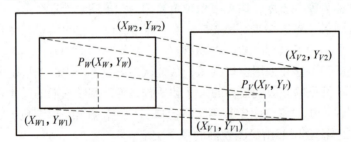

图2.8 窗口与视区转换

设窗口内某点坐标为 $P_W(X_W, Y_W)$,映射到视区内的坐标为 $P_V(X_V, Y_V)$,则窗口与视区的坐标变换关系为

$$X_V = X_{V1} + \frac{X_{V1} - X_{V2}}{X_{W1} - X_{W2}}(X_W - X_{W1})$$

$$Y_V = Y_{V1} + \frac{Y_{V1} - Y_{V2}}{Y_{W1} - Y_{W2}}(Y_W - Y_{W1})$$

从上述变换关系可知:

(1) 当视区尺寸不变时,窗口缩小,显示的图形放大;窗口放大,显示的图形缩小。
(2) 当窗口尺寸不变时,视区缩小,显示的图形缩小;视区放大,显示的图形放大。
(3) 当视区和窗口的尺寸相同时,显示的图形尺寸比例不变。
(4) 当视区的纵横比与窗口的纵横比不相同时,显示的图形发生伸缩。

5. 坐标变换

人们习惯在用户坐标系下构造物体模型，但用户构造的物体模型最终要显示在一些特定的图形设备上。也就是说，物体模型上的每个点到图形设备显示屏上的每个点都需要经过一系列坐标变换。

2.2 几何变换

图形变换是对图形的几何信息进行几何变换后生成新图形的过程。图形变换有如下两种基本情况：一种是图形不动、坐标系变动，变动后的图形在新的坐标系下有新的坐标值；另一种是坐标系不动、图形变动，变动后的图形在坐标系中的坐标值发生变化。两种变换实际上是相同的，一般讨论的图形变换是后者。另外，可以采用一般的数学方法研究图形变换，也可以采用矩阵方法研究。下面介绍图形变换的矩阵方法。

2.2.1 二维图形的齐次坐标矩阵表示

因为任何图形都是由点构成的集合，所以图形变换的实质是对组成图形的各顶点进行几何变换后连接新的顶点的序列，从而产生变换后的图形。为了便于图形的变换计算，一般采用齐次坐标表示坐标值。例如△ABC 三个顶点的坐标分别为 $A(x_1, y_1)$、$B(x_2, y_2)$、$C(x_3, y_3)$，则齐次坐标矩阵 H 可表示为

$$H = \begin{bmatrix} x_1 & y_1 & 1 \\ x_2 & y_2 & 1 \\ x_3 & y_3 & 1 \end{bmatrix}$$

2.2.2 二维图形的基本几何变换

图形变换的主要形式有平移（Translate）、比例（Scale）、旋转（Rotate）、反射（Reflect）和错切（Shear）。一般通过图形中点的矩阵运算实现变换，假设一个图形的几何图形为 A，若对该图形进行某种变换后得到的新图形为 B，则 $B = AT$ 成立，其中 B 为变换后的图形矩阵；T 为用来对原图形施行变换的矩阵，称为变换矩阵。根据矩阵变换法则，二维图形的变换矩阵为 3×3 阶矩阵，记为 T_{2D}；三维图形的变换矩阵为 4×4 阶矩阵，记为 T_{3D}。

$$T_{2D} = \begin{bmatrix} a & d & g \\ b & e & h \\ c & f & i \end{bmatrix}, \quad T_{3D} = \begin{bmatrix} a_{11} & a_{12} & a_{13} & a_{14} \\ a_{21} & a_{22} & a_{23} & a_{24} \\ a_{31} & a_{32} & a_{33} & a_{34} \\ a_{41} & a_{42} & a_{43} & a_{44} \end{bmatrix}$$

二维图形几何变换也可用下式表示：

$$\begin{bmatrix} x' & y' & 1 \end{bmatrix} = \begin{bmatrix} x & y & 1 \end{bmatrix} T_{2D}$$

式中，$[x'\ y'\ 1]$ 为图形变换后的坐标点齐次坐标；$[x\ y\ 1]$ 为图形变换前的坐标点齐次坐标。

把变换矩阵 T_{2D} 的表达式按照如下虚线分成四个子矩阵：

$$T_{2D} = \begin{bmatrix} a & d & g \\ b & e & h \\ c & f & i \end{bmatrix}$$

其中，子矩阵 $\begin{bmatrix} a & d \\ b & e \end{bmatrix}$ 表示对图形进行比例、反射、旋转、错切等变换，a 为 X 轴方向比例因子（$a<1$ 时为缩小），e 为 Y 轴方向比例因子（$e<1$ 时为缩小），b 为 X 轴方向错切系数（$d=0$），d 为 Y 轴方向错切系数（$b=0$）；子矩阵 $[c\ f]$ 表示图形的平移变换，c 为 X 轴方向平移量，f 为 Y 轴方向平移量；子矩阵 $\begin{bmatrix} g \\ h \end{bmatrix}$ 表示对图形的投影变换；子矩阵 $[i]$ 表示对整个图形进行比例变换。下面介绍二维图形的五种基本变换。

1. 比例变换

比例变换是指图形在 X、Y 两个坐标方向放大或缩小，如图 2.9 所示。

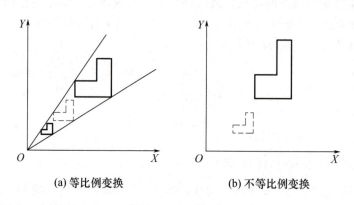

(a) 等比例变换　　　　　　(b) 不等比例变换

图 2.9　比例变换

此时变换矩阵

$$T_{2D} = \begin{bmatrix} a & 0 & 0 \\ 0 & e & 0 \\ 0 & 0 & 1 \end{bmatrix} \quad (a \neq 0, e \neq 0)$$

则图形中坐标点的比例变换为

$$[x'\ y'\ 1] = [x\ y\ 1] \begin{bmatrix} a & 0 & 0 \\ 0 & e & 0 \\ 0 & 0 & 1 \end{bmatrix} = [ax\ ey\ 1]$$

式中，当 a、e 取不同数值时，可实现不同的比例变换。

（1）$a=e=1$，为恒等变换，变换前后图形的坐标不变。

（2）$a=e≠1$，$a=e$ 为等比例变换，$a=e>1$ 为等比例放大，$a=e<1$ 为等比例缩小 [图 2.9（a）]。

（3）$a≠e$，为不等比例变换，即图形在 X、Y 两个坐标方向以不同的比例变换 [图 2.9（b）]。

2. 平移变换

图 2.10 所示为平移变换，图形在 X 轴的平移量为 c，在 Y 轴的平移量为 f，则坐标点的平移变换为

$$[x'\ y'\ 1]=[x\ y\ 1]\begin{bmatrix} 1 & 0 & 0 \\ 0 & 1 & 0 \\ c & f & 1 \end{bmatrix}=[x+c\ \ y+f\ \ 1]$$

3. 旋转变换

图 2.11 所示为旋转变换，将图形绕坐标原点旋转 θ 角，规定逆时针为正，顺时针为负，则坐标点的旋转变换为

$$[x'\ y'\ 1]=[x\ y\ 1]\begin{bmatrix} \cos\theta & \sin\theta & 0 \\ -\sin\theta & \cos\theta & 0 \\ 0 & 0 & 1 \end{bmatrix}=[x\cos\theta-y\sin\theta\ \ x\sin\theta+y\cos\theta\ \ 1]$$

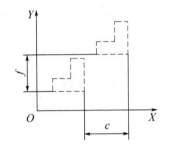

图2.10 平移变换

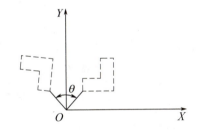

图2.11 旋转变换

4. 对称变换

坐标点的对称变换为

$$[x'\ y'\ 1]=[x\ y\ 1]\begin{bmatrix} a & d & 0 \\ b & e & 0 \\ 0 & 0 & 1 \end{bmatrix}=[ax+by\ \ dx+ey\ \ 1]$$

参数值不同，产生不同的对称变换。

（1）当 $b=d=0, a=1, e=-1$ 时，有 $x'=x, y'=-y$，产生相对 X 轴对称的图形，如图 2.12（a）所示。

（2）当 $b=d=0, a=-1, e=1$ 时，有 $x'=-x, y'=y$，产生相对 Y 轴对称的图形，如图 2.12（b）所示。

(3) 当 $b=d=0, a=e=-1$ 时，有 $x'=-x, y'=-y$，产生相对原点对称的图形，如图2.12（c）所示。

(4) 当 $b=d=1, a=e=0$ 时，有 $x'=y, y'=x$，产生相对 $y=x$ 对称的图形，如图2.12（d）所示。

(5) 当 $b=d=-1, a=e=0$ 时，有 $x'=-y, y'=-x$，产生相对 $y=-x$ 对称的图形，如图2.12（e）所示。

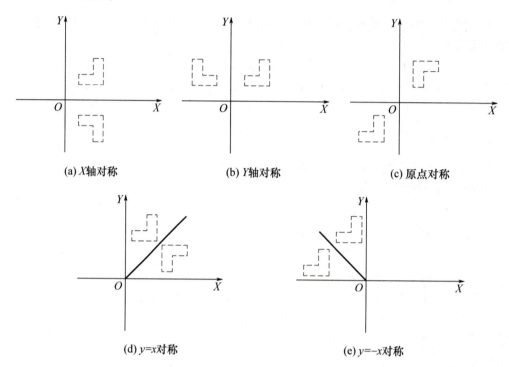

图2.12 对称变换

5. 错切变换

图2.13所示为错切变换，坐标点的错切变换为

$$[x'\ y'\ 1] = [x\ y\ 1]\begin{bmatrix} 1 & d & 0 \\ b & 1 & 0 \\ 0 & 0 & 1 \end{bmatrix} = [x+by\ \ dx+y\ \ 1]$$

式中，b、d 分别为 X 轴、Y 轴方向的错切系数。

(1) 当 $d=0$ 时，图形沿 X 轴方向错切，$x'=x+by$，$y'=y$，说明图形 y 坐标不变，x 坐标有增量 by，相当于原来平行于 Y 轴的直线向沿 X 轴方向错切成与 X 轴成 α 角 ($\tan\alpha = y/by = 1/b$) 的直线。若 $b>0$，则图形沿 X 轴正方向作错切变换；若 $b<0$，则图形沿 X 轴负方向作错切变换，如图2.13（a）所示。

(2) 当 $b=0$ 时，图形沿 Y 轴方向错切，$x'=x$，$y'=dx+y$，说明图形 x 坐标不变，y 坐标有增量 dx，相当于原来平行于 X 轴的直线向沿 Y 轴方向错切成与 Y 轴成 β 角

($\tan\beta = x/dx = 1/d$)的直线。若 $d>0$,则图形沿 Y 轴正方向作错切变换;若 $d<0$,则图形沿 Y 轴负方向作错切变换,如图 2.13(b)所示。

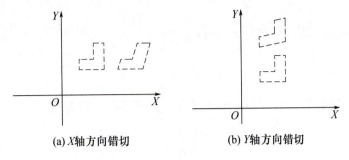

(a) X 轴方向错切   (b) Y 轴方向错切

图 2.13 错切变换

2.2.3 三维图形的基本几何变换

三维图形几何变换是二维图形几何变换的扩展。在三维空间中,用规范化齐次坐标 $[x\ y\ z\ 1]$ 表示三维点,变换原理是运用变换矩阵把齐次坐标点 $(x,y,z,1)$ 变换成新的齐次坐标点 $(x',y',z',1)$:

$$[x\ y\ z\ 1]\bm{T}_{3D}=[x'\ y'\ z'\ 1]$$

因此,三维图形的基本几何变换矩阵用 4×4 阶矩阵表示:

$$\bm{T}_{3D}=\begin{bmatrix}a_{11}&a_{12}&a_{13}&a_{14}\\a_{21}&a_{22}&a_{23}&a_{24}\\a_{31}&a_{32}&a_{33}&a_{34}\\a_{41}&a_{42}&a_{43}&a_{44}\end{bmatrix}$$

在功能变换上,$\bm{T}_{3D}$ 可分为四个子矩阵:$\begin{bmatrix}a_{11}&a_{12}&a_{13}\\a_{21}&a_{22}&a_{23}\\a_{31}&a_{32}&a_{33}\end{bmatrix}$ 产生比例、旋转、错切等变换;

$[a_{41}\ a_{42}\ a_{43}]$ 产生平移变换;$\begin{bmatrix}a_{14}\\a_{24}\\a_{34}\end{bmatrix}$ 产生投影变换;$[a_{44}]$ 产生整体变换。

1. 比例变换

(1)相对于坐标原点的比例变换。沿 X 轴、Y 轴、Z 轴方向的比例系数分别为 a、e、j,则有:

$$[x'\ y'\ z'\ 1]=[x\ y\ z\ 1]\bm{T}_S[x\ y\ z\ 1]\begin{bmatrix}a&0&0&0\\0&e&0&0\\0&0&j&0\\0&0&0&1\end{bmatrix}=[xa\ ey\ jz\ 1]$$

当变换矩阵 $T_s = \begin{bmatrix} 1 & 0 & 0 & 0 \\ 0 & 1 & 0 & 0 \\ 0 & 0 & 1 & 0 \\ 0 & 0 & 0 & s \end{bmatrix}$ 时，立体图形整体放大或缩小 $1/s$，$[x' \ y' \ z' \ 1] =$
$\begin{bmatrix} \dfrac{x}{s} & \dfrac{y}{s} & \dfrac{z}{s} & 1 \end{bmatrix}$。

（2）相对于任意点 (x_0, y_0, z_0) 的比例变换，比例系数分别为 a、e、j，变换矩阵为

$$T = \begin{bmatrix} 1 & 0 & 0 & 0 \\ 0 & 1 & 0 & 0 \\ 0 & 0 & 1 & 0 \\ -x_0 & -y_0 & -z_0 & 1 \end{bmatrix} \begin{bmatrix} a & 0 & 0 & 0 \\ 0 & e & 0 & 0 \\ 0 & 0 & j & 0 \\ 0 & 0 & 0 & 1 \end{bmatrix} \begin{bmatrix} 1 & 0 & 0 & 0 \\ 0 & 1 & 0 & 0 \\ 0 & 0 & 1 & 0 \\ x_0 & y_0 & z_0 & 1 \end{bmatrix}$$

2. 平移变换

立体图形上的任一点 (x, y, z) 沿 X 轴、Y 轴、Z 轴方向分别平移 k、m、n 后，成为新图形上的点 (x', y', z')，则有：

$$x' = x + k,\ y' = y + m,\ z' = z + n$$

即

$$[x' \ y' \ z' \ 1] = [x \ y \ z \ 1] \begin{bmatrix} 1 & 0 & 0 & 0 \\ 0 & 1 & 0 & 0 \\ 0 & 0 & 1 & 0 \\ k & m & n & 1 \end{bmatrix} = [x+k \ y+m \ z+n \ 1]$$

3. 旋转变换

旋转的正方向：右手拇指指向转轴正向，其余四指的缠绕方向是 θ 角正向。

（1）绕 Z 轴正向旋转 θ 角，如图 2.14（a）所示。

$$x' = x\cos\theta - y\sin\theta$$
$$y' = x\sin\theta + y\cos\theta$$
$$z' = z$$

变换矩阵为

$$T = \begin{bmatrix} \cos\theta & \sin\theta & 0 & 0 \\ -\sin\theta & \cos\theta & 0 & 0 \\ 0 & 0 & 1 & 0 \\ 0 & 0 & 0 & 1 \end{bmatrix}$$

（2）绕 X 轴正向旋转 θ 角，如图 2.14（b）所示。

$$x' = x$$
$$y' = y\cos\theta - z\sin\theta$$
$$z' = y\sin\theta + z\cos\theta$$

变换矩阵为

$$T = \begin{bmatrix} 1 & 0 & 0 & 0 \\ 0 & \cos\theta & \sin\theta & 0 \\ 0 & -\sin\theta & \cos\theta & 0 \\ 0 & 0 & 0 & 1 \end{bmatrix}$$

（3）绕 Y 轴正向旋转 θ 角，如图 2.14（c）所示。

$$x' = x\cos\theta + z\sin\theta$$
$$y' = y$$
$$z' = -x\sin\theta + z\cos\theta$$

变换矩阵为

$$T = \begin{bmatrix} \cos\theta & 0 & -\sin\theta & 0 \\ 0 & 1 & 0 & 0 \\ \sin\theta & 0 & \cos\theta & 0 \\ 0 & 0 & 0 & 1 \end{bmatrix}$$

（4）绕空间任意直线旋转，如图 2.14（d）所示。以空间一条直线段 AA' 为旋转轴，A 点坐标是 (x_A, y_A, z_A)，A' 点坐标是 (x'_A, y'_A, z'_A)，空间一点 $P(x, y, z)$ 绕 AA' 轴旋转 θ 角到 $P'(x', y', z')$，即

$$[x' \quad y' \quad z' \quad 1] = [x \quad y \quad z \quad 1] \times T$$

式中，T 为绕任意轴旋转的变换矩阵，由若干基本变换矩阵组成。

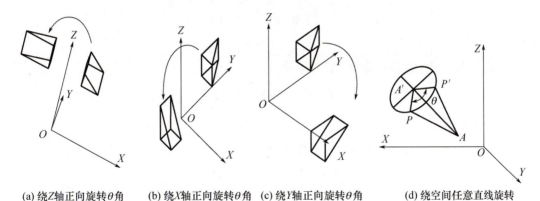

(a) 绕Z轴正向旋转θ角　　(b) 绕X轴正向旋转θ角　　(c) 绕Y轴正向旋转θ角　　(d) 绕空间任意直线旋转

图 2.14　旋转变换

第 1 步：将点 P 与旋转轴 AA' 一起作平移变换，使旋转轴 AA' 过原点，A 点与原点重合，变换矩阵为

$$T_1 = \begin{bmatrix} 1 & 0 & 0 & 0 \\ 0 & 1 & 0 & 0 \\ 0 & 0 & 1 & 0 \\ -x_A & -y_A & -z_A & 1 \end{bmatrix}$$

第 2 步：AA' 轴先绕 X 轴逆时针旋转 α 角，与 XOZ 平面共面，再绕 Y 轴顺时针旋转 β 角，与 Z 轴重合，变换矩阵为

$$T_2 = \begin{bmatrix} 1 & 0 & 0 & 0 \\ 0 & \cos\alpha & \sin\alpha & 0 \\ 0 & -\sin\alpha & \cos\alpha & 0 \\ 0 & 0 & 0 & 1 \end{bmatrix} \begin{bmatrix} \cos(-\beta) & 0 & -\sin(-\beta) & 0 \\ 0 & 1 & 0 & 0 \\ \sin(-\beta) & 0 & \cos(-\beta) & 0 \\ 0 & 0 & 0 & 1 \end{bmatrix}$$

其中，α 和 β 可通过旋转轴 AA' 的两个端点坐标计算得到。

第 3 步：将点 P 绕 Z 轴（AA' 轴）旋转 θ 角，变换矩阵为

$$T_3 = \begin{bmatrix} \cos\theta & \sin\theta & 0 & 0 \\ -\sin\theta & \cos\theta & 0 & 0 \\ 0 & 0 & 1 & 0 \\ 0 & 0 & 0 & 1 \end{bmatrix}$$

第 4 步：作第 2 步的逆变换，即将旋转轴 AA' 旋转回原来的位置，变换矩阵为

$$T_4 = \begin{bmatrix} \cos\beta & 0 & -\sin\beta & 0 \\ 0 & 1 & 0 & 0 \\ \sin\beta & 0 & \cos\beta & 0 \\ 0 & 0 & 0 & 1 \end{bmatrix} \begin{bmatrix} 1 & 0 & 0 & 0 \\ 0 & \cos(-\alpha) & \sin(-\alpha) & 0 \\ 0 & -\sin(-\alpha) & \cos(-\alpha) & 0 \\ 0 & 0 & 0 & 1 \end{bmatrix}$$

第 5 步：作第 1 步的逆变换，即将旋转轴 AA' 平移回原来的位置，变换矩阵为

$$T_5 = \begin{bmatrix} 1 & 0 & 0 & 0 \\ 0 & 1 & 0 & 0 \\ 0 & 0 & 1 & 0 \\ x_A & y_A & z_A & 1 \end{bmatrix}$$

因此，绕空间任意轴旋转的变换矩阵为

$$T = T_1 \times T_2 \times T_3 \times T_4 \times T_5$$

4. 对称变换

（1）关于 X 轴对称：x 不变，y、z 相反。

$$T_X = \begin{bmatrix} 1 & 0 & 0 & 0 \\ 0 & -1 & 0 & 0 \\ 0 & 0 & -1 & 0 \\ 0 & 0 & 0 & 1 \end{bmatrix}$$

（2）关于 Y 轴对称：y 不变，x、z 相反。

$$T_Y = \begin{bmatrix} -1 & 0 & 0 & 0 \\ 0 & 1 & 0 & 0 \\ 0 & 0 & -1 & 0 \\ 0 & 0 & 0 & 1 \end{bmatrix}$$

（3）关于 Z 轴对称：z 不变，x、y 相反。

$$T_Z = \begin{bmatrix} -1 & 0 & 0 & 0 \\ 0 & -1 & 0 & 0 \\ 0 & 0 & 1 & 0 \\ 0 & 0 & 0 & 1 \end{bmatrix}$$

（4）关于坐标原点对称：x、y、z 相反。

$$T_O = \begin{bmatrix} -1 & 0 & 0 & 0 \\ 0 & -1 & 0 & 0 \\ 0 & 0 & -1 & 0 \\ 0 & 0 & 0 & 1 \end{bmatrix}$$

（5）关于 XOY 平面对称：x、y 不变，z 相反。

$$T_{XOY} = \begin{bmatrix} 1 & 0 & 0 & 0 \\ 0 & 1 & 0 & 0 \\ 0 & 0 & -1 & 0 \\ 0 & 0 & 0 & 1 \end{bmatrix}$$

（6）关于 XOZ 平面对称：x、z 不变，y 相反。

$$T_{XOZ} = \begin{bmatrix} 1 & 0 & 0 & 0 \\ 0 & -1 & 0 & 0 \\ 0 & 0 & 1 & 0 \\ 0 & 0 & 0 & 1 \end{bmatrix}$$

（7）关于 YOZ 平面对称：y、z 不变，x 相反。

$$T_{YOZ} = \begin{bmatrix} -1 & 0 & 0 & 0 \\ 0 & 1 & 0 & 0 \\ 0 & 0 & 1 & 0 \\ 0 & 0 & 0 & 1 \end{bmatrix}$$

5. 错切变换

（1）沿 X 轴方向错切。

$$[x' \quad y' \quad z' \quad 1] = [x \quad y \quad z \quad 1] \begin{bmatrix} 1 & 0 & 0 & 0 \\ d & 1 & 0 & 0 \\ h & 0 & 1 & 0 \\ 0 & 0 & 0 & 1 \end{bmatrix} = [x + dy + hz \quad y \quad z \quad 1]$$

（2）沿 Y 轴方向错切。

$$[x' \quad y' \quad z' \quad 1] = [x \quad y \quad z \quad 1] \begin{bmatrix} 1 & b & 0 & 0 \\ 0 & 1 & 0 & 0 \\ 0 & i & 1 & 0 \\ 0 & 0 & 0 & 1 \end{bmatrix} = [x \quad bx + y + iz \quad z \quad 1]$$

（3）沿 Z 轴方向错切。

$$[x' \ y' \ z' \ 1] = [x \ y \ z \ 1] \begin{bmatrix} 1 & 0 & c & 0 \\ 0 & 1 & f & 0 \\ 0 & 0 & 1 & 0 \\ 0 & 0 & 0 & 1 \end{bmatrix} = [x \ y \ cx+fy+z \ 1]$$

由错切变换结果可以看出，一个坐标的变化受另两个坐标的影响。

2.3 图形的开窗和裁剪

裁剪是剪去窗口外图形的一种图形处理技术。由于图形是由点、线、面组成的，因此图形裁剪包括点、线、面的裁剪，其中前两种是最基本的，面的裁剪即裁剪多边形的算法。

2.3.1 二维裁剪

1. 点裁剪

假设窗口左下角点和右上角点的坐标分别为 (x_{W1}, y_{W1}) 和 (x_{W2}, y_{W2})，平面任一点坐标为 (x, y)，该点在窗口内必须同时满足以下两个条件：

$$x_{W1} \leqslant x \leqslant x_{W2}, y_{W1} \leqslant y \leqslant y_{W2}$$

否则，认为该点不在窗口内，为不可见点。

2. 直线段裁剪

直线段与窗口的位置关系有以下三种。

（1）整条线段都在窗口外，不需要显示，也不需要裁减，如图 2.15 中的线段①。

（2）整条直线都在窗口内，不需要裁剪，直接显示，如图 2.15 中的线段②。

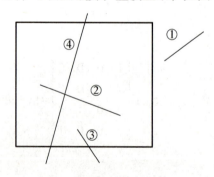

图 2.15 直线段与窗口的关系

（3）部分线段在窗口内，部分线段在窗口外，需要求出线段与窗口边界的交点，并将窗口外的线段剪掉，只显示窗口内的图形。如图 2.15 中的线段③和线段④。

直线段的裁剪算法有很多种，其中比较经典的是 Cohen-Sutherland 算法。该算法将平面分为9个小区,每个小区用4位二进制数编码表示,如图2.16所示,第1位到第4位分别代表窗口上边、下边、右边、左边,中间为窗口区,编码为0000,左上区域编码为1001(如第1位上边为1,下边为0,其他位依此类推),右上区域编码为1010。

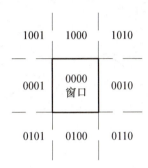

图2.16　Cohen-Sutherland算法区域编码

可以认为把图2.16中的平面分为5个区域,其中窗口为内域,窗口左边为左域(1001,0001,0101),窗口右边为右域(1010,0010,0110),窗口上边为上域(1001,1000,1010),窗口下边为下域(0101,0100,0110),便于对直线进行裁剪处理。首先找出不需要裁剪的线段,具体规则如下:两端都在同一区域的线段不需要裁剪,如图2.15所示,位于内域的线段②和位于右域的线段①都不需要裁剪。其次只需对线段与窗口边界求交两次,具体规则如下:若某线段一端在下域(下,左,右),求该线段与下边界(下,左,右)相交的交点,并删除上边界以外部分,同理,可对线段的另一端进行求交。

2.3.2　平面多边形裁剪

平面多边形裁剪是面裁剪,若使用线段裁剪算法裁剪多边形[图2.17(a)],则多边形边界显示为一系列不连贯的线段,图形被分为多个部分,且边界不再封闭,如图2.17(b)所示,影响后续的图形处理。**常用逐边裁剪算法**(也称Sutherland-Hodgeman多边形裁剪算法)处理多边形裁剪问题,其基本思想是将多边形边界作为一个整体,每次用窗口的一条边界对要裁剪的多边形进行裁剪,保留窗口边界内的多边形部分,并按照一定顺序将窗口边界相关部分插入被裁减后的多边形,保证多边形的封闭性,如图2.17(c)所示。

(a) 裁剪前的多边形　　(b) 按线段裁剪后的多边形　　(c) 逐边裁剪后的封闭多边形

图2.17　多边形裁剪

图2.18所示为多边形裁剪过程。裁减前,首先将多边形各顶点按顺时针方向排序,分别用数字1, 2, …, n表示,如图2.18(a)所示;然后用窗口上边界裁剪多边形,删除上

边界以外部分，并插入上边界线及上边界的延长线，与多边形相交，得到图2.18（b）所示的新的封闭多边形；接着用相同方法依次用窗口右边界、下边界、左边界裁剪多边形，分别得到图2.18（c）至图2.18（e）所示的图形。图2.18（e）所示为多边形与各边界裁减后的最终图形。

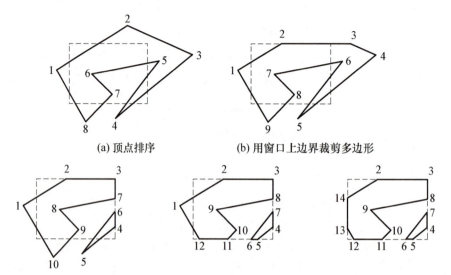

图2.18 多边形裁剪过程

2.3.3 三维图形的裁剪

用图形输出设备显示或绘制三维物体的图形时，需要使用裁剪技术，三维窗口在平行投影时为立方体，在投射时为四棱台。三维线段裁剪要显示三维线段落在三维窗口内的部分。

平行投影时，立方体裁剪窗口6个面的方程分别如下：

$$-x-1=0,\ x-1=0,\ -y-1=0,\ y-1=0,\ -z-1=0,\ z-1=0$$

设空间任一直线段的两端点分别为 $P_1(x_1, y_1, z_1)$ 和 $P_2(x_2, y_2, z_2)$。P_1P_2 端点和6个面的关系可转换为一个6位二进制代码，其定义如下。

第1位1：点在裁剪窗口的上面，即 $y>1$；

第2位1：点在裁剪窗口的下面，即 $y<-1$；

第3位1：点在裁剪窗口的右面，即 $x>1$；

第4位1：点在裁剪窗口的左面，即 $x<-1$；

第5位1：点在裁剪窗口的后面，即 $z>1$；

第6位1：点在裁剪窗口的前面，即 $z<-1$。

与二维直线裁剪编码算法相同，如果一条线段的两端点编码都为零，则该线段落在窗口内；如果将线段的两端点的编码逐位取逻辑"与"，结果为非零，则该线段落在窗口外；否则，需对该线段作分段处理，即计算该线段与窗口相应平面的交点，并取有效交点，连接有效交点，得到落在裁剪窗口内的有效线段。

2.4 图形消隐

为画出确定的、立体感很强的三维图形，需要移去被不透明的面和物体遮挡的线段或面，这就是隐藏线或隐藏面的消隐处理。消隐处理从原理上讲并不复杂，为了消除被遮挡的线段，只需对物体上的所有线段与遮挡面进行遮挡测试，看线段是否被全部遮挡、部分遮挡或者不被遮挡，画出线段的可见部分即可。

2.4.1 求平面的法向矢量和方程

消去隐藏面或隐藏线的首要任务是求出三维图形各表面的外法向矢量及所在平面的方程系数。因为该矢量和方程系数可以确定该表面是可见面还是不可见面，所以判断出可见面后，可以排除对不可见面的运算，缩短运算时间。

凸多面体如图 2.19 所示，在实际应用中，由于每个表面顶点都是按照逆时针顺序放置的，因此要求出某个凸多边形（图 2.19 中的表面Ⅰ）的外法向矢量，只要按任意顺序取三个点 P_1、P_2、P_3，这三个点就可以构成两个向量 $\overrightarrow{P_2P_1}$、$\overrightarrow{P_2P_3}$，两个向量的向量积 $\vec{N} = \overrightarrow{P_2P_1} \times \overrightarrow{P_2P_3}$ 就是该表面的外法向量。

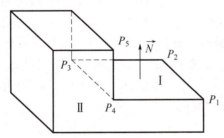

图2.19 凸多面体

$$\vec{N} = \overrightarrow{P_2P_1} \times \overrightarrow{P_2P_3} = \begin{vmatrix} i & j & k \\ x_3 - x_2 & y_3 - y_2 & z_3 - z_2 \\ x_1 - x_2 & y_1 - y_2 & z_1 - z_2 \end{vmatrix} = Ai + Bj + Ck$$

其中，$A = \begin{vmatrix} y_3 - y_2 & z_3 - z_2 \\ y_1 - y_2 & z_1 - z_2 \end{vmatrix}$，$B = \begin{vmatrix} z_3 - z_2 & x_3 - x_2 \\ z_1 - z_2 & x_1 - x_2 \end{vmatrix}$，$C = \begin{vmatrix} x_3 - x_2 & y_3 - y_2 \\ x_1 - x_2 & y_1 - y_2 \end{vmatrix}$，$A$、$B$、$C$ 为平面方程 $Ax + By + Cz + D = 0$ 的系数，只需将平面上任一点 (x_0, y_0, z_0) 代入该方程，即可求出：

$$D = -(Ax_0 + By_0 + Cz_0)$$

如果需要判别该平面的可见性，则可以求出法向矢量与观察方向的夹角。例如，需要沿 Z 轴的负方向观察物体，则 $\cos\gamma = C / |\vec{N}|$。

由于外法线矢量恒为正，因此平面的可见性取决于 C。若 $C>0$，则平面可见；否则，平面不可见。

采用上述方法对判别凸多边形的可见性是可行的，但如果是凹多边形，则任意取三个点不一定能保证形成凸包,如图 2.19 中的 Ⅱ 面,取三个点 P_1、P_4、P_5,计算机的计算结果会发生错误,此时可以使用另一种方法求出。

设该多边形的顶点集为 $\{V_i\}$($i = 1, \cdots, n$),顶点按逆时针方向排列,若顶点 V_i 的坐标值为(x_i, y_i, z_i),则

$$A = \sum_{i=1}^{n}(y_i - y_j)(z_i + z_j), B = \sum_{i=1}^{n}(z_i - z_j)(x_i + x_j), C = \sum_{i=1}^{n}(x_i - x_j)(y_i + y_j)$$

其中

$$j = \begin{cases} i+1, & \text{当}\ i \neq n\ \text{时} \\ i, & \text{当}\ i = n\ \text{时} \end{cases}$$

求得 A、B、C 三个参数,便可以得到该平面的法向矢量和方程的表达式。

2.4.2 包含性测试

求出可见面后,还应该对可见面顶点进行包含性测试,以确定被判点是否在潜在的可见面的边界内。**所谓包含性测试,就是检查给定的点是否位于给定的多边形或多面体内。** 例如图 2.19 中的点 P_3 虽然是可见面上的点,但可能是不可见的。**包含性测试一般有两种方法:奇偶交点数判别法和夹角之和判别法**,下面仅介绍夹角之和判别法。

夹角之和判别法是对所判点与多边形的所有顶点引一系列射线,按顺时针或逆时针方向沿多边形轮廓计算这些射线之间的夹角之和。 如果夹角之和为 0,则点在多边形的外部,如图 2.20(a)所示;如果夹角之和为 2π,则点在多边形的内部,如图 2.20(b)所示。可用余弦定理求出两条射线之间的夹角。

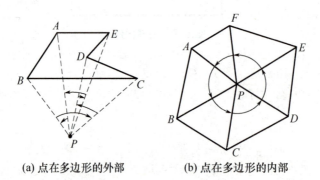

图 2.20 夹角之和判别法

经过包含性测试,如果点在多边形的外部,则该点不被遮挡;如果点在多边形的内部,则还需要进行深度检验,以判定多边形是否挡住该点。**深度检验的实质就是比较多边形平面上和所判点具有相同的 x、y 坐标值的点及所判点与观察点的距离。** 如图 2.21 所示,被判点为 $P(x_p, y_p, z_p)$,多边形的平面方程为

$$Ax + By + Cz + D = 0$$

显然,将点 P 的坐标(x_p, y_p)代入方程,可以求得平面上的点 P_d 的 Z 坐标:

$$z_d = -\frac{Ax_P + By_P + D}{C}$$

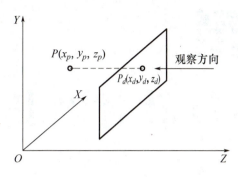

图2.21 深度检验

比较 z_d 与 z_p，可以得到点的可见性，然后需要进行一系列求交运算，此处不再赘述。

本章小结

计算机处理图形就是利用计算机存储、生成、显示、输出、变换图形及图形的组合、分解和运算。本章讲解了从几何外形到图形设备上的坐标系、图形经过几何变换后生成新图形的几何变换的概念、图形处理中的裁剪问题、窗口技术及三维图形处理中被遮挡物体的消隐处理。

习　题

2.1　齐次坐标系的主要优势是什么？
2.2　推导图 2.22 中绕点 $P(m,n)$ 旋转指定角度的复合变换。

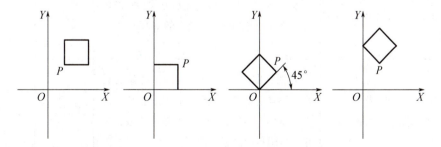

图2.22　绕点P的旋转变换

2.3　平面多边形裁剪的原理是什么？
2.4　图形消隐的原理是什么？

第3章 AutoCAD 软件及其应用

教学目标

通过本章的学习，读者可了解 AutoCAD 使用与操作的特点，绘制、编辑、修改机械设计图形的操作特点；掌握 AutoCAD 图形绘制的基础知识和基本操作，使用 AutoCAD 绘制直线、圆弧、圆、多边形等基本图形，掌握选择、删除、移动、镜像、阵列等基本操作；了解文字输入及尺寸标注的重要性；掌握文字输入及特殊字符输入，创建标题栏和明细表，尺寸标注，图层、块的创建与使用，零件图的绘制过程，样板文件的创建与使用；了解装配图的绘制方法；掌握由零件图组合成装配图的方法、标注零件序号的技巧。

教学要求

能力目标	知识要点	权重	自测分数
了解软件的基本界面，掌握设置绘图环境、文件及命令的基本操作	基本界面，设置屏幕显示方式和图形单位，文件的基本操作，命令的基本操作	10%	
掌握直线、曲线、折线的绘制方法，基本图形的编辑方法	直线、曲线、折线的绘制，对象的选择、移动、旋转、复制、拉长、拉伸、修剪、延伸、打断、合并、分解、缩放、倒角、倒圆角的绘制	35%	

续表

能力目标	知识要点	权重	自测分数
掌握文字输入方法、标题栏和明细栏的创建、尺寸标注方式、块的相关知识及使用	创建文字样式、文字输入、文字编辑，创建和填写标题栏、明细栏，创建标注样式、尺寸、尺寸公差、形位公差、引线标注，块的定义、创建、编辑	25%	
了解零件图的绘制过程，掌握零件图的绘制方法、样板文件的创建和使用方法	零件图的绘制过程，样板文件的创建和使用	20%	
掌握装配图的绘制方法、标注零件序号的方法	由零件图组合成装配图的步骤，标注零件序号	10%	

 引例

图 3.1 所示为通气螺塞零件图。传统的设计方式是先根据零件尺寸确定图幅，用尺规绘图，绘制出图框、标题栏；再分析图形，确定底稿的绘图步骤，仔细检查并描深，手工抄注全部尺寸，修改时可用橡皮擦拭。使用 AutoCAD 绘图简单得多，图幅、图框、标题栏可以从建立好的图块中直接调取，不用底稿，直接选择合适的线宽和线型，按照"三等"原则绘制图形，效率和方便程度大大提高。

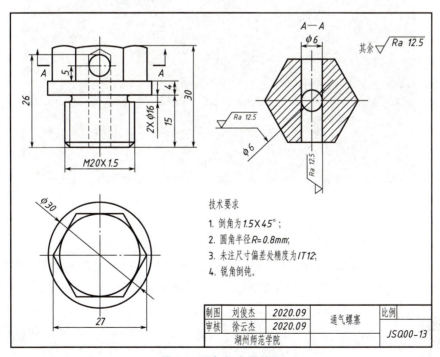

图3.1　通气螺塞零件图

非计算机专业人员如何快速学会使用绘图软件呢？AutoCAD 具有较强的适用性，可以在由各种操作系统支持的微型计算机和工作站中运行，且支持分辨率由 320×200 到 2048×1024 的 40 多种图形显示设备、30 多种数字化仪和鼠标、数十种绘图仪和打印机。AutoCAD 具有良好的用户界面，通过交互式菜单或命令行方式进行各种操作。本章重点介绍 AutoCAD 软件的界面、操作及在零件图和装配图中的应用。

3.1 AutoCAD 设置及基本操作

3.1.1 AutoCAD 界面简介

1. 界面

AutoCAD 界面如图 3.2 所示，包括**下拉菜单、工具栏、草图设置栏及绘图工作区**等。

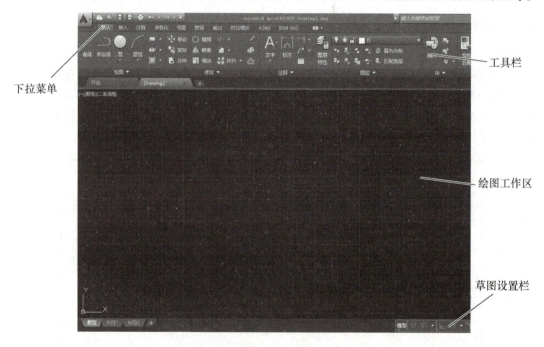

图3.2 AutoCAD界面

2. 工作空间

AutoCAD 界面简介

中文版 AutoCAD 2020 提供三种**工作空间**："草图与注释""三维基础"和"三维建模"。工作空间为用户提供了使用最多的二维草图和注解工具，以直达访问方式。

新建绘图文件后，可选择工作空间，单击图 3.3 所示方框内的下拉箭头，在弹出的对话框中选中"工作空间"选项，弹出图 3.4 所示的三种工作空间选项。由于 AutoCAD 的三维功能有局限性，因此本章重点讲解 AutoCAD 二维工程图的绘制方法。

AutoCAD 软件及其应用　第 3 章

图3.3　工作空间

图3.4　三种工作空间选项

3.1.2　设置绘图环境

1. 设置屏幕显示方式

在默认状态下，绘图工作区的背景颜色为灰色，与图板上的白色图纸截然不同。在 AutoCAD 操作窗口中显示的光标线是"十"字形。如果想按照使用丁字尺和图板的方法绘制图纸，就需要修改背景颜色及光标尺寸。

设置绘图环境

新建绘图文件，在绘图工作区右击，弹出图 3.5 所示的快捷菜单，单击"选项"命令，弹出"选项"对话框，如图 3.6 所示。单击"显示"选项卡下的"颜色"按钮，弹出"图形窗口颜色"对话框，"背景"默认为"二维模型空间"，"界面元素"默认为"统一背景"，在"颜色"下拉列表框中选择"黑色"选项，单击"应用并关闭"按钮，可在工作空间看到设置结果。

图3.5　快捷菜单

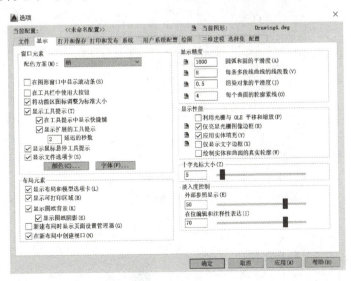

图3.6　"选项"对话框

33

2. 设置图形单位

由于 AutoCAD 中的图形都是用真实比例绘制的，因此无论是确定图形之间的缩放和标注比例还是最终的出图打印，都需要设置图形单位。AutoCAD 提供多种绘图单位，如英寸（in）、英尺（ft）、毫米（mm）等。对于已有图形文件，用户可以根据需要设置图形单位。

选择图 3.6 中的"用户系统配置"选项卡，**AutoCAD 默认的单位为毫米**，这也是机械设计中的常用单位，可以在该选项卡下设置其他全局控制图形参数。

3.1.3 基本操作

1. 文件的基本操作

（1）新建文件。

初次启动 AutoCAD 软件时，系统自动创建一个默认文件名为 Drawing1.dwg 的文件，用户可根据具体情况修改文件名。

启动软件，单击 按钮，在下拉列表框中选择"新建"命令，或单击工具栏中的"新建"按钮 ，弹出"选择样板"对话框，如图 3.7 所示，选择用户所需绘图区域。AutoCAD 的默认样板是 ISO 格式的，在日常设计中常用 acad 样板和 acadiso 样板。单击"打开"按钮，可以创建一个新文件。

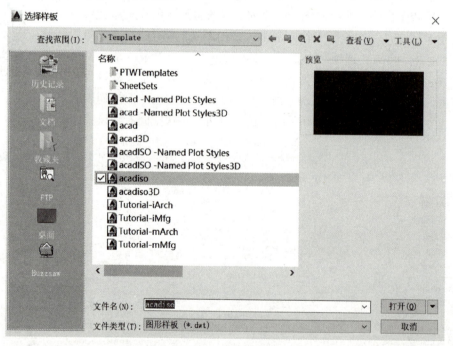

图3.7 "选择样板"对话框

（2）打开文件。

单击工具栏中的"打开"按钮 或 按钮，在弹出的下拉列表框中选择"打开"命令，弹出"选择文件"对话框，选择文件所在的路径即可打开文件。

（3）保存文件。

保存文件的命令是 SAVE，启动该命令有以下三种方式。

① 单击 按钮，在弹出的下拉列表框中选择"保存"命令。

② 单击工具栏中的"保存"按钮 。

③ 按 Ctrl+S 组合键。

如果之前保存并命名了图形，则 AutoCAD 将保存修改并重新显示命令提示。如果是第一次保存图形，则弹出图 3.8 所示的"图形另存为"对话框。由于高版本的 AutoCAD 文件无法在低版本的系统中打开，因此可以在"图形另存为"对话框中的"文件类型"下拉列表框中选择合适的低版本的 AutoCAD 系统保存文件。

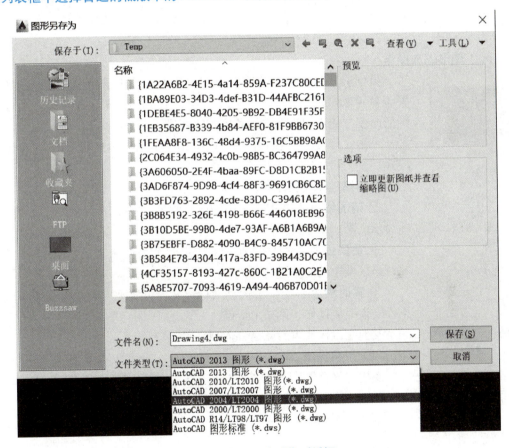

图3.8 "图形另存为"对话框

（4）关闭文件。

单击右上角的×按钮，关闭对话框。

（5）修复文件。

"修复"命令是 AutoCAD 为用户提供的一种由突然断电、磁盘错误或电压波动等造成图形文件损坏而进行修复的命令。单击 按钮，选择"修复"→"修复"或"打开修复管理器"命令，弹出提示对话框，给出详细的检查结果。

常见命令的基本操作

2. 常见命令的基本操作

（1）**"放弃"命令操作**。

在绘图过程中，有时会出现错误操作，AutoCAD 提供"放弃"命令取消错误操作。启动该命令有以下两种方式。

① 单击菜单栏中的"放弃"按钮 。

② 按 Ctrl+Z 组合键。

（2）**"重做"命令操作**。

在绘图过程中，有时需要重复执行上一步操作，AutoCAD 提供"重做"命令进行该操作。启动该命令有以下两种方式。

① 单击菜单栏中的"重做"按钮 。

② 按 Ctrl+Y 组合键。

（3）**图形缩放操作**。

图3.9　11种缩放模式

由于屏幕显示区域有限，因此在绘图过程中难免会将绘制的图形置于显示区域之外，以致观察不方便。AutoCAD 提供很多可以改变视图的命令，便于用户在不同角度观察图形。

单击"浮动栏"按钮 下的小三角，弹出图 3.9 所示的 11 种缩放模式。

常用缩放模式有三种，操作方法如下。

① **范围缩放**：查看视图中的所有图形，并在显示区域内最大限度地显示图形。

② **窗口缩放**：按住鼠标左键指定两个角点来定义一个矩形区域，并对该区域中的对象进行缩放。

③ **实时缩放**：上、下滚动鼠标滚轮，可实现实时放大或缩小。如果要结束缩放操作，则按 Esc 键。

其他缩放操作可参阅 AutoCAD 帮助文件。

（4）**平移操作**。

使用"平移"命令可以在当前窗口中平移视图。**平移操作有两种，分别为定点平移和实时平移，其中实时平移较常用**。

使用"实时平移"命令，光标变成"手"形，按住鼠标中键并移动到所需位置松开，可实现实时平移。

（5）**对象捕捉、极轴追踪和正交**。

① **对象捕捉**：在绘图过程中，可以使用 AutoCAD 提供的"对象捕捉"功能显示并捕捉图形中的点，尤其是特征点（如交点、垂足、中点等），从而提高工作效率。若要使用"对象捕捉"功能捕捉图形的某些特征点，则需要在"对象捕捉"模式下设置，具体操作如下。将鼠标移至草图设置栏 处并右击，在弹出的快捷菜单中选择"捕捉设置"命令，弹出图 3.10 所示的"草图设置"对话框，选择"对象捕捉"选项卡，全部使用默认选项。图 3.11 所示为捕捉到端点和中点。

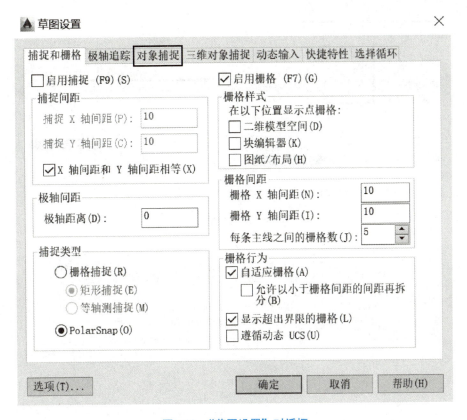

图3.10 "草图设置"对话框

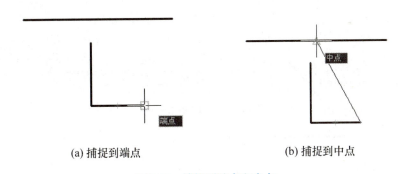

(a) 捕捉到端点　　　　(b) 捕捉到中点

图3.11 捕捉到端点和中点

② **极轴追踪**：在"草图设置"对话框中选择"极轴追踪"选项卡，在命令中指定点时，光标可以沿基于其他对象捕捉点的对齐路径追踪。**若要使用对象捕捉追踪，则需启用一个或多个对象捕捉模式**。图 3.12 所示为垂直追踪和 135° 追踪，其中虚线为极轴追踪线，指示线条绘制方向。

如果要进行一般角度（30°或15°）追踪，则需进行如下设置：在"草图设置"对话框中选择"极轴追踪"选项卡，选中"附加角"复选项，单击"新建"按钮，在光标处输入 15 和 30，如图 3.13 所示。30°追踪结果如图 3.14 所示。

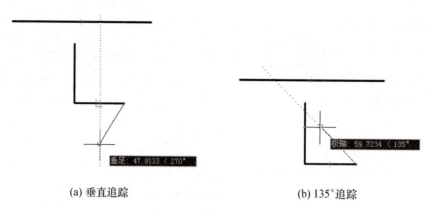

(a) 垂直追踪　　　　　　　　　　(b) 135°追踪

图3.12　极轴追踪

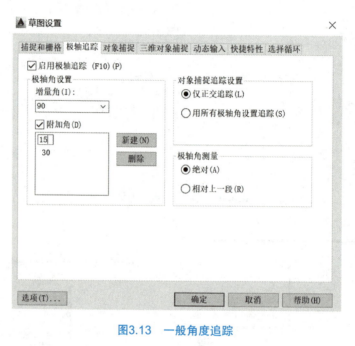

图3.13　一般角度追踪

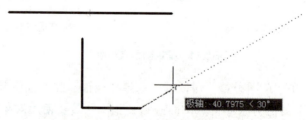

图3.14　30°追踪结果

如果要进行批次角度追踪，如大量使用 15°的倍数角度——30°、45°、60°等，则可以将"增量角"下拉列表框中的 45°改为 15°，以 15°的倍数进行极轴追踪。图 3.15 所示为 105°追踪（105°是 15°的 7 倍）。

③ 正交：正交模式表示用户只能绘制 X 轴或 Y 轴的直线，以及图形的移动复制等只能按照 X 轴或 Y 轴移动。正交模式的极轴追踪线为细实线，如图 3.16 所示。

图3.15　105°追踪　　　　　　　　　图3.16　正交

3.2　基本图形的绘制与编辑

3.2.1　基本图形的绘制

1. 直线的绘制

AutoCAD 中的常见直线类图形有直线、射线和构造线。直线是机械设计中使用频率最高、最广泛、最基础、最常用的图形，下面重点介绍直线的绘制方法。

单击绘图面板中的 图标调用直线，绘制过程如下：调用"直线"命令，在绘图工作区，先单击选择直线的第一个点（或在命令行中输入坐标确定第一个点），再单击选择下一个点，按 Enter 键（或输入距离）确定。

【例 3-1】绘制图 3.17 所示的凸多边形。

绘制步骤如下。

（1）调用"直线"命令，指定第一个点。

（2）极轴向右水平追踪，在编辑框内输入 100，按 Enter 键。

（3）极轴向上竖直追踪，在编辑框内输入 40，按 Enter 键，如图 3.18（a）所示。极轴向左水平追踪，在编辑框内输入 35，按 Enter 键，如图 3.18（b）所示。

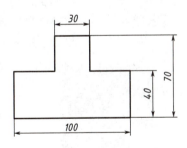

图3.17　凸多边形

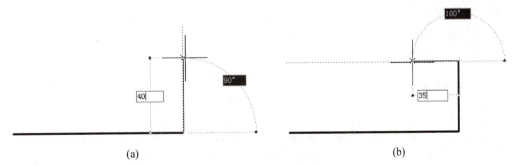

(a)　　　　　　　　　　　　(b)

图3.18　水平追踪和竖直追踪

（4）极轴向上竖直追踪，在编辑框内输入 30，按 Enter 键；极轴向左水平追踪，在编辑框内输入 30，按 Enter 键。

（5）将鼠标置于图 3.19（a）中的 A 处，捕捉端点并向下竖直极轴追踪，将鼠标移至图 3.19（a）中的 B 处，捕捉端点并向左水平极轴追踪，在两极轴交点处单击，结果如图 3.19（b）所示。

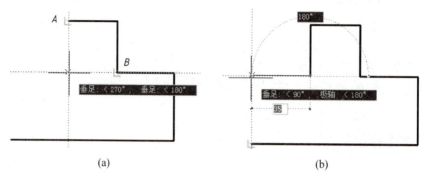

图3.19　捕捉及追踪绘制

（6）以第（5）步终点为起点，向左水平极轴追踪，在图形起点处向上竖直极轴追踪，在交点处单击。

（7）以第（6）步终点为起点，向下竖直极轴追踪并捕捉图形的起点，绘制结果如图 3.17 所示。

曲线的绘制

2. 曲线的绘制

曲线是机械设计中的重要组成部分，分为封闭曲线和敞开曲线，AutoCAD 中的常用曲线类图形有圆、圆弧、椭圆和样条曲线。下面重点介绍曲线的绘制方法。

（1）圆的绘制。

单击绘图面板中的 图标，单击图标右侧向下的小三角，弹出图 3.20 所示的绘制圆的下拉菜单。

绘制圆的默认方法是圆心和半径绘圆法。在绘图工作区单击圆心，在编辑框内输入半径或单击确定半径。其余绘制圆的方法类似。"相切，相切，半径"和"相切，相切，相切"用于在组合图形中自动绘制相切圆。

【例 3-2】绘制图 3.21 所示的圆 A（半径为 30）、圆 B（半径为 30）和圆 C（半径为 20），其中圆 C 与圆 A 及圆 B 外切。

绘制步骤如下。

① 调用"圆"命令，指定圆 A 的圆心；水平极轴追踪，在编辑框内输入 30，按 Enter 键。

图3.20　绘制圆的下拉菜单

② 捕捉圆 A 的圆心，向右水平极轴追踪，在编辑框内输入 60，单击确定圆心；向右水平极轴追踪，在编辑框内输入 30，按 Enter 键，或者向左捕捉圆 A 的位于圆 B 侧的象限点。

③ 在图 3.20 所示的下拉菜单中选择"相切，相切，半径"命令，捕捉圆 A 上侧任意切点并单击，捕捉圆 B 上侧任意切点并单击，在编辑框内输入 20，绘制结果如图 3.21 所示。

【例 3-3】绘制图 3.22 所示的圆 A（半径为 30）、圆 B（半径为 30）、圆 C（半径为 60）

和圆 D，其中圆 A 与圆 B 外切，圆 C 与圆 A、圆 B、圆 D 内切，圆 D 与圆 A、圆 B 外切。

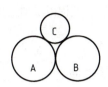
图 3.21　例 3-2 图

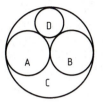
图 3.22　例 3-3 图

绘制步骤如下。

① 调用"圆"命令，指定圆 A 的圆心；水平极轴追踪，在编辑框内输入 30，按 Enter 键。

② 捕捉圆 A 的圆心，向右水平极轴追踪，在编辑框内输入 60，单击确定圆心；向右水平极轴追踪，在编辑框内输入半径 30，按 Enter 键，或者向左捕捉圆 A 的位于圆 B 侧的象限点。

③ 在图 3.20 所示的下拉菜单中选择"相切，相切，半径"命令，捕捉圆 A 左侧任意切点并单击，捕捉圆 B 右侧任意切点并单击，在编辑框内输入 60。

④ 在图 3.20 所示的下拉菜单中选择"相切，相切，相切"命令，捕捉圆 A 上侧任意切点并单击，捕捉圆 B 上侧任意切点并单击，捕捉圆 C 上侧任意切点并单击，绘制结果如图 3.22 所示。

（2）圆弧的绘制。

单击绘图面板中的 图标，单击图标右侧向下的小三角，弹出图 3.23 所示的绘制圆弧的下拉菜单。默认的圆弧绘制方法为三点法，三个点分别为起点、通过点和端点。在绘图工作区单击选择三个点，即可绘制圆弧。例 3-4 中采用圆心、起点、端点法，其余画法类似。

【例 3-4】绘制图 3.24 所示的三条直线和圆弧，其中竖直方向的两条直线长度相等。

图 3.23　绘制圆弧的下拉菜单

图 3.24　例 3-4 图

41

绘制步骤如下。

① 调用"直线"命令，极轴向下竖直追踪，在编辑框内输入50，按Enter键；极轴向右水平追踪，在编辑框内输入30，按Enter键；极轴向上竖直追踪，在编辑框内输入50，按Enter键。

② 在图3.23所示的下拉菜单中选择"起点，圆心，端点"命令，捕捉圆弧圆心，如图3.25所示，单击捕捉一条直线终点为圆弧起点，单击捕捉另一条直线终点为圆弧终点。

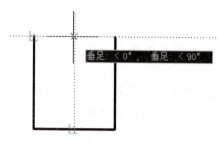

图3.25　捕捉圆弧圆心

（3）椭圆的绘制。

单击绘图面板中的 图标，单击图标右侧向下的小三角，选择合适的绘制命令。
默认的椭圆绘制方法有如下两种：①指定椭圆中心、一个轴的端点、另一个轴的端点；②指定两个轴的端点、第三个轴的半轴长。

【例3-5】绘制长轴长度为50、短轴长度为20的椭圆。

绘制步骤如下。

① 调用"椭圆"命令，单击指定长轴任一点，极轴向右水平追踪，在编辑框内输入50，按Enter键。

② 向上竖直极轴追踪，在编辑框内输入20，按Enter键。

（4）样条曲线的绘制。

样条曲线是两个控制点之间的光滑曲线，在机械制图中常用来绘制波浪线和凸轮曲线等。

单击绘图面板中的 图标，选择一种样条曲线绘制命令。默认的样条曲线绘制方法为用若干点控制曲线。

【例3-6】绘制图3.26所示的曲线，波浪线为打断线。

图3.26　例3-6图

绘制步骤如下。

① 调用"直线"命令，极轴向下竖直追踪，在编辑框内输入50，按Enter键；极轴向右水平追踪，在编辑框内输入100，按Enter键；极轴向上竖直追踪，在编辑框内输入50，

按 Enter 键；极轴向左水平追踪，捕捉直线起点并单击。

② 将直线中间打断，调用"样条曲线"命令，捕捉直线点 A 为样条曲线起点，如图 3.27 所示，任取 B、C 两点为控制点，捕捉直线点 D 为样条曲线的终点，右侧同理。

3. 折线的绘制

在 AutoCAD 中，常见折线有矩形、正多边形、多段线等。

（1）矩形的绘制。

矩形是常见的、简单的闭合图形。单击绘图面板中的 图标绘制矩形。默认的矩形绘制方法为相对坐标法。相对坐标是指当前点相对于上一个点或者指定点的坐标。

【例 3-7】绘制图 3.28 所示的矩形。

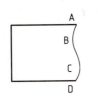

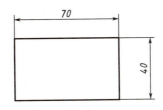

图3.27　例3-6图　　　　　图3.28　例3-7图

绘制步骤如下。

① 调用"矩形"命令，单击选取任一点为矩形左上角点。

② 将输入法改为英文、半角输入。

③ 依次输入 @、70、英文逗号","和 40，按 Enter 键，如图 3.29 所示。

图3.29　矩形相对坐标的输入

④ 绘制结果如图 3.28 所示。

（2）正多边形的绘制。

正多边形是使用较多的一种简单图形，边数为 3 ~ 1024。

单击 中向下的小三角，在弹出的下拉列表框中选择 命令，在弹出的对话框中输入正多边形的边数。

正多边形的绘制方法如下：调用"绘制"命令，输入"正多边形"，指定正多边形的中心点，选择内接（I）或者外切（C）方式，指定圆的半径。

【例 3-8】绘制图 3.30 所示的 $R50$ 内接正五边形和 $R30$ 外切正五边形。

绘制步骤如下。

① 调用"多边形"命令，在编辑框内输入边数 5，按 Enter 键。

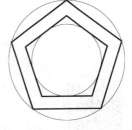

图3.30　例3-8图

②单击选取任一点为正五边形外接圆的圆心。

③在弹出的下拉菜单中选择"外接于"命令。

④极轴追踪选择合适的方向,在编辑框内输入50,按Enter键。

⑤调用"多边形"命令,在编辑框内输入边数5,按Enter键;捕捉正五边形的中点,作为正五边形内切圆的圆心。

⑥在弹出的下拉菜单中选择"内切于"命令。

⑦极轴追踪选择合适的方向,在编辑框内输入30,按Enter键。

⑧绘制结果如图3.30所示。

(3) **多段线的绘制**。

多段线是由多条直线、直线和圆弧、圆弧和圆弧等组成的整体对象,可以设置线宽。

单击绘图面板中的 按钮,进入多段线绘制模式。多段线的绘制方法如下:调用"多段线"命令,指定直线第一点、圆弧第一点或线宽,指定直线第二点、圆弧第二点或线宽,依此类推。

【例3-9】绘制多段线。

绘制步骤如下:

①调用"多段线"命令,单击指定第一点。

②极轴向右水平追踪,在编辑框内输入35,按Enter键。

③在命令行输入A,按Enter键,极轴向上竖直追踪,在编辑框内输入16,按Enter键,极轴向上竖直追踪,在编辑框内输入14,按Enter键。

④在命令行输入L,按Enter键,极轴向上竖直追踪,在编辑框内输入20,按Enter键,极轴向左水平追踪,在编辑框内输入35,按Enter键。

⑤极轴向下竖直追踪,捕捉起始端点。

【例3-10】绘制箭头→,箭头常用于在向视图和剖视图中指示方向。

绘制步骤如下:

①调用"多段线"命令,单击指定第一点。

②极轴水平追踪,在编辑框内输入10,按Enter键。

③在命令行内输入H(半宽),按Enter键。

④在编辑框内输入3,按Enter键。

⑤在编辑框内输入0,按Enter键。

⑥极轴水平追踪,在编辑框内输入15,按Enter键。

⑦绘制结果如图3.31所示。

图3.31 例3-10图

4. 图案填充

AutoCAD的"图案填充"命令可以用于绘制剖面符号和剖面线,表现表面纹理或涂色,在机械图、建筑图、地质构造图、艺术绘图等图样中应用广泛。

单击绘图面板中的 图标进行图案填充。单击图标右侧向下的小三角,在弹出的下拉菜单中有"图案填充""渐变色"和"边界"三个选项。选择"图案填充"选项,弹出图3.32所示的图案填充工具栏。

图3.32　图案填充工具栏

（1）"图案"选项组，可以选择需要填充图案的类型和图案。

① 填充方法默认为拾取点，在封闭的图形内任选一点自动填充；还可以采用拾取边界线方法，选择预填充的封闭边界线，在边界线内自动填充图案。

② "图案"：用于设置填充的图案类型和图案。在下拉列表框中有"ANSI"和"ISO"两个选项。

③ "特性"：可以定义填充类型，填充图线的线型、比例、角度、图案填充透明度等表征填充内容特性的内容。

（2）"角度和比例"选项组，可以设置填充图案的角度和比例等。

① "角度"：用于设置填充图案的旋转角度，定义每种图案的旋转角度都为零。例如，当ANSI31图案的旋转角度为0°时，线条角度为45°；当ANSI31图案旋转角度为90°时，线条角度为135°。

② "比例"：用于设置图案填充时的间距。每种图案的初始比例都为1，可以根据需要或填充效果放大或缩小间距。选择的比例值大于1为放大，小于1为缩小。如果在"类型"下拉列表框中选择"用户定义"选项，则该比例选项不可选。

【例3-11】绘制图3.33所示支架剖视图的剖面线。

① 绘制图3.34所示的支架图。

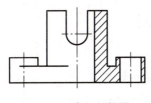　　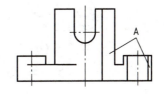

图3.33　支架剖视图　　　　　图3.34　支架图

② 调用"图案填充"命令，如图3.32所示。

③ 选择"ANSI31"选项。

④ 拾取图3.34中A所示的任意两处点。

⑤ 角度、间距等采用默认值，如果间距太小，则输入合适的比例调整间距。

⑥ 绘制结果如图3.33所示。

3.2.2　基本图形的编辑

在工具栏左侧的"修改"选项板中编辑基本图形，包括平移、镜像、旋转、剪切、缩放、分解、阵列、倒角、删除等。下面介绍几种常用的编辑方法。

1．对象的选择

在AutoCAD中，选择对象的方法很多，可以逐个单击拾取对象，也可以利用选择框选取,所有选择的对象组成一个选择集。

当用选择框选取对象时,先确定矩形的左侧角点,再逆时针移动鼠标,框选要选择的所有线条,选择过程如图3.35(a)所示,选择结果如图3.35(b)所示。

对象的选择、移动和旋转

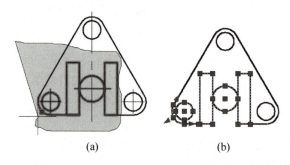

(a)　　　　　　　　(b)

图3.35　选择过程和选择结果

2. 对象的移动

对象的移动是指对象的重定位。对象的位置改变,但方向和大小不变。在AutoCAD中,在"修改"选项板中使用"移动"(MOVE)命令，可以移动二维对象或三维对象。

【例3-12】将图3.36(a)所示的圆A向上平移10mm,结果如图3.36(b)所示。

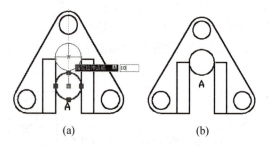

(a)　　　　　　　　(b)

图3.36　将圆A向上平移

操作步骤如下:单击圆A,极轴向上垂直追踪,在编辑框内输入10,按Enter键。

3. 对象的旋转

在"修改"选项板中使用"旋转"(ROTATE)命令，可以精确地旋转一个或一组对象。**旋转对象时,需要指定旋转基点和旋转角度。其中,旋转角度是基于当前用户坐标系的,输入正值,表示按逆时针方向旋转对象;输入负值,表示按顺时针方向旋转对象。**

【例3-13】将图3.37(a)所示图形的右边部分旋转60°。

操作步骤如下。

① 调用"修改"选项板中的"旋转"命令。

② 在绘图工作区选择需旋转的部分,按Enter键。

③ 选择圆A的圆心为旋转中心,逆时针移动鼠标。

④ 在编辑框内输入60,按Enter键。

⑤ 绘制结果如图3.37(b)所示。

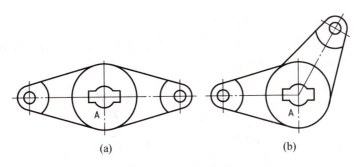

图3.37 图形的旋转

4. 对象的复制

在 AutoCAD 中,不仅可以使用"复制"命令复制对象,还可以使用"偏移""镜像""阵列"命令复制对象。

(1)复制命令。

调用"修改"选项板中的"复制"命令,可以复制对象。常用的复制方法为采用组合键复制:按 Ctrl+C 组合键复制对象,按 Ctrl+V 组合键粘贴对象。结合"移动"命令,可准确复制多个重复对象。

(2)偏移命令。

使用"偏移"(OFFSET)命令,可以创建一个与选定对象类似的新对象,且位于原对象的内侧或外侧。执行该命令时,应先指定偏移距离,再选择偏移对象(每次只能选择一个)并指定偏移方向(内侧或外侧),依次选择其他偏移对象并指定偏移方向。

【例3-14】将图3.38所示图形的直线和圆弧向外偏移5mm。

操作步骤如下。

① 调用"修改"选项板中的"偏移"命令。
② 在编辑框内输入偏移距离 5,按 Enter 键。
③ 在绘图工作区选择需偏移的部分。
④ 指定偏移方向。
⑤ 连续选择需偏移的部分。
⑥ 所有操作结束后,按 Enter 键。

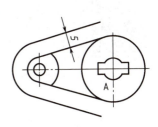

图3.38 图形的偏移

(3)镜像命令。

在绘图过程中,经常会遇到具有对称关系的图形。当绘制具有对称关系的图形时,可使用"镜像"(MIRROR)命令创建对称图形。

使用"镜像"命令,围绕用两点定义的镜像轴来镜像图形。

【例3-15】绘制图3.39(a)所示的图形。

操作步骤如下。

① 调用"修改"选项板中的"镜像"命令。
② 绘制图3.39(b)所示的图形。

③ 在绘图工作区选择要镜像的对象。
④ 指定镜像直线的第一点 A 和第二点 B，即中心线，按 Enter 键，保留原对象。
⑤ 镜像结果如图 3.39（a）所示。

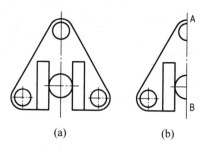

图3.39　图形的镜像

（4）**阵列命令**。

在绘图过程中，经常会遇到具有均匀分布关系的图形，可使用"阵列"（ARRAY）命令创建阵列图形。单击"阵列"图标右侧向下的小三角，在弹出的下拉菜单中有"环形阵列""矩形阵列"和"路径阵列"三个选项。

1）**环形阵列**。
进行环形阵列时，可以控制生成副本对象的数目及是否旋转对象。
【例 3-16】绘制图 3.40（a）所示的图形。

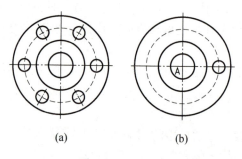

图3.40　环形阵列

操作步骤如下。
① 绘制图 3.40（b）所示的图形。
② 调用"修改"选项板中的"阵列"命令，选择"环形阵列"选项。
③ 框选需要阵列的对象，按 Enter 键。
④ 单击指定阵列的中心点，选取圆心 A 为阵列中心点。
⑤ 在工具栏显示图 3.41 所示的"环形阵列"组。

图3.41　"环形阵列"组

⑥ 在"项目数"文本框中输入阵列图形的数量 6，按 Enter 键。

⑦ 自动预览，预览阵列图形是否为最终结果，按 Enter 键。

2）**矩形阵列**。

进行矩形阵列时，可以控制生成副本对象的行数和列数、行间距和列间距、阵列的旋转角度。

【例 3-17】绘制图 3.42（a）所示的图形。

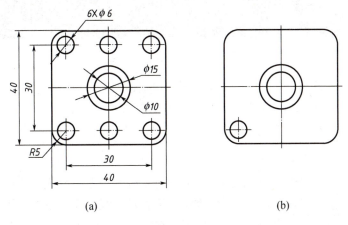

图3.42　矩形阵列

操作步骤如下。

① 绘制图 3.42（b）所示的图形。
② 调用"修改"选项板中的"阵列"命令。
③ 选择需要阵列的图形，按 Enter 键。
④ 在工具栏显示图 3.43 所示的"矩形阵列"组。

图3.43　"矩形阵列"组

⑤ 输入数据：2 行，3 列，行偏移 30，列偏移 15，按 Enter 键。
⑥ 自动预览，预览阵列图形是否为最终结果，按 Enter 键。

3）**路径阵列**。

进行矩形阵列时，可以控制生成副本对象在某阵列路径（直线、多段线、圆弧、样条曲线等）上的距离、数量、方向。

【例 3-18】绘制图 3.44（a）所示的图形。

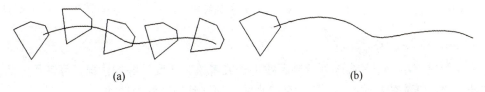

图3.44　路径阵列

① 绘制图 3.44（b）所示的图形。

② 调用"修改"选项板中的"路径阵列"命令 。

③ 选择需要阵列的图形，按 Enter 键。

④ 选择路径曲线，按 Enter 键，在工具栏显示图 3.45 所示的"路径阵列"组。

图3.45 "路径阵列"组

⑤ 单击"定距等分"下侧向下的小三角，选择"定数等分"选项，在"项目数"文本框中输入 5，选中"对齐项目"选项，按 Enter 键。

⑥ 自动预览，预览阵列图形是否为最终结果，单击"关闭阵列"按钮。

5. 对象的拉长、拉伸

在绘图过程中，经常会遇到需要改变线段长度或者图形尺寸的情况，可使用夹点快速拉长、拉伸方法。要拉长直线，只需单击直线，选择直线的夹点，极轴水平或极轴竖直追踪，在编辑框内输入拉长数值即可。

【例 3-19】图 3.46（a）所示的矩形经过拉伸后，变成图 3.46（d）所示的正方形。

操作步骤如下。

① 绘制图 3.46（a）所示的图形。

② 单击矩形，蓝色的矩形方块称为夹点，选择右上角的夹点，该夹点变为红色。

③ 极轴向上竖直追踪，在编辑框内输入 40，按 Enter 键，如图 3.46（b）所示。

④ 选择左上角点，极轴向上竖直追踪，移动鼠标，在右上角点处引水平追踪极轴，如图 3.46（c）所示，在两极轴交点处单击，结果如图 3.46（d）所示。

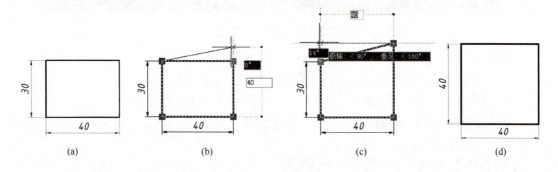

图3.46 对象的拉伸

6. 对象的修剪、延伸

在绘图过程中，经常会遇到绘制图线过长或者绘制长度不够的情况，可使用修剪、延伸方法。单击中向下的小三角，有"修剪"和"延伸"两个选项。

【例 3-20】绘制图 3.47（a）所示的图形。

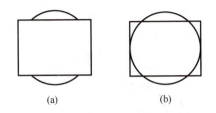

图3.47　对象的修剪

操作步骤如下。
① 绘制图 3.47（b）所示的图形。
② 调用"修剪"命令 ，指定修剪的边界——图 3.47（b）中的矩形。
③ 选择被修剪对象——矩形内部的圆部分，结果如图 3.47（a）所示。

【例 3-21】绘制图 3.47（b）所示的图形。

操作步骤如下。
① 针对图 3.47（a）所示的图形，调用"延伸"命令 ，指定延伸的边界——图 3.47（a）中的矩形。
② 选择要延伸的对象——两个圆弧的四个端点附近，结果如图 3.47（b）所示。

7. 对象的打断、合并、分解

使用"打断"（BREAK）命令 ，可以删除对象指定的两点间的部分，或将一个对象打断成两个具有同一端点的对象。**使用该命令时，要注意以下两点。**

（1）**调用"打断于点"命令 ，选择被打断的对象，不删除原图形，只在选择处打断。**
（2）**调用"打断"命令 ，选择两个打断点，删除打断点之间的线段。**

如图 3.48（a）所示的矩形，图 3.48（b）所示为打断于点效果，图 3.48（c）所示为打断效果。

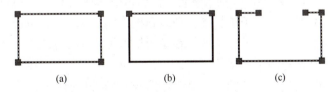

图3.48　对象的打断

使用"合并"（JOIN）命令，可以将"打断于点"的两个对象重新合并；或者合并共端点的两条独立的水平线段或垂直线段，或者封闭图形的最后一条线段。例如，对图 3.48（b）所示图形使用"合并"命令，变成图 3.48（a）所示图形。

使用"分解"命令 ，可以将任意组合图形分解成直线或圆弧。

8. 对象的缩放

使用"缩放"（SCALE）命令 ，指定比例因子，引用与另一个对象间的指定距离，或用两种方法的组合改变相对于给定基点的现有对象的尺寸。

【例 3-22】将图 3.49（a）所示图形的外圆放大 1.5 倍。

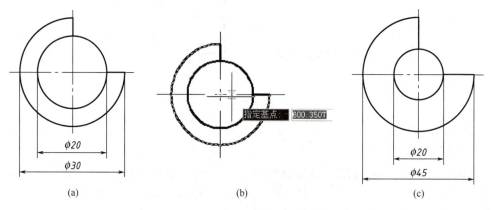

图3.49　对象的缩放

操作步骤如下。

① 绘制图 3.49（a）所示的图形。

② 调用"缩放"命令，选择缩放对象。

③ 指定缩放对象的基点，如图 3.49（b）所示。

④ 在编辑框内输入缩放比例 1.5，按 Enter 键。

⑤ 使用"延伸"命令延伸两条直线，结果如图 3.49（c）所示。

9. 倒角

单击中向下的小三角，可以选择倒角或者倒圆角。使用"倒角"（CHAMFER）命令可以倒直角，常用的倒角方法有 D×D 和 D×A°。

【例 3-23】绘制图 3.50 所示的图形。

倒角

操作步骤如下。

① 绘制 40×30 的矩形。

② 调用"倒角"命令，在编辑框内输入 D，按 Enter 键。

③ 指定第一条边长度，在编辑框内输入 10，按 Enter 键。

④ 指定第二条边长度，在编辑框内输入 10，按 Enter 键。

⑤ 选择倒角对象的两条边。

⑥ 再次调用"倒角"命令，在编辑框内输入 A，按 Enter 键。

⑦ 指定第一条边长度，在编辑框内输入 10，按 Enter 键。

⑧ 指定倒角的角度，在编辑框内输入 60，按 Enter 键。

⑨ 选择倒角对象的两条边，结果如图 3.50 所示。

10. 倒圆角

使用"倒圆角"命令可以倒圆角。

【例 3-24】绘制图 3.51 所示的图形。

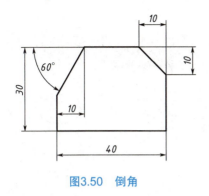
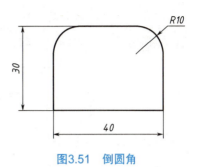

图3.50　倒角　　　　　　　　图3.51　倒圆角

操作步骤如下。

① 绘制 40×30 的矩形。

② 调用"倒圆角"命令 ，在编辑框内输入 R，按 Enter 键。

③ 在编辑框内输入倒角半径 10，按 Enter 键。

④ 选择倒角对象的两条边，结果如图 3.51 所示。

3.3　文本尺寸标注

3.3.1　文本输入

在机械制图中，文字注释是非常重要的内容，可以在图形中加注文字作为补充说明（如技术要求等），使图形的含义更加明了。AutoCAD 提供多种文字输入功能，下面介绍文字样式的设置及文字的输入方法和编辑方法。

1. 创建文字样式

一般在输入文字之前设置文字样式，输入文字时，只需选择预先设置的文字格式即可。设置文字样式的方法如下。

（1）单击"注释"工具栏中下方的三角形，弹出图 3.52 所示的"注释"对话框。

图3.52　"注释"对话框

（2）单击 按钮，弹出"文字样式"对话框，如图 3.53 所示。

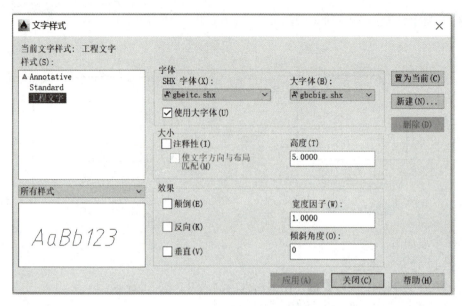

图3.53 "文字样式"对话框

可在"文字样式"对话框中新建文字样式或对已有文字样式进行编辑。下面根据需求新建一种文字样式,步骤如下。

① 单击对话框中的"新建"按钮,弹出"新建文字样式"对话框,输入要新建文字样式的名称"工程文字"。

② 单击"确定"按钮,返回"文字样式"对话框。在"SHX 字体"下拉列表框中选择"gbeitc.shx"或"gbenor.shx"选项。选中"使用大字体"复选项,在"大字体"下拉列表框中选择"gbcbig.shx"选项,如图 3.53 所示。

"文字样式"对话框中常用字体的说明如下。

① "SHX 字体":其中罗列了所有字体。带有双"T"标志的字体是 Windows 系统提供的"TrueType"字体,其他字体是 AutoCAD 软件的字体,后缀为 .shx,其中"gbenor.shx"和"gbeitc.shx"(斜体西文)是符合国家标准的中文字体。

② "大字体":大字体是为亚洲国家设计的字体,其中"gbcbig.shx"是符合国家标准的工程汉字字体。由于"gbcbig.shx"中不含西文字体定义,因此可与"gbenor.shx"和"gbeitc.shx"配合使用。

2. 单行文字的输入

单击"注释"工具栏中 A 按钮下的小三角,选择单行文字。

【例 3-25】输入图 3.54 所示的文字。

操作步骤如下。

机械CAD基础

图3.54 工程文字

(1) 在"文字样式"对话框中,将"工程文字"样式置为当前样式。

(2) 单击"注释"工具栏中 A 按钮下的小三角,选择单行文字。

(3) 指定文字的起点:在绘图区选取一点作为文字高度的起点,再选取一点作为文字高度的终点。

（4）在弹出的对话框中输入"机械 CAD 基础"。

要更改单行文字的尺寸和属性，需要在"文本样式"对话框中修改。

在绘图过程中，有时需要输入一些特殊符号，如直径符号、正负值符号、度符号等，而这些特殊符号不能通过键盘输入。AutoCAD 中有一些控制符，可用于输入这些特殊符号。常用的控制符见表 3-1。

【例 3-26】利用控制符输入特殊字符，如图 3.55 所示。

表 3-1　常用的控制符

控制符	功　能
%%O	上划线
%%U	下划线
%%C	直径符号 φ
%%D	"度"符号°
%%P	正负值符号 ±

图 3.55　输入特殊字符

3. 多行文字的输入

调用"多行文字"命令：单击"注释"工具栏中 按钮下的小三角，选择"多行文字"命令，**默认是多行文字**。

单击"文字"按钮，弹出"文字编辑器"选项板，主要按钮的功能如图 3.56 所示，包括设置样式、文字格式、段落、插入特殊字符等。符号的功能与 Word 相同，如 $\dfrac{b}{a}$ 表示堆叠。

图 3.56　"文字编辑器"选项板

"符号"列表框中包含常用的特殊符号等选项，可单击选择这些选项以输入所需字符，如图 3.57 所示。特殊字符可以通过 Windows 自带的软键盘直接输入，也可以选择"其他"选项，弹出"符号"列表框，单击"其他"选项，弹出"字符映射表"窗口，如图 3.58 所示。要插入一个字符，选择该字符并依次单击"选择"|"复制"按钮，然后关闭窗口，退回"多行文字"对话框。在文本框中输入字符的位置并单击，以确定输入位置，再右击，在弹出的快捷菜单中选择"粘贴"命令，该字符就成功插入文本框。

图3.57 "符号"列表框

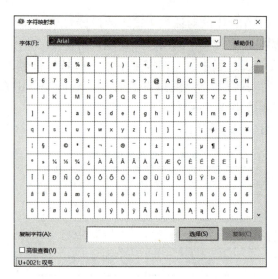

图3.58 "字符映射表"窗口

【例 3-27】输入图 3.59 所示的多行文字。

（1）在"文字样式"对话框中，将"工程文字"样式置为当前样式。

（2）单击"注释"工具栏中的 A 按钮；单击指定第一角点——文本框的左上角点；再单击指定对角点——文本框的右下角点。

（3）在  编辑框中指定高度：输入文字的高度值 7，按 Enter 键。若已在"文字样式"对话框中设置文字高度，则不再提示"指定高度"。

（4）在文本框中输入图 3.59 所示的文字。

（5）选择文字"技术要求"，单击注释工具栏中的"居中"按钮 （图 3.60），结果如图 3.59 所示。

图3.59 多行文字

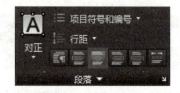

图3.60 文字编辑

在 AutoCAD 中输入特殊字符，可采用在键盘上输入控制符的方法。下面介绍一些非常实用的复杂符号输入方法。

（1）创建分数。

调出"多行文字"对话框，在文本框中输入"%%c65H8/j7"，然后选择"H8/j7"，如图 3.61 所示，单击"注释"工具栏中的"堆叠"按钮 ，结果如图 3.62 所示。

（2）创建公差。

调出"多行文字"对话框，在文本框中输入"%%c26-0.020^-0.072"，然后选择"-0.020^-0.072"，单击"注释"工具栏中的"堆叠"按钮 ，结果如图 3.63 所示。

%% C65H8/j7 $\phi 65\dfrac{H8}{j7}$

图 3.61　选择堆叠文字　　　　　　　输入的文字　　堆叠的结果

　　　　　　　　　　　　　　　　　　图 3.62　创建分数

（3）创建上角标和下角标。

调出"多行文字"对话框，在文本框中输入"35^"和"3^5"，然后分别选择"5^"和"^5"，依次单击注释工具栏中的"堆叠"按钮，结果如图 3.64 所示。

%% C26-0.020^-0.072　　$\phi 26^{-0.020}_{-0.072}$　　　　35^ 3^5　　　3^5 3_5

输入的文字　　　　　堆叠的结果　　　　输入的文字　　堆叠的结果

图 3.63　创建公差　　　　　　　　　图 3.64　创建上角标和下角标

3.3.2　创建标题栏和明细表

AutoCAD 提供了插入表格的功能，用户可以根据需求创建表格，并在表格中插入文字或块等，极大提高了绘图效率。在创建标题栏和明细栏时，表格十分有用。下面举例说明用表格创建标题栏和明细栏的方法。

1. 创建表格样式

在插入表格前，创建表格样式，具体步骤如下。

① 设置文字样式。按 3.3.1 所述方法，创建"工程文字"文字样式，文字高度设为 5，此处不再赘述。

② 单击"注释"工具栏中的■按钮，弹出"插入表格"对话框，如图 3.65 所示。

③ 单击"表格样式"下拉列表框旁边的■按钮，弹出"表格样式"对话框，如图 3.66 所示，可以新建一个表格样式。

2. 创建和填写标题栏

【例 3-28】创建和填写图 3.67 所示的标题栏。

创建图 3.68 所示的四个表格。以"表 1"（即标题栏的左上半部分）为例，具体步骤如下。

① 单击"注释"工具栏中的■按钮，弹出"插入表格"对话框，如图 3.65 所示。在"列数"文本框中输入"6"，在"列宽"文本框中输入"16"，在"数据行数"文本框中输入"4"，"行高"默认为 1，单击"确定"按钮，关闭"插入表格"对话框。

② 在绘图区单击，确定表格插入位置，插入图 3.69 所示的表格 1。

③ 按住鼠标左键并拖动，选中第 1 行和第 2 行，弹出图 3.70 所示的"表格单元"工具栏，单击工具栏中的■按钮，删除第 1 行和第 2 行，结果如图 3.71 所示。

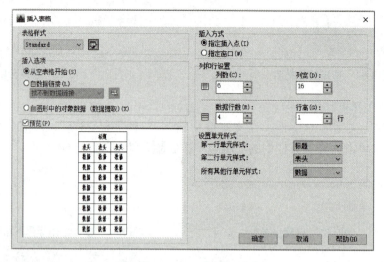

图3.65 "插入表格"对话框

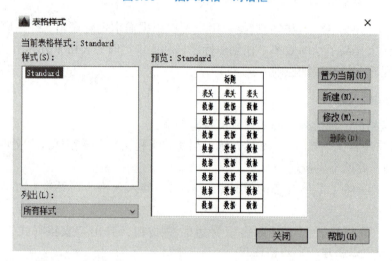

图3.66 "表格样式"对话框

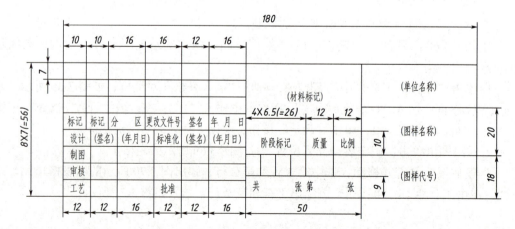

图3.67 标题栏

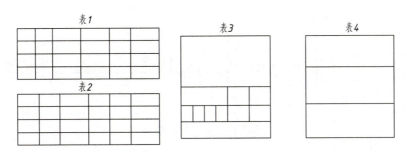

图3.68　创建四个表格

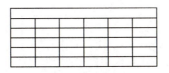

图3.69　插入表格1

图3.70　"表格单元"工具栏

④ 调整列宽和行高。右击第 1 列的任一单元格,在弹出的快捷菜单中单击"特性"命令,弹出"特性"对话框,将"单元宽度"值改为"10",按 Enter 键。采用相同方法将第 2 至第 6 列的列宽分别修改为"10""16""16""12""16"。同理,选中第 1 行的任一单元格,修改"单元高度"值为"7",采用相同方法修改第 2 至第 4 行的行高,如图 3.72 所示。

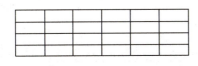

图3.71　合并表格2

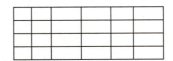

图3.72　修改表格2

⑤ 创建其他三个表格,此处不再赘述,可根据图 3.67 所示尺寸自行创建。调用 MOVE 命令将四个表格组合成标题栏,如图 3.73 所示。

⑥ 双击表格中的某个单元,弹出"文字编辑器"选项板,可在单元格中输入文字。按键盘上的箭头键选中其他单元格,继续输入文字,结果如图 3.74 所示。

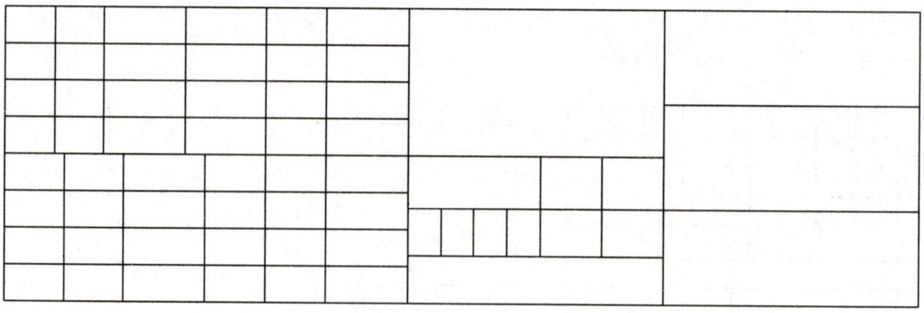

图3.73　合成标题栏

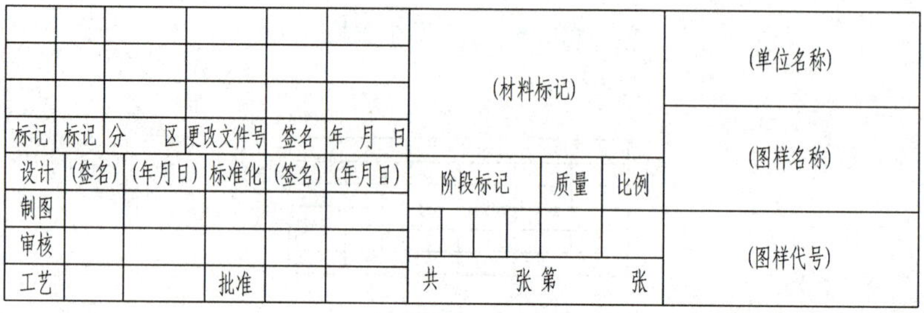

图3.74　创建好的标题栏

3. 创建和填写明细栏

【例3-29】创建和填写图3.75所示的明细栏。

7		底　座	1	HT200			
6		螺　套	1	ZCuA110Fe3			
5	GB/T 73-1985	螺钉M10X12	1	14H级			
4		绞　杠	1	Q215-A			
3		螺旋杆	1	Q255-A			
2	GB/T 75-1985	螺钉M8X12	1	14H级			
1		顶　垫	1	Q275-A			
序号	代　号	名　称	数量	材　料	单件	总件	备注
					质量		

图3.75　明细栏

根据图3.76所示尺寸，创建明细栏。

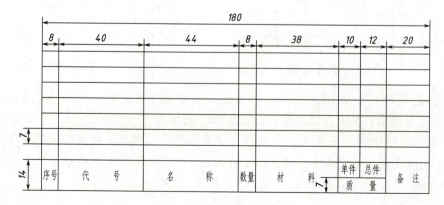

图3.76　明细栏的尺寸

3.3.3 尺寸标注

尺寸标注是绘制图样中的一项重要工作，图样上各实体的位置和尺寸需要通过尺寸标注表达。利用尺寸标注功能，可以方便、准确地标注图样上的各种尺寸。

常用的尺寸标注包括线性尺寸、对齐尺寸、半径尺寸和直径尺寸等。尺寸标注示例如图 3.77 所示。

AutoCAD 提供了多种尺寸标注方式，可以根据需要创建各种尺寸。下面主要介绍各种尺寸样式的标注方法。

图3.77 尺寸标注示例

1. 创建标注样式

与输入文本相似，在进行尺寸标注之前，一般都要创建新的标注样式。在 AutoCAD 中，用户可以创建多种标注样式，以满足不同的需求，如创建线性标注样式、角度标注样式、直径标注样式、公差标注样式等。标注时，用户只需将某个样式指定为当前样式，即可标注相应的尺寸。

创建标注样式

尺寸标注通常由尺寸线、尺寸界线、箭头和尺寸文字等组成，以块的形式存在。

【例 3-30】创建国家标准尺寸样式。

（1）单击"注释"工具栏中的 按钮，弹出"标注样式管理器"对话框，如图 3.78 所示。

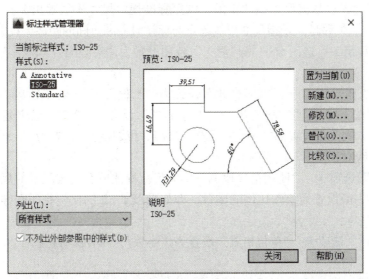

图3.78 "标注样式管理器"对话框

（2）单击"新建"按钮，弹出"创建新标注样式"对话框。在"新样式名"文本框中输入"工程标注"。在"基础样式"下拉列表框中指定某个样式为新样式的副本，新样式包含副本样式的所有设置；也可在"用于"下拉列表框中指定某类尺寸的新样式。

（3）选中 ISO-25 样式，单击"修改"按钮，弹出"修改标注样式:ISO-25"对话框，如图 3.79 所示。

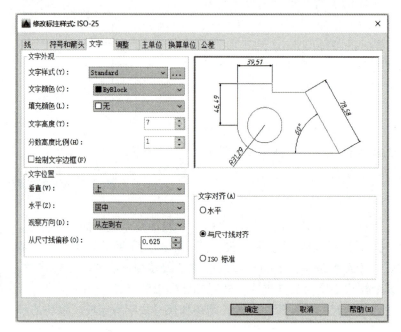

图3.79 "修改标注样式:ISO-25"对话框

下面对该对话框中的 7 个选项卡进行说明和设置。

①"线"选项卡："基线间距"是指平行尺寸线间的距离，一般设置为"7"；"超出尺寸线"是指尺寸界线超出尺寸线的距离，国家标准规定尺寸界线超出 2～3mm，此处设置为"2"；"起点偏移量"是指尺寸界线起点与标注对象端点间的距离，设置为"0.2"。

②"符号和箭头"选项卡：将"箭头"各项设置为"实心闭合"；将"箭头大小"设置为"2"。

③"文字"选项卡：将"文字样式"设置为"工程文字"（若未创建"工程文字"文字样式，则需按3.1.1 所述方法创建）；"文字高度"设置为"3.5"，若创建文本样式时设定了文字高度，则此处设置的文字高度无效；"从尺寸线偏移"设置为"0.8"；"文字对齐"选择"与尺寸线对齐"。

④"调整"选项卡："使用全局比例"影响尺寸标注所有组成元素的尺寸，为保证尺寸外观合适，一般设置为绘图比例的倒数，即如果以 1∶2 的比例打印图样，则应设置全局比例为 2。

⑤"主单位"选项卡："单位格式"设置为"小数"；"精度"设置为"0.00"；"小数分隔符"设置为"句点"。

⑥"换算单位"选项卡：通过设置"单位格式""精度""换算单位倍数"，将现有单位换算成其他单位，如将"mm"换算成"英寸"，该选项在制图中一般不使用。

⑦"公差"选项卡：A."方式"下拉列表框中有 5 个选项，其中"无"是指只显示基

本尺寸；"对称"是指上、下偏差值相等，用户只能输入"上偏差"值，系统自动添加"±"符号；"极限偏差"是指上、下偏差值不相等，可分别在"上偏差"和"下偏差"文本框中输入数值，系统自动在上偏差前添加"+"号，在下偏差前添加"-"号，若上偏差为负值或下偏差为正值，则在"上偏差"或"下偏差"文本框中输入的数值前添加一个负号；"极限尺寸"是指同时显示最大极限尺寸和最小极限尺寸；"基本尺寸"是指将尺寸标注值放置在一个长方形框中。B."高度比例"选项用于调整偏差文本相对于尺寸文本的高度，默认值为1，此时偏差文本与标注文本高度相等，一般将此数值设置为0.7，但若使用"对称"标注，则"高度比例"值应为1。C."垂直位置"用于指定偏差文字相对于基本尺寸的位置关系，在机械制图标注中，该值设置为"中"。

单击"确定"按钮，创建完成"工程标注"的标注样式。再单击"置为当前"按钮，使新样式成为当前样式。

2. 创建线型尺寸

(1) 标注水平尺寸和竖直尺寸

【例3-31】创建图3.80所示的竖直尺寸和水平尺寸标注。

① 单击"标注"工具栏中的 按钮或 线性 按钮，启动线性标注命令。

指定第一条尺寸界线或 <选择对象>： // 捕捉交点A，如图3.80所示，或按Enter键，选择直线AB

指定第二条尺寸界线原点：   // 捕捉交点B

指定尺寸线位置：   // 拖动鼠标光标，将尺寸线移动到合适位置后单击

图3.80中直线AB的水平尺寸"57"标注完成，用相同方法标注图中直线AC的竖直尺寸"12"。

② 双击标注文字，用户可利用此编辑器输入新的标注文字，并进行编辑。

重要提示：利用"多行文字"对话框修改标注文字后，文字与尺寸标注失去关联性，即尺寸数字不会随着标注对象的改变而改变。

(2) 标注对齐尺寸

对齐尺寸主要用于标注倾斜对象的真实长度，对齐尺寸的尺寸线平行于倾斜的标注对象。若选择两个点创建对齐尺寸，则尺寸线与两点的连线平行。

【例3-32】创建图3.81所示的对齐尺寸标注。

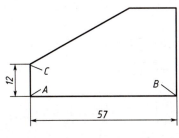

图3.80　竖直尺寸和水平尺寸标注

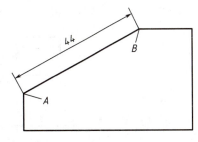

图3.81　对齐尺寸标注

单击"标注"工具栏中的■■按钮,启动对齐标注命令。

指定第一条尺寸界线或＜选择对象＞: // 捕捉交点 A,如图 3.81 所示,或按 Enter
　　　　　　　　　　　　　　　　　键,选择直线 AB
指定第二条尺寸界线原点: 　　　　　// 捕捉交点 B
指定尺寸线位置: 　　　　　　　　　// 拖动鼠标光标,将尺寸线移动到合适位
　　　　　　　　　　　　　　　　　置后单击

（3）标注基线型尺寸和连续型尺寸

基线型尺寸是指所有尺寸都从同一点开始标注,连续型尺寸是指一系列首尾相连的尺寸。创建这两种尺寸前,要建立一个尺寸标注。

【例 3-33】创建图 3.82 所示的基线型尺寸标注。

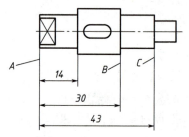

图3.82　基线型尺寸标注

① 单击"标注"工具栏中的■■按钮,启动命令。
② 选择基准标注:如图 3.82 所示,选择 A 处的尺寸界线为基准线（应先标注尺寸"14"）。
指定第二条尺寸界线原点或 [放弃（U）| 选择（S）]＜选择＞: // 捕捉第二点 B
指定第二条尺寸界线原点或 [放弃（U）| 选择（S）]＜选择＞: // 捕捉第三点 C
指定第二条尺寸界线原点或 [放弃（U）| 选择（S）]＜选择＞: // 按 Enter 键
选择基准标注: // 按 Enter 键结束,结果如图 3.82 所示。

【例 3-34】创建图 3.83 连续型尺寸标注。

① 单击"标注"工具栏中的■■按钮,启动命令。
② 选择连续标注:如图 3.83 所示,选择 A 处的尺寸界线为基准线（应先标注尺寸"14"）。
指定第二条尺寸界线原点或 [放弃（U）| 选择（S）]＜选择＞: // 捕捉第二点 B
指定第二条尺寸界线原点或 [放弃（U）| 选择（S）]＜选择＞: // 捕捉第三点 C
指定第二条尺寸界线原点或 [放弃（U）| 选择（S）]＜选择＞: // 按 Enter 键
选择连续标注: // 按 Enter 键,结果如图 3.83 所示。

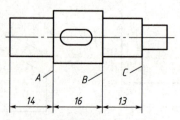

图3.83　连续型尺寸标注

重要提示：若创建一个尺寸标注后，紧接着创建基线型尺寸标注或连续型尺寸标注，则以该尺寸的第一条尺寸界线为基线型尺寸的基准线，或者以该尺寸的第二条尺寸界线为连续型尺寸的基准线。如果不想在前一个尺寸的基础上创建基线型尺寸或连续型尺寸，就按 Enter 键，在系统提示下选择某个尺寸界线为基准线。

3. 创建圆弧型尺寸

创建圆弧型尺寸时，如果使用"直径"或"半径"命令标注，则系统自动在标注数值前加上符号"ϕ"或"R"。但在实际标注过程中，标注圆弧型尺寸的形式有多种，一般采用替代方式。

【例 3-35】利用替代方式创建图 3.84 所示的圆弧型尺寸标注。

（1）创建圆弧型尺寸"$\phi 7$""$\phi 9$""$R6$"。

① 单击 按钮，打开图 3.78 所示的"标注样式管理器"对话框。

② 在"工程标注"样式为当前样式的前提下，单击"替代"按钮（不是"修改"按钮），弹出图 3.85 所示的"替代当前样式:ISO-25"对话框。

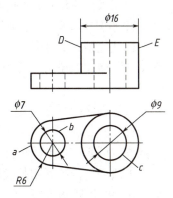

图 3.84　圆弧型尺寸标注

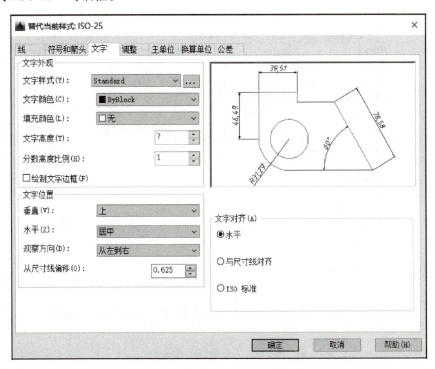

图 3.85　"替代当前样式：ISO-25"对话框

③ 单击"文字"选项卡，将"文字对齐"设置为"水平"。

④ 单击"确定"按钮，关闭对话框。此时，刚刚创建的样式自动置为当前样式。

⑤ 单击"标注"工具栏中的 ⬛半径 按钮，启动命令，标注尺寸"R6"。
选择圆弧或圆：// 选择要标注的圆弧 a，如图 3.84 所示
指定尺寸线位置：// 拖动鼠标，将尺寸线移动到合适位置后单击
⑥ 单击"标注"工具栏中的 ⬛直径 按钮，启动命令，标注尺寸"φ7"。
选择圆弧或圆：// 选择要标注的圆弧 b，如图 3.84 所示
指定尺寸线位置：// 拖动鼠标，将尺寸线移动到合适位置后单击
⑦ 重复第（6）步，标注圆弧 c 的尺寸"φ9"。

标注完成后，需恢复原来的尺寸样式。打开"标注样式管理器"对话框，选择"工程文字"样式，单击"置为当前"按钮，在跳出的提示对话框中单击"确定"按钮，完成设置。

（2）创建圆弧型尺寸"φ16"。

标注图 3.84 所示的圆弧型尺寸"φ16"，需要利用线性尺寸命令，但要对标注文字稍作修改，可通过如下两种方式实现。

方式一：继续利用替代形式。

① 用上述方法，在"工程标注"样式下创建替代样式。选择"替代当前样式:ISO-25"对话框中的"主单位"选项卡，如图 3.86 所示，在"前缀"文本框中输入"%%C"，返回主窗口。

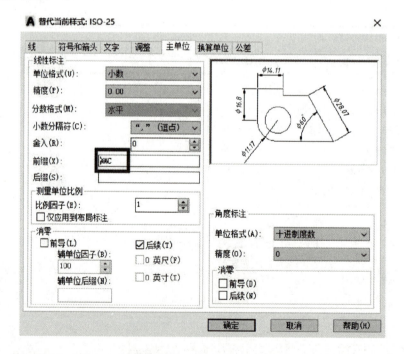

图 3.86 "主单位"选项卡

② 单击"标注"工具栏中的 ⬛线性 按钮，启动命令。
指定第一条尺寸界线或<选择对象>：// 捕捉交点 D，如图 3.84 所示，或按 Enter 键，选择直线 DE

指定第二条尺寸界线原点：// 捕捉交点 E

指定尺寸线位置：// 拖动鼠标，将尺寸线移动到合适位置后单击

③ 在创建的线性尺寸标注文字前自动加上前缀"ϕ"，按上述方法恢复原来的尺寸样式。该方式标注的尺寸文字与尺寸仍具有关联性，即标注文字"32"会随着直线 DE 的改变而改变。

方式二：通过修改标注文字。

④ 单击"标注"工具栏中的 ▨线性 按钮，启动命令。

指定第一条尺寸界线或<选择对象>：// 捕捉交点 D，如图 3.84 所示，或按 Enter 键，选择直线 DE

指定第二条尺寸界线原点：// 捕捉交点 E

指定尺寸线位置：// 在文本框中输入"T"，按 Enter 键

双击输入标注文字 <16>：// 输入"%%C16"，按 Enter 键

指定尺寸线位置：// 拖动鼠标，将尺寸线移动到合适位置后单击

⑤ 完成"ϕ16"的尺寸标注。该方式标注的尺寸文字与尺寸不具有关联性，即无论直线 DE 是延长还是缩短，标注文字都为"ϕ16"。

重要提示：替代样式和修改标注文字两种方法在标注中较常见，可用来标注常见的"$4\times\phi8$"等形式的尺寸，应学会举一反三。

4. 创建角度型尺寸

对于角度标注，国家标准规定角度的尺寸数字一律水平书写，一般注写在尺寸线的中断处。标注角度尺寸前，需要设置尺寸样式。一般用两种方式标注角度尺寸：使用替代方式和使用角度尺寸子样式。

【例 3-36】创建图 3.87 所示的角度型尺寸标注。

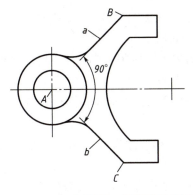

创建角度型尺寸和尺寸公差

图3.87　角度型尺寸标注

（1）使用替代方式设置角度标注样式。

打开"标注样式管理器"对话框，利用当前样式（"工程标注"）的替代方式将工程文字设置为水平放置，标注角度尺寸。

（2）使用角度尺寸子样式设置角度标注样式。

标注角度时，将"文字"选项卡下的"文字对齐"设置为"水平"，"精度"设置为"0d"。

4. 创建尺寸公差和形位公差

（1）**创建尺寸公差**。

创建尺寸公差的方法有如下两种。

① 堆叠文字方法和尺寸替代法。

② 替代方法，即在"替代当前样式:ISO-25"对话框的"公差"选项卡下设置上、下偏差，每次标注尺寸公差前都要进行替代设置，且以实际尺寸绘制图形时使用较方便。

【例 3-37】创建图 3.88 所示的公差尺寸标注。

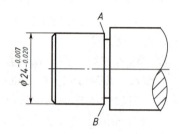

图3.88　公差尺寸标注

③ 在"工程标注"为当前标注样式的前提下，打开"标注样式管理器"对话框，单击"替代"按钮，弹出"替代当前样式:ISO-25"对话框。在"公差"选项卡下，将"方式"设置为"极限偏差"，将"精度"设置为"0.000"，将"垂直位置"设置为"中"，在"上偏差"文本框中输入"-0.007"，在"下偏差"文本框中输入"0.020"，在"高度比例"文本框中输入"0.75"，取消选中"消零"中的"后续"复选项。

④ 单击"主单位"选项卡，在"前缀"文本框中输入"%%C"，标注时将自动在标注文字前加上符号"ϕ"。

⑤ 单击"确定"按钮，返回 AutoCAD 图形窗口。单击"标注"工具栏中的 线性 按钮，进行尺寸公差标注，结果如图 3.88 所示。

指定第一条尺寸界线或 < 选择对象 >：// 捕捉交点 A，如图 3.88 所示

指定第二条尺寸界线原点：// 捕捉交点 B

指定尺寸线位置：// 拖动鼠标，将尺寸线移动到合适位置后单击

（2）**创建形位公差**。

标注形位公差一般使用标注选项板中的 命令，既带形位公差框格，又带标注指引线。

创建形位公差

【例 3-38】创建图 3.89 所示的形位公差标注。

① 单击"注释"选项板中的 按钮，弹出"多重引线样式管理器"对话框，如图 3.90 所示，单击"修改"按钮，弹出"修改多重引线样式"对话框，在"内容"选项卡下，"多重引线类型"选择"无"，单击"确定"按钮，关闭对话框。

② 在菜单栏单击注释，在弹出的"标注"选项板中单击 按钮，弹出"形位公差"对话框，如图 3.91 所示，输入公差值，单击"确定"按钮，结果如图 3.89 所示。

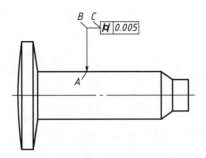

图3.89 形位公差标注

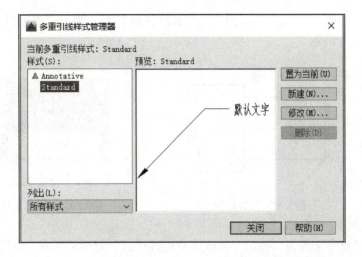

图3.90 "多重引线样式管理器"对话框

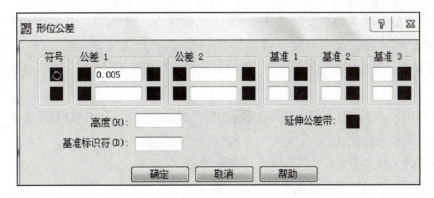

图3.91 "形位公差"对话框

5. 创建引线标注

在绘制机械图形的过程中，引线标注较常用。**引线标注主要由箭头、引线、基线、多行文字四个部分构成**，如图3.92所示。**其中多行文字可用图块代替，可通过引线样式进行设置**。

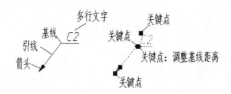

图3.92 创建引线标注

若引线或文本的位置不合适,则可选中引线标注对象,利用关键点进行调整。移动基线处的方形关键点,引线、文字将一起移动。若移动箭头处的关键点,则只有引线跟随移动。移动基线处的三角关键点,可调整基线距离。

【例3-39】创建图3.93所示的引线标注。

(1)单击"注释"工具栏中的 按钮,如图3.94所示,弹出"多重引线样式管理器"对话框,如图3.90所示。

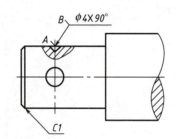

图3.93 引线标注　　　　图3.94 多重引线样式对话框

(2)单击"修改"按钮,弹出"修改多重引线样式"对话框。在"引线格式"选项卡下,将"箭头"的"符号"设置为"实心闭合",将"大小"设置为"2"。在"引线结构"选项卡下,将"基线距离"设置为"1",表示基线的长度。在"内容"选项卡下,将"多重引线类型"设置为"多行文字"(另一个选项为"图块"),将"文字样式"设置为"工程文字",将"文字高度"设置为"3.5",将"连接位置-左"和"连接位置-右"均设置为"最后一行加下划线",将"基线间距"设置为"0.5",表示基线与文字的距离。

(3)单击"多重引线"工具栏中的 按钮,标注引线。AutoCAD提示如下。

指定引线箭头的位置:　　　　　//捕捉图3.93中的A点

指定引线基线的位置:　　　　　//指定B点

打开多行文字编辑器,输入文字"$\phi 4 \times 90°$"。

重要提示:标注装配图中的序号时,"多重引线"工具栏上的命令非常有用。

(4)同理,创建另一个引线标注,结果如图3.93所示。

3.3.4 图层的定义、特性、创建与管理

1. 图层的定义

绘图都是在图层上进行的，虽然前面没有接触图层的概念，但使用了 AutoCAD 提供的默认层—0 层。一幅图样可能有许多对象（如各种线型、符号、文字等），不同对象的属性不同，都绘制在图层上。可以把图层想象为一张没有厚度的透明纸，各图层之间都具有相同的坐标系、绘图界限和缩放比例。绘图时，对图形中的对象进行分类，把具有相同属性的对象（如线型、颜色、尺寸标注、文字等）放在同一图层，这些图层叠放在一起就构成一幅完整的图样，使绘图、编辑等操作十分方便。

创建图层

2. 图层的特性

（1）为每个图层都赋予一个名称，其中 0 层是 AutoCAD 自动定义的，其余图层根据需要定义。

（2）每个图层容纳的对象数量都不受限制。

（3）图层数量不受限制，一般应根据需要设定。

（4）图层本身具有颜色、线宽和线型，可以使用图层的颜色、线宽和线型绘图，也可以使用不同于图层的线型、线宽和颜色绘图。

（5）同一图层上的对象处于相同状态，如可见或不可见。

（6）图层具有相同的坐标系、绘图界限和缩放比例。

（7）图层具有打开（可见）/关闭（不可见）、解冻（可见）/冻结（不可见）、解锁（编辑）/锁定（不可编辑）等特性，可以根据需要改变图层的状态。

（8）用户所画的线、圆等实体放在当前层，可以编辑任何可见图层上的实体。

3. 图层的创建与管理

单击"图层"选项板中的按钮，弹出"图层特性管理器"工具栏，如图 3.95 所示，双击相应的图层，可编辑图层属性。

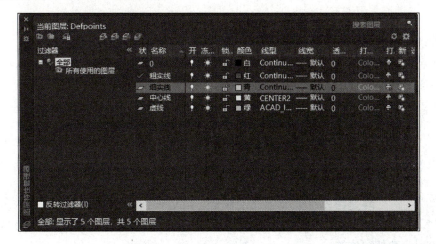

图3.95 "图层特性管理器"工具栏

线型的加载：双击相应线型项目，弹出图 3.96 所示的"选择线型"对话框，单击"加载"按钮，弹出"加载或重载线型"对话框，如图 3.97 所示，选择相应线型，单击"确定"按钮。

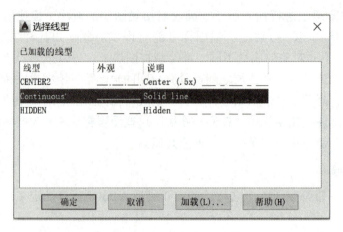

图 3.96 "选择线型"对话框

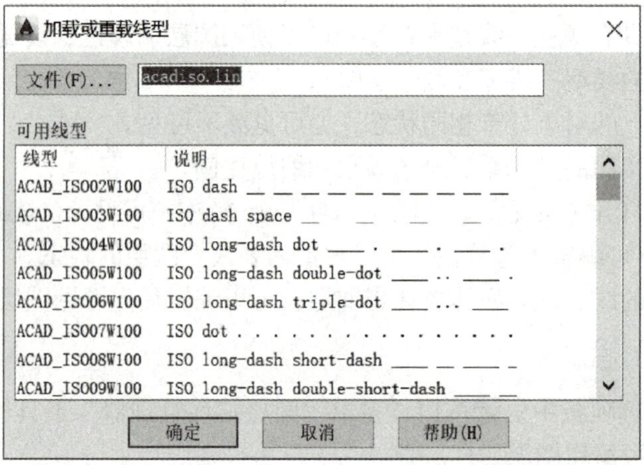

图 3.97 "加载或重载线型"对话框

机械系统中的常用线型如下。

实线：Continuous。

中心线：Center、Center（.5x）、Center（.2x）。

虚线：Dashed、Dashed（.5x）、Dashed（.2x）。

3.3.5 块的定义、应用与编辑

1. 块的定义

块是由多个对象组成的集合，可以作为一个整体操作。用户创建块后，可以随时在指定位置插入块，块将作为单个对象。插入块时，可以对块进行缩放和旋转。

在实际应用中,常将一些常用符号(如粗糙度符号、基准符号等)定义为块,也可将一些标准件结构(如螺母等)制成块,需要时,直接作为块插入即可,节省了绘图时间。

【例3-40】创建图3.98所示的两个粗糙度块。

图3.98 粗糙度块

(1)定义块属性。

① 单击"块"选项板中的 按钮,弹出"属性定义"对话框,如图3.99所示。在"属性"和"文字设置"栏中设置相应参数。其中,"默认"表示插入块时的默认粗糙度值,可设置成其他值。

图3.99 "属性定义"对话框

② 单击"确定"按钮,光标将附带"$Ra\ 6.3$",移动鼠标,将"$Ra\ 6.3$"放在正粗糙度符号的合适位置。

(2)创建块。

① 单击"块"选项板中的 按钮,打开"块定义"对话框,如图3.100所示。

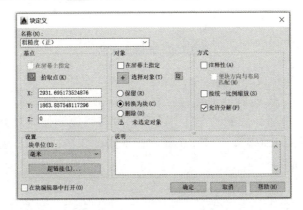

图3.100 "块定义"对话框

图3.101 对象的选择

② 在"名称"文本框中输入"粗糙度(正)"。

③ 单击"拾取点"按钮,返回绘图区,用鼠标捕捉粗糙度符号顶点。

④ 在"对象"栏中单击"选择对象"按钮,返回绘图区,用框选方式选中图 3.101 所示的区域,按 Enter 键,回到"块定义"对话框。此时,在"对象"栏下方显示"已选择 4 个对象"。

⑤ 单击"确定"按钮,然后单击 命令,在弹出的对话框中输入粗糙度值,正粗糙度符号块创建完成。

(3) 写入块。

创建块后,只能在该图形中使用,即若新建一个 AutoCAD 文件,则在新建的文件中不存在刚刚创建的"粗糙度(正)"块。此时,可以在新文件中定义文字样式,在有粗糙度块的文件中选中粗糙度,按 Ctrl+C 组合键复制粗糙度块,在新文件中按 Ctrl+V 组合键粘贴,即可创建新粗糙度块。

重复上述步骤,创建反粗糙度符号,块名称为"粗糙度(反)",还可以创建其他块,如基准符号、六角螺母等。

2. 块的应用

【例 3-41】创建图 3.102 所示的粗糙度标注。

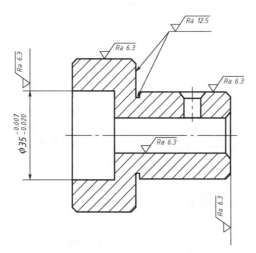

图3.102 粗糙度标注

(1) 单击"块"选项板中的 命令,弹出"插入"对话框。

(2) 在"名称"下拉列表框中选择"粗糙度(正)"选项,右上角出现所选块的预览图。单击"确定"按钮,回到绘图区,将粗糙度符号放到标注对象的合适位置。在命令行中输入粗糙度值"Ra6.3",按 Enter 键,结果如图 3.102 所示。重复上述步骤,完成"Ra12.5"的粗糙度标注。

3. 块的编辑

（1）编辑属性定义。

创建属性定义后，单击"块"选项板中的 按钮，弹出"块属性管理器"对话框，如图 3.103 所示，双击需要编辑的块（如 Ra6.3），弹出"编辑属性"对话框，如图 3.104 所示，可修改属性定义。

图3.103 "块属性管理器"对话框

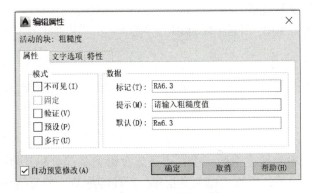

图3.104 "编辑属性"对话框

（2）编辑块属性。

创建属性定义后，单击"块"选项板中的 按钮，弹出"编辑块定义"对话框，如图 3.105 所示，双击粗糙度，打开"块编辑器"选项板，如图 3.106 所示，可编辑块。

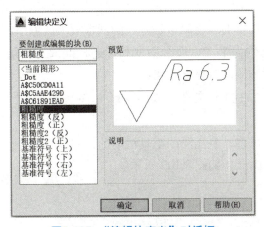

图3.105 "编辑块定义"对话框

图3.106 "块编辑器"选项板

3.4 零件图

3.4.1 零件图的绘制过程

用AutoCAD绘制机械图的过程与手工绘制零件图的过程类似，但有个别不同之处，下面用实例说明具体绘制过程。

【例3-42】绘制图3.107所示的零件图，并按1∶2的比例打印在A4图纸上。

1. 设置绘图环境

设置绘图环境主要包括如下内容：①设定工作区域尺寸；②创建图层；③打开必要的绘图辅助工具。

2. 绘制视图

绘制视图时，一般先从主视图入手，再通过投影关系等绘制其他视图。绘制图形时，先绘制基准线、定位线等，再按"先主要轮廓，后局部细节"的思路绘制。

插入图框

3. 插入图框

绘图前，可绘制附带标题栏的标准图框A0、A1、A2、A3、A4，并存储为.dwg文件，使用时，只需打开该文件，将所需图框复制到当前文件中即可。由于用AutoCAD绘制图形时，一般按图形的实际尺寸绘制。因此，插入标准图框时，将附带标题栏的图框放大或缩小图形比例的倒数倍，即如果图形比例为1∶2，那么图框和标题栏应放大2倍，零件图按1∶2的比例打印在图纸上，标题栏和图框需符合国家标准。

（1）打开标准图框的图形文件"A4.dwg"，将图框复制到当前图形文件中，如图3.108所示。

（2）选中图框及标题栏，利用绘图工具栏上的"缩放"命令放大2倍，并利用"移动"命令将视图放入图框，如图3.109所示。

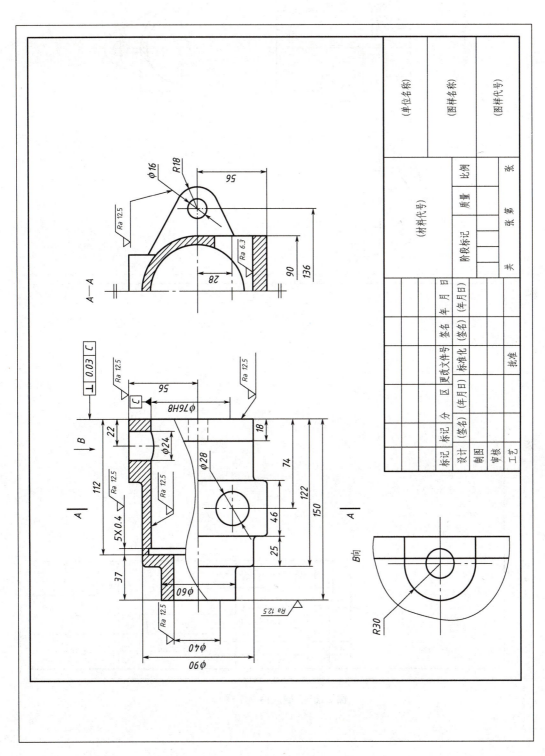

图3.107 零件图

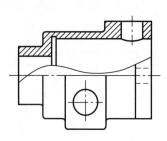
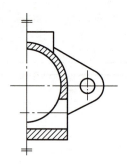
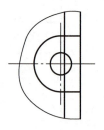
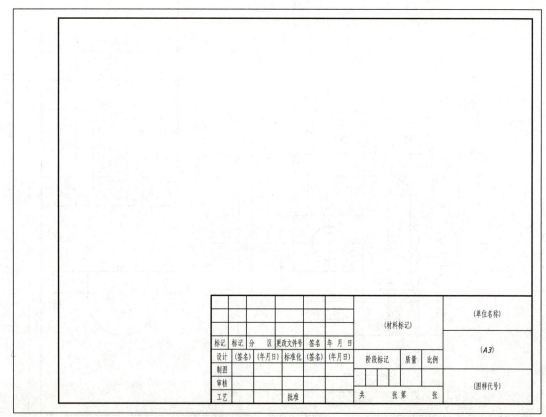

图3.108　插入标准图框

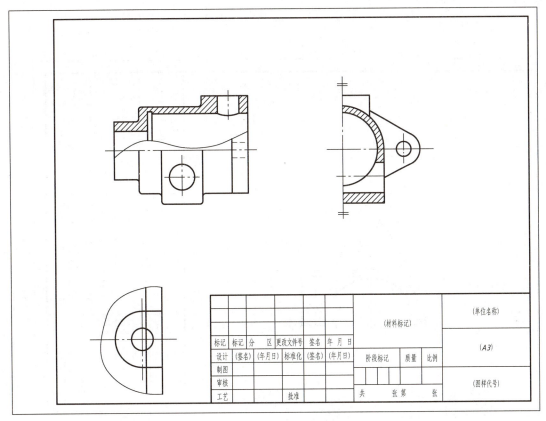

图3.109 布置视图

4. 创建名为"工程文字"的文字样式和名为"工程标注"的标注样式

具体参数设置参考第 3 章的相应内容，标注样式中的标注全局比例因子设置为"2"（绘图比例的倒数）。

5. 标注零件尺寸

标注零件尺寸，同时使用"插入块"命令创建粗糙度标注，结果如图 3.110 所示。

6. 填写技术要求及标题栏

使用多行文字编辑器填写技术要求及标题栏，参考第 3 章的相应内容，结果如图 3.110 所示。

3.4.2 样板文件的创建与使用

每次绘制新的图形文件前，都需要设置绘图环境、图层、文字样式、尺寸样式、图框及常用块等，用户的工作量较大，使用样板文件能很好地解决这个问题。

AutoCAD 中自带很多标准的样板文件，以".dwt"为后缀存储在"Template"文件夹中。但自带的样板文件往往不能很好地满足用户的需求，用户可以根据自己的作图习惯和实际需要创建样板文件。创建新图时，可以把样板文件的设置复制到当前图样中，使得新图样具有相同的作图环境。

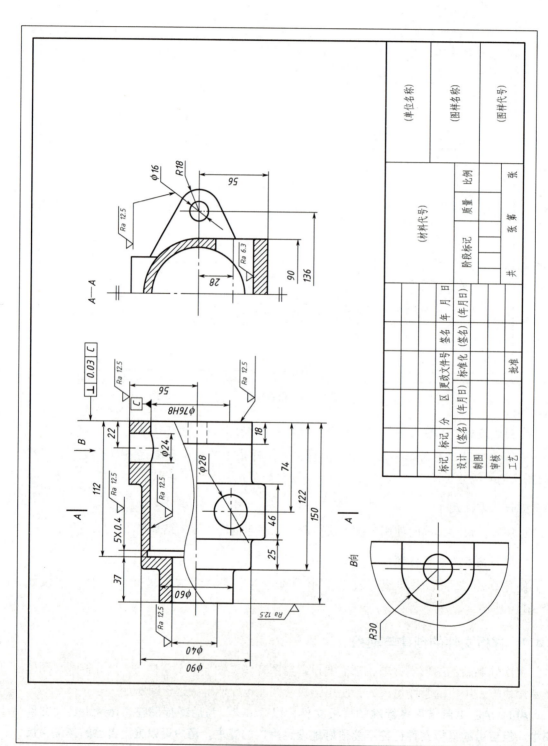

图3.110 零件图的尺寸标注

【例3-43】创建样板文件"机械制图样板.dwt"。

（1）打开AutoCAD软件，建立一个新文件。

（2）在新文件中设置以下内容。

①设置单位类型和精度。

②设置图形界限。

③设置图层，一般包括轮廓线层、中心线层、剖面线层、虚线层、尺寸线层。

以上三项具体参考机械制图的相关内容。

④设置文字样式和标注样式（参考3.3节的相关内容）。

⑤创建常用的块，如粗糙度符号、基准符号等。

⑥创建标准图框及标题栏、明细栏。

（3）选择菜单栏中的"文件"→"另存为"命令，弹出"图形另存为"对话框，如图3.111所示。在"文件类型"下拉列表框中选择"AutoCAD图形样板（*.dwt）"选项，系统自动将保存路径设为安装路径下的"Template"文件夹。当然，用户也可以保存在其他路径，如与粗糙度块、标准图框共同存储在新建的名为"样板文件"的文件夹中。在"文件名"文本框中输入"机械制图样板"。单击"保存"按钮，名为"机械制图样板.dwt"的样板文件创建完成。

图3.111 "图形另存为"对话框

【例3-44】使用样板文件"机械制图样板.dwt"。

样板文件的使用很简单，选择"文件"→"新建"命令，弹出"选择样板"对话框，如图3.112所示，选中"机械制图样板"复选项，单击"打开"按钮，在新建的图形中便拥有样板文件的所有设置。

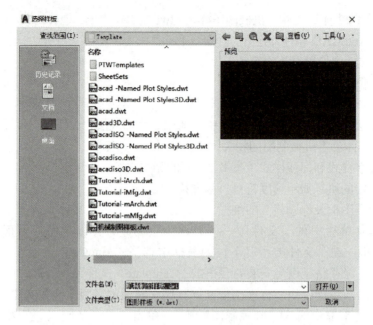

图3.112 "选择样板"对话框

3.5 装配图

3.5.1 由零件图组合成装配图

绘制机器或部件的所有零件图后,可利用零件图拼画装配图,提高绘图效率。下面以千斤顶的装配图为例,介绍由零件图组合成装配图的步骤。

装配图

【例3-45】打开第3章、第4章习题中绘制的"螺套.dwg""底座.dwg""螺旋杆.dwg""顶垫.dwg""绞杠.dwg"五张零件图,将其装配成"千斤顶.dwg"装配图。

(1)新建 AutoCAD 文件,文件名为"千斤顶.dwg"。

(2)切换到图形"底座.dwg",关闭尺寸所在图层,将底座的主视图复制到图形"千斤顶.dwg"中,如图 3.113 所示。

(3)切换到图形"螺套.dwg",关闭尺寸所在图层,将螺套的主视图复制到图形"千斤顶.dwg"中,如图 3.114 所示。

(4)使用"旋转"和"移动"命令,将零件图装配到一起,并进行必要的编辑,如图 3.115 所示。

(5)用上述方法将零件图"螺旋杆.dwg""顶垫.dwg""绞杠.dwg"插入装配图,并进行相应的编辑。将规格为"M8×12,GB/T 75—2018"和"M10×12,GB/T 73—2017"的螺钉按国标要求插入装配图,装配结果如图 3.116 所示。

(6)添加必要的尺寸,如图 3.117 所示。

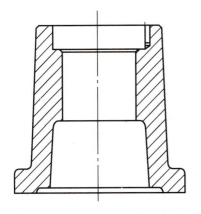
图3.113 调入底座零件图

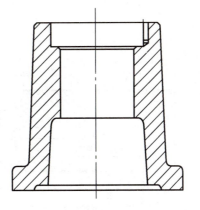
图3.114 调入螺套零件图

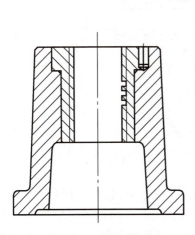
图3.115 装配两个零件

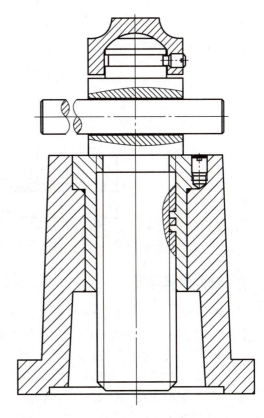
图3.116 装配结果

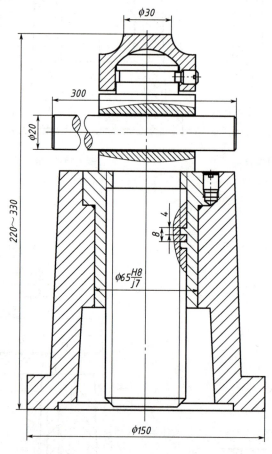

图3.117 添加尺寸

3.5.2 标注零件序号

在装配图中，使用多重引线命令标注零件序号较方便。

【例3-46】为3.5.1装配好的千斤顶装配图标注零件序号，如图3.118所示。

（1）打开3.5.1装配好的图形"千斤顶.dwg"。

（2）单击"注释"选项板中的 按钮，如图3.119所示，弹出"多重引线样式管理器"对话框，如图3.120所示。"引线格式"选项卡的设置如图3.121所示。"引线结构"选项卡的设置如图3.122所示，其中"指定比例"单选项后面的数值为绘图比例的倒数。"内容"选项卡的设置如图3.123所示，其中"基线间隙"文本框中的数值表示下划线的长度。

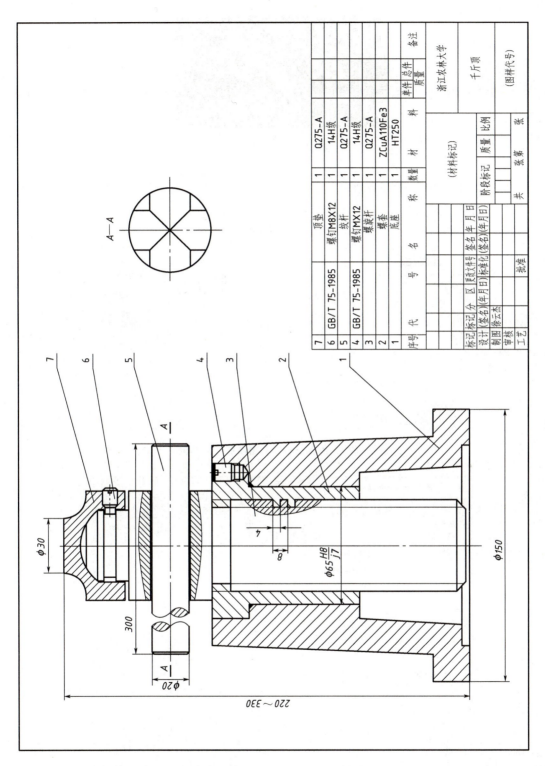

图3.118 标注零件序号

图3.119　单击按钮

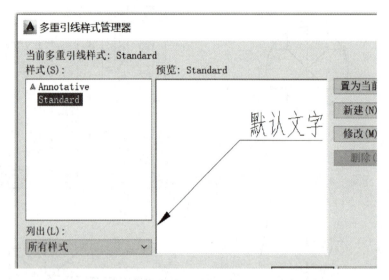

图3.120　"多重引线样式管理器"对话框

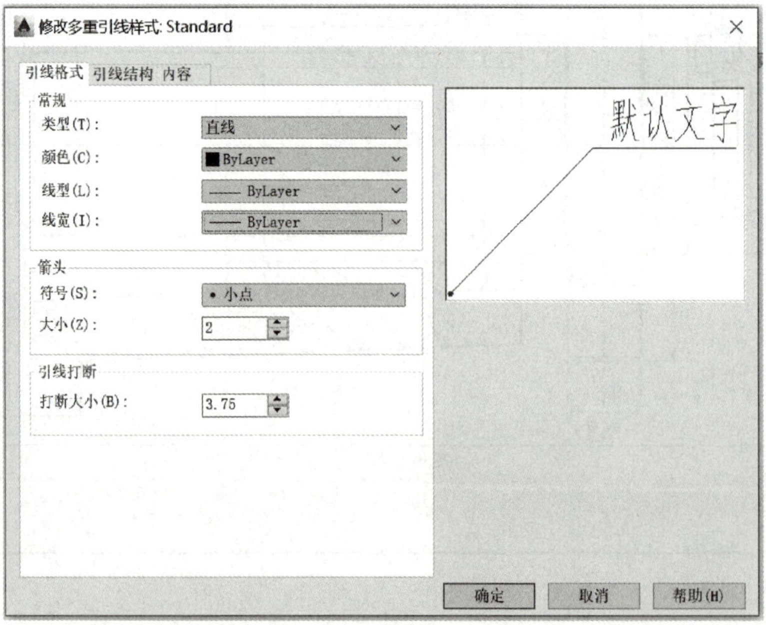

图3.121　"引线格式"选项卡

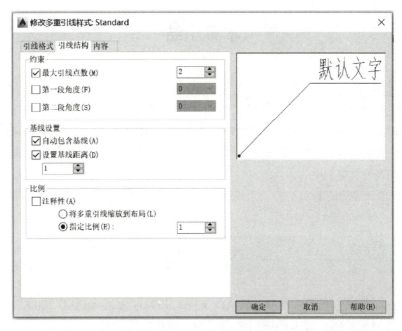

图3.122 "引线结构"选项卡

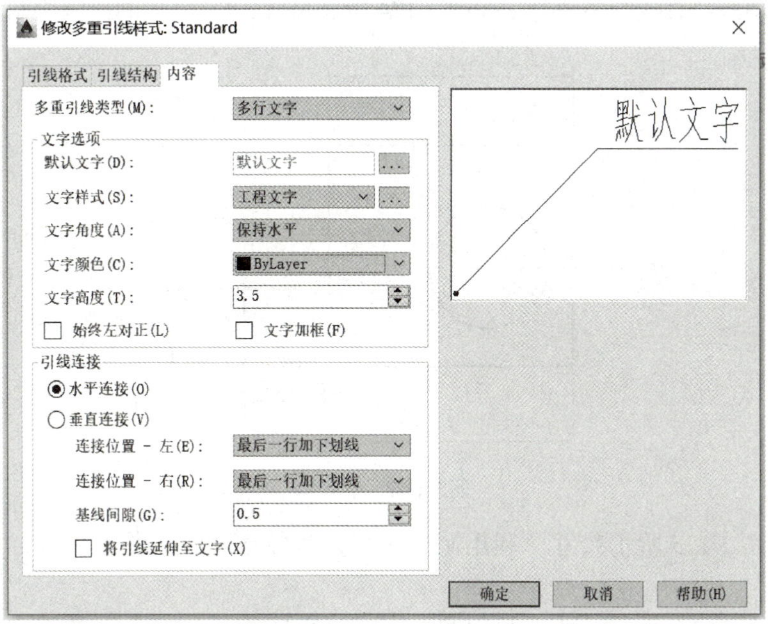

图3.123 "内容"选项卡

（3）单击"注释"选项板中的 按钮，标注零件序号，结果如图3.118所示。

（4）将零件序号对齐。单击 中的小三角，单击 按钮，单击序号2、3、4、5、6、7，按 Enter 键。选择序号1，向下移动鼠标以指定对齐方向为竖直方向并单击。所有序号与序号1在竖直方向对齐，结果如图3.118所示。

本章小结

本章首先介绍了 AutoCAD 中的文本输入和编辑方法，强调了特殊字符的输入方法；然后对利用表格创建图纸中的明细栏和标题栏的方法进行了详细介绍；接着重点介绍了各类型尺寸的标注方法和标注技巧；最后对块的定义和应用方法进行了较详细的介绍。

习　题

3.1　新建、保存、打开一个 AutoCAD 文件，并另存为 AutoCAD 2004 版本。

3.2　设置对象追踪，要求能够同时追踪 20° 的整数倍的所有角度。

3.3　设置草绘模式，要求系统只能绘制水平线和垂直线。

3.4　利用圆、直线绘制命令，按图 3.124 所示尺寸，以 1∶1 的比例绘制图形。

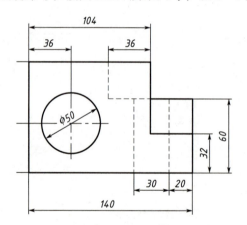

图3.124　组合体

3.5　按图 3.125 所示尺寸，利用圆、矩形、直线等绘制命令，按 1∶1 的比例绘制手柄。

3.6　按图 3.126 所示尺寸，利用圆、圆弧、直线等绘制命令，按 1∶1 的比例绘制扳手。

3.7　按图 3.127 所示尺寸，利用圆、矩形、直线等绘制命令，按 1∶1 的比例绘制曲柄摇杆机构。

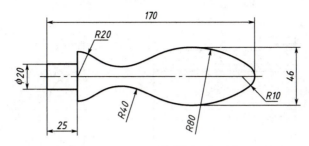

图3.125 手柄

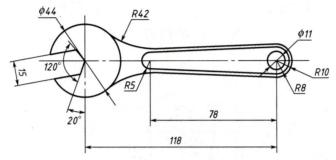

图3.126 扳手

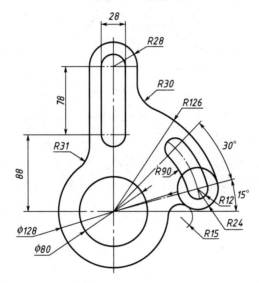

图3.127 曲柄摇杆机构

3.8 按图 3.128 所示尺寸绘制螺旋千斤顶的螺套,并标注尺寸。

3.9 按图 3.129 所示尺寸绘制吊钩,并标注尺寸。

(1)按图示尺寸绘制图形,参考第 2 章相关内容。

(2)创建图层,并命名为"标注层"。

(3)创建文字样式,并命名为"工程文字",参见 3.1.1 相关内容。

(4)创建尺寸样式,并命名为"工程标注",参见 3.3.1 相关内容,将"全局比例因子"设置为"2"。

(5)标注图形尺寸。

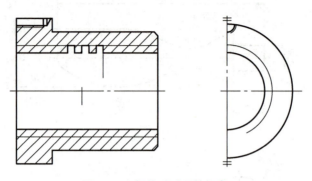

图3.128　螺旋千斤顶的螺套

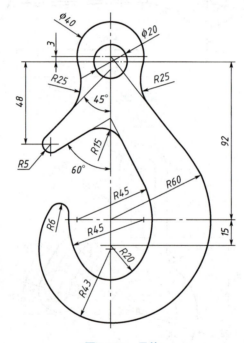

图3.129　吊钩

3.10　按图3.130所示尺寸绘制回转底座，并标注尺寸。

3.11　按图3.131所示尺寸绘制螺旋千斤顶的螺旋杆，并标注尺寸。

3.12　绘制图3.132所示的螺旋千斤顶的顶垫，选用A3图幅，绘图比例为1∶1。

3.13　绘制图3.133所示的轴零件图，选用A3图幅，绘图比例为1∶1.5。

3.14　绘制图3.134所示的螺旋千斤顶的底座，选用A3图幅，绘图比例为1∶1。

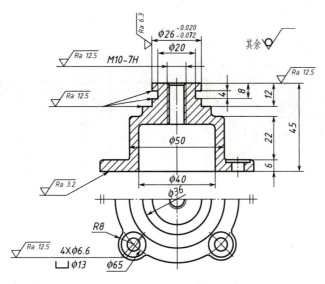

图3.130　回转底座

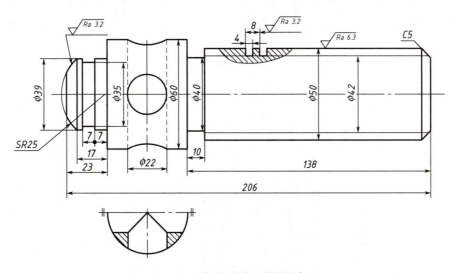

图3.131　螺旋千斤顶的螺旋杆

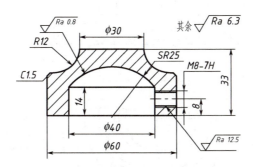

图3.132　螺旋千斤顶的顶垫

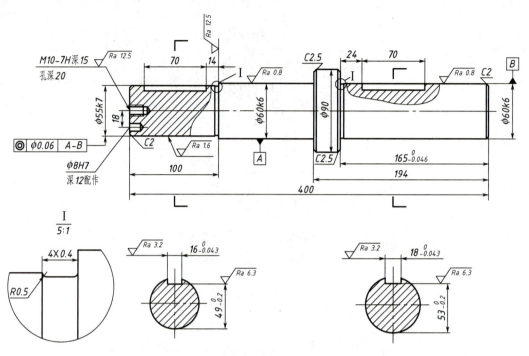

图3.133 轴零件图

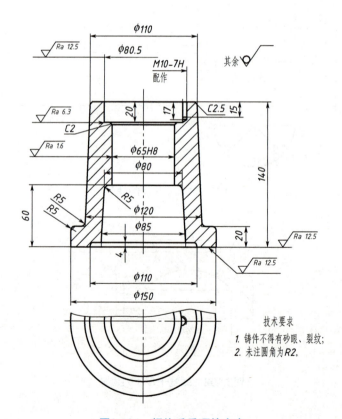

图3.134 螺旋千斤顶的底座

第 4 章 NX 软件及其应用

教学目标

通过本章的学习，读者能够利用 NX 软件实现界面设置、实体建模、装配及绘制工程图；熟悉 NX 操作界面，掌握草图曲线的绘制和编辑方法、草图约束的用法、三维实体模型的创建和编辑的常用方法及常用模块、同步建模的基本方法；掌握零件装配的方法；掌握 NX 工程图的创建和编辑方法。

教学要求

能力目标	知识要点	权重	自测分数
熟悉 NX 设置及基本操作	首选项设置、角色设置	10%	
掌握 NX 实体建模	创建基准平面和基准轴、创建草图、草图约束、扫描特征、成型特征、特征编辑	40%	
掌握 NX 装配	创建引用集、装配约束、装配爆炸图	30%	
掌握 NX 工程图	创建工程图的一般过程、创建基本视图和剖视图、尺寸标注	20%	

引例

图 4.1 所示为手机壳注塑模具设计。采用 Moldwizard 进行分模，以减小计算量（如收缩率等），将设计者从繁重的工程制图工作中解放出来；将型芯、型腔的设计与模架库有机统一。利用 Moldflow 软件进行模拟分析，可以减少试模、修模的次数，缩短模具设计与制造周期，保证制品完全填充；优化模具结构，得到最佳浇口数量与位置、合理的流道系统和冷却系统；优化型腔、浇口、流道及冷却系统的尺寸。

图4.1 手机壳注塑模具设计

4.1 NX 设置及基本操作

4.1.1 常用功能模块

NX 的常用功能模块有基本环境模块、建模模块、工程制图模块和装配模块。

1. 基本环境模块

常用功能模块

基本环境模块是 NX 的基本模块,是 NX 启动后自动运行的第一个模块,用于打开存档的文件、创建新文件、存储更改的文件,同时支持用户更改显示部件、分析部件、调用帮助文件、使用绘图机输出图纸、执行外部程序等。

2. 建模模块

建模模块主要用于产品部件的三维实体特征建模,是 NX 的核心模块,不但能生成和编辑实体特征及复杂机械零件模型,而且具有丰富的曲面建模工具和同步建模功能,可以自由地表达设计思想,创造性地改进设计,从而快速获得良好的造型效果。

执行"应用模块"→"建模"命令,可进入建模模块。

3. 工程制图模块

在工程制图模块中,可以将创建的三维模型自动生成平面工程图,也可以利用曲线功能绘制平面工程图。工程制图模块具有自动视图布置、剖视图、局部放大图、局部剖视图、尺寸标注、形位公差、表面粗糙度符号标注、支持标准汉字输入、视图手工编辑、装配图剖视、爆炸图和明细表自动生成等工具。

执行"应用模块"→"制图"命令,可进入工程制图模块。

4. 装配模块

装配模块提供并行的自上而下和自下而上的产品开发方法,可以更改组件的设计模型,还可以快速、直接访问任何组件或者子装配的设计模型,并对装配模型进行间隙、干涉分析及属性管理等操作,实现虚拟装配。建立装配模型后,生成爆炸图,可以更加直观地了解产品模型中零部件之间的装配关系。

执行"应用模块"→"装配"命令,可进入装配模块。

4.1.2 操作环境

1. 操作界面

(1) 启动 NX。

启动 NX 有以下两种方法。

① 双击桌面上的快捷方式图标 。

② 执行"开始"→"所有程序"→"Siemens NX"→"NX"命令。

NX 中文版的启动界面如图 4.2 所示。

图4.2　NX 中文版的启动界面

(2) NX 的工作界面。

单击图 4.2 中的"新建"按钮 ,弹出"新建"对话框,如图 4.3 所示,选择"模型"选项卡,设置"单位"为"毫米",在合适的目录下新建一个 .prt 文件。单击"确定"按钮,进入基本环境模块。

单击工具条中的"应用模块",切换到 NX 应用模块的功能区,选择相关应用模块。

一般学习和使用 NX 软件都是从建模模块开始的,下面介绍建模模块的工作界面。

新建文件

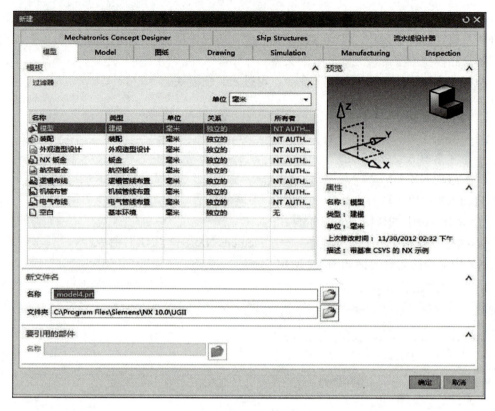

图4.3 "新建"对话框

执行"应用模块"→"建模"命令,进入建模模块,其工作界面如图 4.4 所示,主要包括**快速访问工具栏、标题栏、功能区、菜单栏、设计工作区、资源工具栏、提示行/状态行、全屏显示等**。建模模块工作界面的组成见表 4-1。

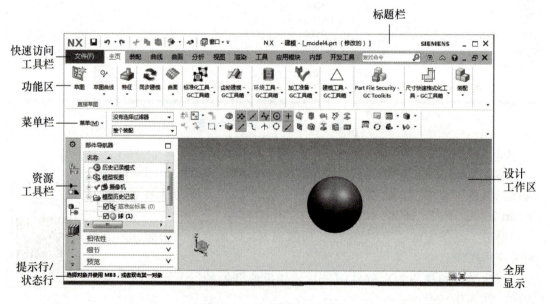

图4.4 建模模块的工作界面

表 4-1　建模模块工作界面的组成

组　成	功　能
快速访问工具栏	放置可能频繁操作的命令（如文件保存、编辑撤销、复制、打开等）和最近使用的命令
标题栏	显示部件名称、当前应用模块名称、部件属性及部件保存状态
功能区	也称工具条区，是放置应用工具的区域，以"选项卡"形式将应用工具分为几大类，方便用户查找
菜单栏	NX 中的功能命令在菜单栏中按照不同的定义分类，功能命令除了可以在工具栏中调用，还可以在菜单栏选择
设计工作区	显示创建、编辑、修改当前部件的过程
资源工具栏	整合一定数量的显示页，通常包括"部件导航器"和"装配导航器"
提示行/状态行	对当前用户输入作出提示，用户可以根据提示信息方便地完成会话步骤，并显示当前选择功能或完成功能的信息
全屏显示	设置隐藏功能区，图形设计工作区域以全屏方式显示，单击窗口上边框条的中间位置，可展开隐藏的功能区

2. 首选项设置

在建模过程中，不同的用户有不同的建模习惯。在 NX 中，用户可以通过设置首选项参数熟悉工作环境。下面主要介绍常用首选项参数的设置方法。

（1）对象设置。

对象预设置是指对一些模块的默认控制参数进行设置，如新生成特征对象的属性和分析新对象的显示颜色，包括线型、线宽、颜色等。对象设置不影响已有对象的属性，也不影响由复制已有对象生成的新对象的属性。执行"文件"→"首选项"→"对象"命令，弹出"对象首选项"对话框，该对话框包括"常规""分析""线宽"三个选项卡。

首选项设置

（2）用户界面设置。

用户界面设置用于对用户工作界面的参数进行设置。执行"文件"→"首选项"→"用户界面"命令，弹出"用户界面首选项"对话框。

对象设置

（3）选择设置。

执行"文件"→"首选项"→"选择"命令，弹出"选择首选项"对话框。

用户界面设置

3. 可视化设置

可视化设置用于对图形窗口的显示属性进行设置。执行"文件"→"首选项"→"可视化"命令,弹出"可视化首选项"对话框。

可视化设置

4. 调色板设置

调色板预设置用于修改或设置视图区的背景和当前颜色。

(1)执行"文件"→"首选项"→"调色板"命令,弹出"颜色"对话框。

(2)单击"颜色"对话框中的"编辑背景"按钮▣,弹出"编辑背景"对话框,可修改视图窗口的背景颜色。

调色板设置

5. 栅格设置

栅格设置是指在 WCS 平面的 XC-YC 平面内生成一个方形或圆形的栅格点。光标可以通过捕捉栅格点定位。执行"文件"→"首选项"→"栅格"命令,弹出"栅格首选项"对话框,可设置"栅格大小"和"栅格设置"。

系统提供三种栅格,分别为"**矩形均匀**""**矩形非均匀**"和"**极坐标系**"。

6. 角色设置

角色设置可最大程度地简化 NX 的工作界面,菜单栏及工具栏仅列出一些必要的操作。执行"资源栏"→"角色"命令,弹出"角色"对话框。

初次使用 NX 时,系统默认使用基本功能,包含一系列常用的功能,通常能够较好地满足新手的需求。高级角色功能提供更丰富的工具选项。

(1)加载不同的角色。

如果曾在早期版本的 NX 中创建自定义角色,则可在当前版本的 NX 中继续调用。

执行"首选项"→"用户界面"→"角色"命令,在弹出的对话框中单击"加载角色"按钮,选择相应的 *.mtx 文件。

早期版本 NX 中的自定义角色以 user.mtx 的形式保存,允许在当前版本 NX 中使用早期版本的自定义角色。

(2)自定义角色。

"角色"文件夹中包含 NX 预定义的一些角色,也可创建自定义角色。用户可以根据不同工作需求,有针对性地创建多个角色。自定义角色将以用户定义的角色名称保存关于菜单、工具栏的内容设置。

7. "经典工具条"用户界面设置

NX 9.0 之前的版本主要采用"经典工具条"用户界面,为兼顾老用户的使用习惯,NX 10.0 保留了这种用户界面模式。可在"用户默认设置"中实现"功能区"和"经典工具条"两种用户界面的相互转换。执行"文件"→"实用工具"→"用户默认设置"命令,弹出"用户默认设置"对话框,单击"用户界面"按钮,在"用户界面环境(仅

Windows)"选项卡下选中"仅经典工具条"复选项。重启 NX，恢复 NX 9.0 之前版本的用户界面。随着版本的更新，NX 12.0 取消了"经典工具条"用户界面，为适应版本更新问题，本书以"功能区"用户界面为例进行讲解。

4.2 NX 实体建模

4.2.1 NX 实体建模综述

NX 实体建模基于特征和约束的参数化系统，具有交互创建和编辑复杂实体模型的功能，能够帮助用户快速进行概念设计和细节结构设计。另外，系统保留每个步骤的设计信息，与传统基于线框和实体的 AutoCAD 系统相比，具有特征识别的编辑功能。此外，同步建模技术可脱离历史记录模式，识别当前几何图形，实时解决模型设计变更问题，用户可以更加方便、快速地修改产品的结构外形。

1.NX 实体建模的优点

在 NX 实体建模过程中，通常使用拉伸、旋转、扫描等建模方法，并辅以布尔运算，用户既可以进行参数化建模，又可以方便地使用非参数化方法生成三维实体模型；另外，还可以对部分参数化模型或非参数化模型进行二次编辑、使用同步建模技术修改模型，以方便生成复杂机械零件的三维实体模型。NX 实体建模具有以下优点。

（1）NX 实体建模充分继承了传统意义上线、面、体的造型特点及优势，可以方便地创建二维实体模型和三维实体模型；还可以通过特征操作、特征编辑和同步建模技术对实体进行各种操作和编辑，简化实体造型。

（2）NX 实体建模能够保持原有的关联性，可以引用到二维工程图、装配、机构分析和有限元分析中。

（3）NX 实体建模提供概念设计和细节设计，提高了用户的创新设计能力。

（4）NX 实体建模具有对象显示和面向对象交互技术，不仅显示效果明晰，而且可以改善设计进度。

（5）NX 实体建模采用主模型设计方法，驱动后续应用，如工程制图、CAM 加工等，实现并行工程。修改主模型后，其他应用自动更新。

（6）NX 实体建模可以进行测量和简单的物理特性分析。

2.专业术语

专业术语

在 NX 实体建模过程中，通常使用一些专业术语来简化表述，掌握这些专业术语非常有必要。

（1）几何物体、对象：NX 环境下的所有几何体均为几何物体、对象，包括点、线、面和三维图形。

（2）特征：所有构成实体、片体的参数化元素，包括体素特征、扫描特征和设计特征等。

（3）实体：封闭的边和面的集合。

（4）片体：一个或多个不封闭的表面。

（5）体：包括实体和片体，一般是指创建的三维实体模型。

（6）面：边围成的区域。

（7）引导线：用来定义扫描路径的曲线。

（8）目标体：需要与其他实体进行运算的实体。

（9）工具体：用来修改目标体的实体。

3. 模板

模板

新建部件前，可以选择一个模板，其包含相关环境或系统设置。由一个模板创建的部件可继承所有模板提供的系统环境设置。

在"新建"对话框中，选择需要使用的模板文件，如模型、图纸、仿真、加工。

（1）模型：不同模型包含不同的内容，启动的应用模块不同。

（2）图纸：启动工程制图模块，运用主模型创建装配体工程图。

（3）仿真：启动仿真或 FEM 应用模块。

（4）加工：帮助用户创建 CAM 表达设置，或是通用设置，或是仅生成一个毛坯。

在 NX 中，新建部件可继承模板对应的默认文件名及保存路径。如果不使用默认文件名及保存路径，那么可以在"新建"对话框中指定，也可以在第一次保存时指定。

4. 保存选项

修改部件后，在标题栏上显示"已修改"标识，表示部件已修改，但尚未保存。

保存部件后，在状态栏上显示"部件文件已保存"，同时标题栏上的"已修改"标识消失。

执行"文件"→"保存"→"另存为"命令，弹出"另存为"对话框，允许用户以不同文件名及保存路径保存当前文件。单击"另存为"按钮，弹出提示对话框，询问具体文件名及保存路径。

若指定的文件名已存在，那么系统弹出报错对话框。使用 NX 10.0 之前的版本保存或另存文件时，文件名和保存路径不能含有中文字符，否则保存后再打开时会报错；NX 10.0 及更高版本没有对中文字符的限制。

5. 建模首选项

建模首选项

建模前，一般根据需求，在"建模首选项"对话框中设置建模参数，包括距离、角度、密度、密度单位和曲面网格等。在大多数情况下，一旦定义首选项，在该模型文件中创建的对象就会使用默认设置。

执行"菜单"→"首选项"→"建模"命令，弹出"建模首选项"对话框，包括六个选项卡，其中需要重点掌握"常规"选项卡。

6. 基准坐标系类型

基准坐标系类型如下。

（1）动态：可以手动拖拽坐标系到任意位置和任意角度。

（2）自动判断：NX 根据所选的对象自动选择位置。

（3）原点—X 点—Y 点：通过指定原点、X 方向的点和 Y 方向的点定义基准坐标系的位置。

（4）三平面：通过选择三个平面对象确定基准坐标系位置，三个平面的法向用于定义基准坐标系的三个坐标轴。

（5）X 轴—Y 轴—原点：通过指定 X 轴、Y 轴和原点确定基准坐标系的位置。Z 轴—X 轴—原点和 Z 轴—Y 轴—原点的工作方式类似。

（6）绝对坐标系：通过绝对坐标系创建基准坐标系。

（7）当前视图的坐标系：根据当前视图创建基准坐标系。

（8）偏置坐标系：偏置基准坐标系，创建新的基准坐标系。需要选择创建的基准坐标系，并输入平移值和旋转值。

7. 创建基准特征

建模时，基准平面和基准轴作为参考几何体，是两个常用特征。创建基准坐标系是非常好的习惯。创建其他特征时，基准坐标系非常有用，可以在模型上创建基准坐标系，也可以偏置当前坐标系或与建立的几何体关联。

基准坐标系主要有以下应用：①创建一组正交轴和面；②定义草图的放置面；③约束草图或放置特征；④创建特征时，定义矢量方向；⑤通过平移或旋转参数，重新定位模型的空间位置。

8. 创建基准平面

基准平面是建模中经常使用的辅助平面，使用基准平面可以在非平面上方便地创建特征，或为草图提供草图工作平面位置，例如可以在圆柱面、圆锥面、球面等不易创建特征的表面创建孔、键槽等形状复杂的特征。基准平面分为相对基准平面和固定基准平面。

（1）**相对基准平面**。

相对基准平面是根据模型中的其他对象创建的，可使用曲线、面、边缘、点及其他基准作为基准平面的参考对象。与模型中的其他对象（如曲线、面或其他基准）关联，并受关联对象的约束。

（2）**固定基准平面**。

固定基准平面没有关联对象，不受其他对象的约束。可采用任意相对基准平面创建，并取消选中"基准平面"对话框中的"关联"复选项的方法创建固定基准平面；还可根据世界坐标系和绝对坐标系创建固定基准平面。

9. 编辑基准平面

在菜单栏执行"插入"→"基准/点"→"基准平面"命令,或者单击"特征"工具栏中的"基准平面"按钮,弹出"基准平面"对话框,如图4.5(a)所示,创建基准平面,创建结果如图4.5(b)所示。

(a)"基准平面"对话框　　　　　　(b)创建结果

图4.5　创建基准平面

编辑基准平面主要是指对定义基准平面的对象和参数进行编辑。可以在创建基准平面的过程中编辑基准平面,也可以在创建基准平面后编辑基准平面。

(1)编辑正在创建的基准平面:在单击"应用"按钮创建基准平面前,可对定义的基准平面进行编辑。当按住 Shift 键并用鼠标再次定义对象时,可以在移除该对象后,根据需要选择新的定义对象。

(2)编辑已经创建的基准平面:对于已经创建的基准平面,可以双击要编辑的基准平面,在弹出的"基准平面"对话框中编辑定义的对象和参数。

10. 创建基准轴

创建基准轴

基准轴是一条用作其他特征参考的中心线,分为固定基准轴和相对基准轴。固定基准轴没有任何参考,是绝对的,不受其他对象的约束;相对基准轴与模型中的其他对象(如曲线、平面或其他基准等)关联,且受关联对象的约束,是相对的。在 NX 实体建模过程中,一般选择相对基准轴。

在菜单栏执行"插入"→"基准/点"→"基准轴"命令,或者单击"特征"工具栏中的"基准轴"按钮,弹出"基准轴"对话框,如图4.6(a)所示,创建基准轴。利用"点和方向"创建基准轴如图4.6(b)所示,利用"两点"创建基准轴如图4.6(c)所示。

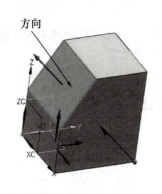

(a) "基准轴"对话框　　　　(b) 利用"点和方向"创建基准轴　　　(c) 利用"两点"创建基准轴

图4.6　创建基准轴

11. 编辑基准轴

编辑基准轴与编辑基准平面类似，可以参照编辑基准平面的方法，这里不作介绍。

4.2.2　创建草图

创建草图是指在用户指定的平面上创建点、线等二维图形，是 NX 建模的一项重要功能，适用于截面较复杂的建模。一般情况下，三维实体建模都是从创建草图开始的，即先利用草图功能创建特征的大概形状，再利用草图的几何约束和尺寸约束功能，精确设置草图的形状和尺寸。绘制草图后，可利用拉伸、旋转、扫掠等功能，创建与草图关联的实体特征。用户可以修改草图的几何约束和尺寸约束，从而快速更新模型。

创建草图

下面介绍在 NX 中创建草图的方法。

1. 草图基本环境

创建草图前，用户通常根据需要，重新设置草图的基本参数。下面介绍基本参数预设置和草图工作平面。

（1）基本参数预设置。

为了更准确、更有效地创建草图，需要对自动判断约束、连续自动标注尺寸、文本高度、原点、尺寸和默认前缀等基本参数进行编辑和设置。

在菜单栏执行"首选项"→"草图"命令，弹出"草图首选项"对话框，其中包括"草图设置""会话设置""部件设置"三个选项卡。

在 NX 8.0 之后的版本中，在"草图设置"选项卡下默认选中"自动判断约束"和"连续自动标注尺寸"复选项。绘图时，创建一些不必要的尺寸约束会影响绘图速度和绘图准确性。因此，在实际操作中，需要取消选中"连续自动标注尺寸"复选项。

取消选中"连续自动标注尺寸"复选项，只对设置后的草图绘制起作用。若需要默认进入草图，则取消选中"连续自动标注尺寸"复选项，执行"文件"→"实用工具"→"用户默认设置"命令，弹出"用户默认设置"对话框，如图 4.7 所示。取消选中

"为键入的值创建尺寸"和"在设计应用程序中连续自动标注尺寸"复选项。

图4.7 "用户默认设置"对话框

(2) 草图工作平面。

草图工作平面是指进行草图创建、约束和定位、编辑等操作的平面,是创建草图的基础。

在菜单栏执行"插入"→"在环境任务中绘制草图"命令,或单击"特征"工具栏中的"草图"按钮,弹出"创建草图"对话框,如图4.8所示。

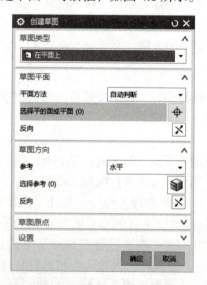

图4.8 "创建草图"对话框

在 NX 8.0 之后的版本中创建草图有两种方式:一种是"直接草图";另一种是"在环境任务中绘制草图"。后者与 NX 8.0 之前的版本功能一致。

2. 创建草图的一般步骤

当需要参数化控制曲线或标准几何特征无法满足设计需要时，创建草图。创建草图的步骤因人而异，下面介绍一般步骤。

（1）设置工作图层（草图所在图层）。如果在进入草图工作界面前未设置工作图层，则一旦进入草图工作界面，就很难设置工作图层。可在退出草图工作界面后，使用"移动到图层"功能将草图对象移动到指定图层。

（2）检查或修改草图参数预设置。

（3）进入草图工作界面。在菜单栏执行"插入"→"在环境任务中绘制草图"命令，进入草图工作界面。在"草图生成器"工具栏的"草图名"文本框中显示草图的默认名称。为便于管理，用户也可修改草图名称。

（4）设置草图附着平面。在"创建草图"对话框中指定草图附着平面，系统将自动转到草图附着平面，也可根据需要重新定义草图的视图方向。

（5）创建草图对象。

（6）添加约束条件，包括尺寸约束和几何约束。

（7）单击"完成草图"按钮，退出草图工作界面。

若单击"完成草图"按钮后，想再次对创建的草图进行编辑，则双击创建草图中的任一个特征，自动进入相应的草图编辑界面。

3. 创建草图对象

创建草图对象是指在草图平面创建基本的几何元素，为三维实体建模或后续编辑特征提供参数依据。下面介绍创建常用草图对象的方法。

（1）**基本几何体**。

基本几何体包括直线、圆弧、圆，它们的形状都比较简单，通常可以利用几个简单的参数创建。基本几何体的创建工具栏如图4.9所示。

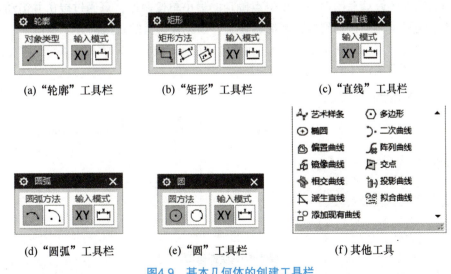

图4.9 基本几何体的创建工具栏

 轮廓
 矩形
 直线
 圆弧
 圆

 派生直线

（2）派生直线。

派生直线是指由选定的一条或多条直线派生的直线。利用此选项对草图曲线进行偏置操作，可以在两条平行线间生成一条与两条平行线平行的直线，也可以创建两条不平行直线的角平分线。单击"派生直线"按钮  ，进入派生直线界面。

① 偏置直线，选择需偏置的直线，输入偏置距离，效果如图4.10（a）所示。

② 在两条平行线间创建平行线，选择两条平行线，自动生成中间平行线，效果如图4.10（b）所示。

③ 在两条不平行直线间创建角平分线，选择两条不平行直线，自动生成角平分线，效果如图4.10（c）所示。

(a) 偏置直线　　(b) 在两条平行线间创建平行线　　(c) 在两条不平行直线间创建角平分线

图4.10　创建派生直线

（3）快速修剪。

快速修剪用于修剪草图对象中由交点确定的最小单位曲线，可通过单击并拖动来修剪多条曲线；也可将光标移动到要修剪的曲线上，预览要修剪的曲线部分。

单击×按钮，弹出图4.11（a）所示的"快速修剪"对话框，修剪前后分别如图4.11（b）和图4.11（c）所示。

(a) "快速修剪"对话框　　(b) 修剪前　　(c) 修剪后

图4.11　快速修剪

（4）快速延伸。

快速延伸可以将曲线延伸到与另一条曲线的实际交点或虚拟交点处。要延伸多条曲

线，只需将光标拖动到目标曲线上即可。

单击➢按钮，弹出图 4.12（a）所示的"快速延伸"对话框，延伸前后分别如图 4.12（b）和图 4.12（c）所示。

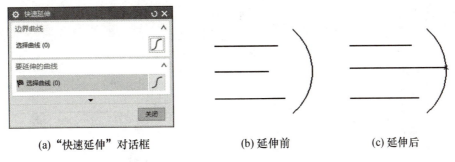

图4.12　快速延伸

（5）**制作拐角**。

制作拐角是指通过将两条曲线延伸或修剪到一个交点处来创建拐角。

单击╳ 制作拐角按钮，弹出图 4.13（a）所示的"制作拐角"对话框，制作拐角前后分别如图 4.13（b）和图 4.13（c）所示。

图4.13　制作拐角

制作拐角

（6）**圆角**。

圆角是指在草图中的两条或三条曲线之间创建圆角。创建图 4.14（a）所示左侧两条直线的圆角，单击"草图曲线"工具栏中的"圆角"按钮，选择"选项"→"删除第三条曲线"选项，分别选中上、下两条直线（默认相切）并单击，输入圆角的半径值，圆角制作完成，删除第三条曲线，结果如图 4.14（a）右侧所示。制作图 4.14（b）所示左侧两条直线的圆角，步骤同上，选中两条直线，默认出现圆角预览，若不满足要求，则单击"圆角"对话框中的"创建备选圆角"按钮，直至圆角预览满足要求，结果如图 4.14（b）右侧所示。

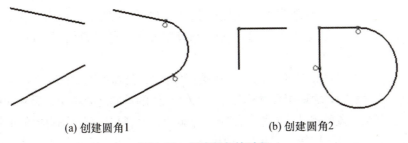

图4.14　创建圆角的过程

（7）椭圆。

单击○椭圆按钮，弹出图4.15（a）所示的"椭圆"对话框，结果如图4.15（b）所示。

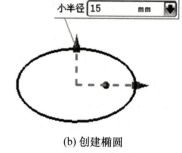

(a)"椭圆"对话框　　　　　　　　(b)创建椭圆

图4.15　创建椭圆

4.草图约束和定位

创建草图对象后，需要进行约束和定位。草图约束可以控制草图对象的形状和尺寸，草图定位可以确定草图与实体边、参考面、基准轴等对象之间的位置关系。

（1）草图点与自由度。

草图工作界面的分析点称为草图点，控制草图点的位置可以控制草图曲线。草图曲线的类型不同，相关的草图点不同，如图4.16所示。

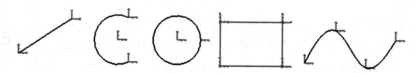

图4.16　草图点

（2）重新附着草图。

重新附着草图是指将在一个表面建立的草图移动到另一个方位不同的基准平面、实体表面或片体表面，改变草图附着平面的过程。

单击"重新附着"按钮，如图4.17（a）所示，弹出"重新附着草图"对话框，如图4.17（b）所示。重新附着草图的过程如图4.18所示。

（3）尺寸约束。

尺寸约束用于控制一个草图对象的尺寸或两个草图对象间的关系，相当于对草图对象进行尺寸标注。与尺寸标注的不同之处在于，尺寸约束可以驱动草图对象的尺寸，即根据给定尺寸驱动、限制和约束草图对象的形状和尺寸。

单击按钮，弹出图4.19（a）所示的"快速尺寸"对话框，一般在"方

尺寸约束

法"下拉列表框中选择"自动判断"选项，可根据选择线的形状自动约束图形尺寸。单击"关闭"按钮，创建的尺寸约束如图4.19（b）所示。

(a)"重新附着"按钮　　　　　　　　(b)"重新附着草图"对话框

图4.17　重新附着草图

 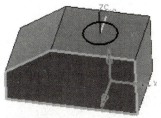 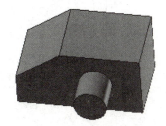

(a) 模型特征　　　　(b) 选择草图新附着面　　　　(c) 生成重新附着草图

图4.18　重新附着草图的过程

 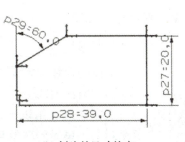

(a)"快速尺寸"对话框　　　　　(b) 创建的尺寸约束

图4.19　尺寸约束

109

几何约束

(4) 几何约束。

几何约束用于定位草图对象和确定草图对象间的几何关系,有约束和自动约束两种方法。

单击 按钮,选取绘图工作区中需创建几何约束的对象,进行有关几何约束。单击 按钮,弹出图 4.20(a)所示的"自动约束"对话框,创建的自动约束如图 4.20(b)所示。

(a)"自动约束"对话框　　　　　　　(b) 创建的自动约束

图4.20　自动约束

NX 提供了多种几何约束,可以根据不同的草图对象,添加不同的几何约束。

(5) 转换至/自参考对象。

转换至/自参考对象是指将草图中的曲线或尺寸转换为参考对象,也可以将参考对象转换为曲线或尺寸。在为草图对象添加几何约束和尺寸约束的过程中,有些草图对象和尺寸可能引起约束冲突,此时可以使用该选项解决。

单击"草图约束"工具栏中的"转换至/自参考对象"按钮,弹出"转换至/自参考对象"对话框,如图 4.21(a)所示,转换对象后如图 4.21(b)所示。

5. 草图操作

镜像曲线

草图操作包括镜像曲线、偏置曲线、投影曲线等。

(1) 镜像曲线。

镜像曲线是指以一条直线为对称中心线,将草图对象镜像复制成新的草图对象。镜像的对象与原对象形成一个整体,并且保持相关性。

(a)"转换至/自参考对象"对话框

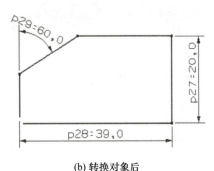
(b) 转换对象后

图4.21 转换至/自参考对象

单击 镜像曲线 按钮,弹出"镜像曲线"对话框,如图4.22(a)所示。在绘图工作区选择镜像中心线和需镜像的草图对象,如图4.22(b)所示,此时镜像中心线变为参考对象并显示成浅色。单击"确定"按钮,系统按指定的镜像中心线对草图对象进行镜像复制,镜像后如图4.22(c)所示。

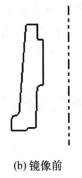
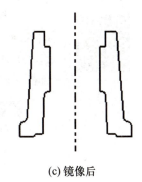

(a)"镜像曲线"对话框　　　　　(b) 镜像前　　　　　(c) 镜像后

图4.22 镜像曲线

(2)偏置曲线。

偏置曲线是指对草图对象中的曲线或曲线链进行偏置,并对偏置后的曲线与原曲线进行约束。 偏置曲线与原曲线具有相关性,即对原曲线进行编辑和修改,偏置曲线自动更新。

单击 偏置曲线 按钮,弹出"偏置曲线"对话框,如图4.23(a)所示,偏置曲线效果如图4.23(b)所示。

偏置曲线

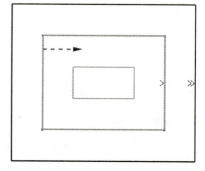

(a)"偏置曲线"对话框　　　　　　(b) 偏置曲线效果

图4.23　偏置曲线

可以在"偏置曲线"对话框的"距离"文本框中设置偏置距离，并单击需偏置的曲线，自动预览偏置曲线效果。如需改变偏置对象，则单击"反向"按钮或输入相反的偏置值。

（3）投影曲线。

投影曲线

投影曲线是指将抽取的对象沿垂直于草图平面的方向投影到草图平面。

在草图工作界面单击  投影曲线 按钮，弹出"投影曲线"对话框，如图 4.24（a）所示，选择要投影的曲线或点，单击"确定"按钮，将曲线从选定的曲线、面或边上投影到草图平面，成为当前草图对象，投影曲线效果如图 4.24（b）所示。

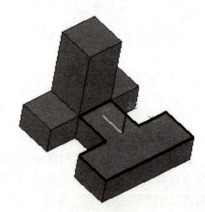

(a)"投影曲线"对话框　　　　　　(b) 投影曲线效果

图4.24　投影曲线

4.2.3 扫描特征

扫描特征包括拉伸、旋转、沿引导线扫掠和管等特征。其特点是创建的特征与截面曲线或引导线具有相关性,当使用的曲线或引导线发生变化时,产生的扫描特征自动更新。

1. 拉伸

拉伸是指将实体表面、实体边缘、曲线、链接曲线或者片体拉伸成实体或者片体。

创建拉伸体,单击 按钮,弹出图4.25(a)所示的"拉伸"对话框,拉伸效果如图4.25(b)所示。

拉伸

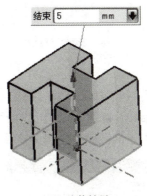

(a)"拉伸"对话框　　　　(b) 拉伸效果

图4.25　拉伸

2. 旋转

旋转操作与拉伸操作类似,不同之处在于,使用"旋转"命令可使截面曲线绕指定轴旋转一个非零角度,从而创建一个新特征。可以从一个基本横截面开始,生成旋转特征或部分旋转特征。

单击 按钮,弹出"旋转"对话框,如图4.26(a)所示,选择曲线和指定矢量,并设置旋转参数,单击"确定"按钮,旋转效果如图4.26(b)所示。

旋转

3. 沿引导线扫掠

沿引导线扫掠与前面介绍的拉伸和旋转类似,是指将一个截面图形沿引导线运动创建实体特征,允许用户通过沿着由一个或一系列曲线、边或

沿引导线扫掠

面构成的引导线串（路径）拉伸开放的或封闭的边界草图、曲线、边缘或面来创建单个实体。

(a)"旋转"对话框

(b) 旋转效果

图4.26　旋转

在菜单栏执行"插入"→"扫掠"→"沿引导线扫掠"命令（或单击"特征"工具栏中的 沿引导线扫掠(G)... 按钮），弹出"沿引导线扫掠"对话框，如图4.27（a）所示，选择图4.27（b）所示的截面曲线和引导线，扫掠效果如图4.27（b）所示。

(a)"沿引导线扫掠"对话框

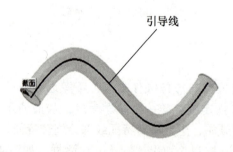

(b) 沿引导线扫掠效果

图4.27　沿引导线扫掠

4. 管

管是指通过沿着一个或多个相切连续的曲线或边扫掠一个圆形横截面来创建单个实体。用户可以使用此特征创建线捆、线束、管道、电缆或管道等模型。

在菜单栏执行"插入"→"扫掠"→"管道"命令,弹出"管道"对话框,如图 4.28(a)所示。分别在"外径"和"内径"文本框中输入数值"24"和"18",单击"确定"按钮,创建管道效果如图 4.28(b)所示。

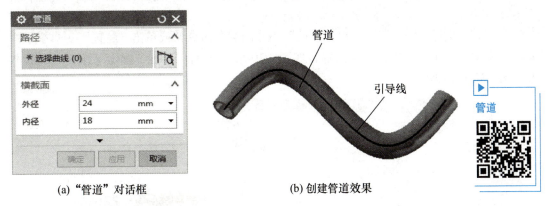

(a)"管道"对话框　　　　(b)创建管道效果

图4.28　管道

4.2.4　成型特征

通过 NX 实体建模生成简单的实体模型后,可以通过成型特征创建孔、凸起、槽等特征。

1. 孔特征

孔特征是指在实体模型中去除部分实体(如长方体、圆柱体、圆锥体等),通常用于创建螺纹孔的底孔、螺栓过孔、螺栓沉头孔等。建模时,尽量利用此选项创建孔特征,创建工程图时,可自动识别孔特征并进行标注。

在菜单栏执行"插入"→"设计特征"→"孔"命令(或单击"特征"工具栏中的●按钮),弹出图 4.29(a)所示的"孔"对话框。常规孔和沉头孔如图 4.29(b)所示。

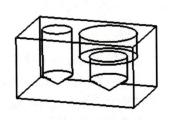

(a)"孔"对话框　　　　(b)常规孔和沉头孔

图4.29　孔

2. 凸起特征

凸起特征与孔特征类似，区别在于，生成方式与孔相反。凸起是在指定实体的外表面生成实体，孔是在指定实体内部去除指定的实体，其操作方法与孔的操作相似，这里不再赘述。

在菜单栏执行"插入"→"设计特征"→"凸起"命令（或单击"特征"工具栏中的 凸起(M)... 按钮），弹出"凸起"对话框，如图4.30（a）所示，单击"确定"按钮，凸起效果如图4.30（b）所示。

凸起特征

(a)"凸起"对话框　　　　　　　　(b) 凸起效果

图4.30　凸起

3. 槽特征

槽特征用于在实圆柱形或圆锥形面上创建一个槽，好像一个成形工具在旋转部件上向内（从外部定位面）或向外（从内部定位面）移动，如同车削操作。在选择该面的位置（选择点）附近创建槽，并自动连接到选定的面。

单击 ■ 按钮，可弹出"槽"对话框。

4.2.5　特征操作

特征操作是对已创建特征模型进行局部修改，从而对模型进行细化，即在特征模型的基础上增加一些细节，有时也称细节特征。通过特征操作，可以用简单的特征创建比较复杂的特征实体。常用的特征操作有拔模、倒圆角、倒斜角、抽壳、阵列特征、螺纹、修剪体、拆分体、镜像特征、镜像几何体等。

1. 拔模

拔模是指将指定特征模型的表面或边沿指定方向倾斜一定角度，广泛应用于机械零件的铸造工艺和特殊型面的产品设计，可以应用于同一个实体上的一个或多个要修改的面和边。

在菜单栏执行"插入"→"细节特征"→"拔模"命令（或单击"特征"工具栏中的 ● 按钮），弹出"拔模"对话框，如图4.31（a）所示，拔模前后分别如图4.31（b）和图4.31（c）所示。

(a)"拔模"对话框

(b) 拔模前

(c) 拔模后

图4.31　拔模

2. 倒圆角

倒圆角是为了方便安装零件、避免划伤和防止应力集中，在零件设计过程中，可以对边或面进行倒圆角操作。

单击 按钮，弹出"边倒圆"对话框，如图4.32（a）所示，倒圆角前后分别如图4.32（b）和图4.32（c）所示。

倒圆角

(a)"边倒圆"对话框

(b) 倒圆角前

(c) 倒圆角后

图4.32　倒圆角

3. 倒斜角

倒斜角

倒斜角是指对已存在实体沿指定的边进行倒角操作，又称倒角或去角特征，在产品设计中应用广泛。当产品的边或棱角过于尖锐时，为避免造成擦伤，需要对其进行必要的修剪，即执行倒斜角操作。

在菜单栏执行"插入"→"细节特征"→"倒斜角"命令（或单击"特

征"工具栏中的 ● 按钮），弹出图 4.33（a）所示的"倒斜角"对话框，倒斜角前后分别如图 4.33（b）和图 4.33（c）所示。

(a)"倒斜角"对话框

(b) 倒斜角前

(c) 倒斜角后

图4.33 倒斜角

抽壳

4. 抽壳

抽壳是指按照指定的厚度将实体模型抽空为腔体或在其四周创建壳体，可以指定个别不同的厚度到表面并移除个别表面。

在菜单栏执行"插入"→"偏置/缩放"→"抽壳"命令（或单击"特征"工具栏中的 ● 按钮），弹出图 4.34（a）所示的"抽壳"对话框，抽壳效果如图 4.34（b）所示。

(a)"抽壳"对话框

(b) 抽壳效果

图4.34 抽壳

阵列特征

5. 阵列特征

阵列特征是指根据已有特征进行阵列复制操作，避免对单一实体的重复操作。因为 NX 软件是通过参数化驱动的，所以各实例特征具有相关性，类似于副本。当编辑一个实例特征的参数时，特征的每个实例都将自动更新。阵列特征可以避免重复操作，更重要的一点是便于修改，可以节省大量时

118

间，在工程设计中使用广泛。使用阵列特征可以快速创建特征，如螺孔圆。另外，创建许多相似特征时，只需一个步骤即可将它们添加到模型中。

在菜单栏执行"插入"→"关联复制"→"阵列特征"命令（或单击"特征"工具栏中的 按钮），弹出图4.35（a）所示的"阵列特征"对话框，阵列特征效果如图4.35（b）所示。

(a)"阵列特征"对话框

(b) 阵列特征效果

图4.35　阵列特征

6. 螺纹

螺纹是指为孔或圆柱体表面创建螺纹特征，可以创建详细螺纹和符号螺纹。若用户需要直观地了解螺纹结构，则可采用详细螺纹方式创建螺纹特征；若先建模，再根据模型导出工程图，则需要使用符号螺纹创建螺纹特征。螺纹应用广泛，主要起到连接、传递动力等功能。

在菜单栏执行"插入"→"设计特征"→"螺纹"命令（或单击"特征"工具栏中的  按钮），弹出"螺纹"对话框，如图4.36（a）和图4.37（a）所示，螺纹延伸效果和不延伸效果分别如图4.36（b）和图4.36（c）所示，符号螺纹效果如图4.37（b）所示。

(a)"螺纹"对话框

(b) 螺纹延伸效果

(c) 螺纹不延伸效果

图4.36　创建详细螺纹

(a)"螺纹"对话框　　　　　　(b)符号螺纹效果

图4.37　创建符号螺纹

7. 修剪体

修剪体用于使用一个平面或基准平面切除一个或多个目标体，选择要保留的体的一部分，并且被修剪的体具有修剪几何体的形状。其中，修剪的实体与用来修剪的基准面或平面相关。**实体经修剪后仍然是参数化实体，且保留实体创建时的所有参数。**

在菜单栏执行"插入"→"修剪"→"修剪体"命令（或单击"特征"工具栏中的 按钮），弹出"修剪体"对话框，如图4.38（a）所示，修剪体效果如图4.38（b）所示。

(a)"修剪体"对话框　　　　　　(b)修剪体效果

图4.38　修剪体

8. 拆分体

拆分体是指使用面、基准平面或其他几何体将一个或多个目标体分割成两个实体，同时保留两部分实体。拆分操作将删除实体原有的全部参数，得到的实体为非参数实体。拆分实体后，实体中的参数全部移去，工程图中剖视图的信息也会丢失，应谨慎使用。

在菜单栏执行"插入"→"修剪"→"拆分体"命令（或单击"特征"工具栏中的●按钮），弹出"拆分体"对话框，如图 4.39（a）所示，拆分体效果如图 4.39（b）所示。

(a)"拆分体"对话框　　　　　(b) 拆分体效果

图4.39　拆分体

9. 镜像特征

镜像特征用于将选定的特征通过基准平面或平面生成对称的特征，在 NX 实体建模中应用广泛，可以提高建模效率。

在菜单栏执行"插入"→"关联复制"→"镜像特征"命令（或单击"特征"工具栏中的●按钮），弹出"镜像特征"对话框，如图 4.40（a）所示，镜像特征效果如图 4.40（b）所示。

镜像特征

(a)"镜像特征"对话框　　　　　(b) 镜像特征效果

图4.40　镜像特征

镜像几何体

10. 镜像几何体

镜像几何体用于镜像整个几何体。与镜像特征不同的是，镜像几何体是镜像一个体上的一个或多个特征。

在菜单栏执行"插入"→"关联复制"→"镜像几何体"命令（或单击

"特征"工具栏中的 按钮），弹出"镜像几何体"对话框，如图4.41（a）所示，镜像几何体效果如图4.41（b）所示。

(a)"镜像几何体"对话框

(b) 镜像几何体效果

图4.41　镜像几何体

4.2.6　特征编辑

特征编辑是指编辑和修改通过特征建模创建的实体。通过编辑实体的参数驱动特征参数的更新，极大地提高了工作效率和制图准确性。**特征编辑主要包括编辑参数，移动特征，合并、减去和相交，编辑实体密度，抑制和取消抑制等。**

1. 编辑参数

编辑参数是指根据需要修改已存在特征的参数值，并重新反映特征修改，还可以改变特征放置面和特征类型。编辑参数包含编辑一般实体特征参数、编辑扫描特征参数、编辑阵列特征参数、编辑倒斜角特征参数和编辑其他参数五类情况。

在菜单栏执行"编辑"→"特征"→"编辑参数"命令，弹出"编辑参数"对话框，如图4.42（a）所示，编辑参数效果如图4.42（b）所示。

(a)"编辑参数"对话框

(b) 编辑参数效果

图4.42　编辑参数

2. 移动特征

移动特征是指将一个无关联的实体特征移动到指定位置，可通过编辑位置尺寸的方法移动存在关联的特征，从而达到编辑实体特征的目的。

在菜单栏执行"编辑"→"特征"→"移动"命令（或在绘图工作区直接选取需要编辑的特征），弹出"移动特征"对话框，如图 4.43 所示，选择要编辑的特征。

图4.43 "移动特征"对话框

3. 合并、减去和相交

（1）**合并**：可以合并两个或两个以上的实体，不能对片体或片体与实体进行求和。

（2）**减去**：在目标体移除工具体，可以移除工具体所在位置的所有实体。

（3）**相交**：定义工具体和目标体共有区域实体，不能对一个实体（目标体）和一个片体（工具体）进行求交。

4. 编辑实体密度

密度用来计算部件的质量。

创建每个实体时都有一个默认密度值，其由"模型首选项"对话框中设置的密度决定。

编辑实体密度有如下两种方法。

（1）编辑实体的密度值：在菜单栏执行"编辑"→"特征"→"实体密度"命令，指定实体密度。

（2）为实体赋予一个材料属性：在菜单栏执行"工具"→"材料"→"指派材料"命令，指定实体材料。

5. 抑制和取消抑制

可以使用抑制命令从模型中临时移除一个特征。被抑制的特征没有删除，依然在部件中，只是不在图形窗口中显示。可以通过取消抑制命令恢复该特征。

抑制和取消抑制特征可以通过勾选部件导航器中特征节点前面的复选框实现，还可以通过方位编辑菜单或编辑特征工具条中的命令实现。

当抑制一个特征时，其子特征会自动抑制。当"选择更新延迟至编辑完"选项时，抑制命令不可用。抑制特征依然在部件中，只是从模型中移除。使用取消抑制命令可以恢复这些特征。

抑制特征有以下用途。

（1）临时移除一个复杂模型的特征，以便加速创建及对象选择、编辑和显示。

（2）为了进行分析工作，可以从模型中移除小孔、圆角等非关键特征。

（3）在冲突几何体的位置创建特征。例如，当需要用已有圆角的边放置特征时，不需要删除圆角，可抑制圆角，创建并放置新特征，然后取消抑制圆角。

4.2.7 同步建模

同步建模用于修改模型，且不考虑模型的原点、关联性或特征历史记录。模型可能是从其他 AutoCAD 系统导入的、非关联的、无特征的，或者是具有特征的原生 NX 模型。使用"同步建模"命令，可以在不考虑如何创建模型的情况下轻松修改模型。**同步建模主要用于由解析面（如平面、圆柱、圆锥、球、圆环）组成的模型**。

在"建模"模块，可以使用历史记录模式和无历史记录模式。

历史记录模式：使用"部件导航器"中显示的有序特征序列创建和编辑模型，这是 NX 建模中的主模式。

无历史记录模式：可以根据模型的当前状态创建和编辑模型，而无需有序的特征序列，但只能创建不依赖有序结构的局部特征。该模式与历史记录模式不同，不是所有命令创建的特征都显示在"部件导航器"中。

可以通过下列三种方法切换建模模式。

（1）选择下拉菜单中的"插入"→"同步建模"→"历史记录模式"或"无历史记录模式"选项。

（2）选择下拉菜单中的"首选项"→"建模"→"建模首选项"→"编辑"→"建模模式"→"历史记录模式"或"无历史记录模式"选项。

（3）在"部件导航器"中右击"历史记录模式"节点，选择"历史记录模式"或"无历史记录模式"选项。

由于切换建模模式后，模型会被去参数化，因此尽量不随意切换，并且推荐使用历史记录模式。

移动面

同步建模的主要命令有移动面、偏置区域、替换面、删除面等。

1. 移动面

使用"移动面"命令，可以局部移动实体上的一组表面甚至所有表面，并且可以自动识别和重新生成倒圆面，常用于样机模型的快速调整。"移动面"对话框如图 4.44（a）所示，选择原始面 [图 4.44（b）中的上表面]，在"移动面"对话框中输入要变换的距离和角度，单击"应用"按钮，得到图 4.44（c）所示移动后的面。

(a)"移动面"对话框　　　　(b)原始面　　　　(c)移动后的面

图4.44　移动面

2. 偏置区域

使用"偏置区域"命令，可以在单个步骤中偏置一组面或整体，还可以重新创建圆角。偏置区域是一种无须考虑模型的特征历史记录的修改模型的方法。

"偏置区域"对话框如图 4.45 所示，偏置区域在很多情况下与"特征"工具栏中的"偏置面"效果相同，但遇到圆角时会有所不同，偏置区域前后分别如图 4.45（b）和图 4.45（c）所示。

偏置区域

(a)"偏置区域"对话框　　　(b)偏置区域前　　　(c)偏置区域后

图4.45　偏置区域

3. 替换面

替换面

使用"替换面"命令,可以用一个表面替换一组表面,并可以重新生成光滑邻接的表面;还可以方便地使两个平面一致,以及用一个简单的面替换一组复杂的面。

替换面是指把一个面偏置到与另一个已有面重合的命令。"替换面"对话框如图4.46(a)所示,将凹槽面替换为平面是NX建模中常用的命令[替换面前后分别如图4.46(b)和图4.46(c)所示],也是在无参操作(如去倒角)中的常用命令。

(a)"替换面"对话框

(b) 替换面前

(c) 替换面后

图4.46 替换面

4. 删除面

删除面

删除面用于移除现有体上的一个或多个面。"删除面"对话框如图 4.47(a)所示。如果选择多个面,那么它们必须属于同一个实体。选择的面必须在没有参数化的实体上,如果存在参数,则提示移除参数。删除面多用于删除圆角面或实体上的一些特征区域。删除面前后分别如图 4.47(b)和图 4.47(c)所示。

(a)"删除面"对话框

(b) 删除面前

(c) 删除面后

图4.47 删除面

4.3 NX装配

NX装配是建立部件之间链接关系的过程。它通过关联条件在部件间建立约束关系，以确定部件在产品中的位置，形成产品的整体机构。在NX装配过程中，部件的几何体是被装配引用的，而不是复制到装配中的。因此，无论在何处编辑部件、无论如何编辑部件，其装配部件都保持关联性。如果修改某部件，则引用它的装配部件自动更新。下面讲解利用NX建模的强大装配功能将多个部件或零件装配成一个完整组件的方法。

4.3.1 装配综述

在学习装配操作之前，需要熟悉NX软件中的装配术语、进入装配模式、装配工具条、部件的工作方式。

1. 装配术语

下面介绍在装配过程中常用的装配术语。

（1）装配部件：由零件和子装配构成的部件。在NX软件中，由于可以向任何一个.prt文件添加部件而构成装配，因此，任何一个.prt文件都可以作为装配部件。当存储一个装配时，各部件的实际几何数据不存储在装配部件文件中，而存储在相应的部件或零件文件中。

（2）子装配：在高一级装配中用作组件的装配，也拥有自己的组件。子装配是一个相对的概念，任何一个装配部件都可在更高级装配中用作子装配。

（3）组件部件：装配中组件指向的部件文件或零件，即装配部件链接到部件主模型的指针实体。

（4）组件：在装配中按特定位置和方向使用的部件。组件可以是由其他较低级组件组成的子装配。装配中的每个组件都包含一个指向主几何体的指针。当修改组件的几何体时，会话中使用相同主几何体的所有其他组件自动更新。

（5）主模型：NX模块共同引用的部件模型。同一主模型可同时被工程图、装配、加工、机构分析和有限元分析等模块引用，当修改主模型时，相关应用自动更新。

（6）自顶向下装配：在装配部件的顶部，向下产生子装配和零件的装配方法。先在装配结构树的顶部生成一个装配，再下移一层生成子装配和组件。

（7）自底向上装配：首先创建部件几何模型，其次组合成子装配，最后生成装配部件。

（8）混合装配：自顶向下装配和自底向上装配结合的装配方法。

2. 进入装配模式

在装配前切换到装配模式，有两种方法：一种是直接新建装配，另一种是在打开的部件中新建装配。

在打开的模型文件环境（建模环境）下，在工作界面的主菜单工具栏中单击"应用模块"按钮，并选中"装配"栏目，工具栏弹出装配选项，单击"装配"工具栏，切换到装配工作环境。

3. 装配工具条

在装配模式下，视图窗口会出现"装配"选项卡，如图4.48所示。

图4.48 "装配"选项卡

4. 部件的工作方式

在一个装配件中，部件有多种工作方式，用于显示部件和工作部件。显示部件是指在屏幕图形窗口中显示的部件、组件和装配。工作部件是指正在创建或编辑的几何对象的部件。工作部件可以是显示部件，也可以是显示部件中的任一部件。如果显示部件是一个装配部件，工作部件是其中一个部件，则工作部件自身颜色加强，其他显示部件变灰色。

4.3.2 装配导航器

装配导航器是一种装配结构的图形显示界面，又称装配树。在装配树型结构中，每个组件都作为一个节点显示。装配导航器能清楚地反映装配中各组件的装配关系，而且能让用户快速、便捷地选取和操作各部件。例如，用户可以在装配导航器中改变显示部件和工作部件、隐藏和显示组件。下面介绍装配导航器的功能及操作方法。

1. 装配导航器的功能

打开装配导航器，显示图4.49（a）所示的装配树型结构，所有组件、零件及其装配关系都有记录，装配效果如图4.49（b）所示。

(a) 装配树型结构　　　　　　　　(b) 装配效果

图4.49 装配导航器

2. 装配导航器中的"预览"面板和"相关性"面板

"预览"面板是装配导航器的一个扩展区域,显示装载或未装载的组件。"相关性"面板是装配导航器的特殊扩展,允许查看部件或装配内选定对象的相关性,包括配对约束等。

4.3.3 引用集

在装配过程中,由于各部件含有草图、基准平面及其他辅助图形数据,因此,要显示装配中的所有组件或子装配部件的所有内容,则数据量大,需要占用大量内存,不利于装配操作和管理。使用引用集能够限定组件装入装配中的信息数据量,同时避免加载不必要的几何信息,提高机器的运行速度。

1. 基本概念

引用集是在组件部件中定义或命名的数据子集或数据组,可以代表相应的组件部件进行装配。引用集可以包含下列数据。

(1) 名称、原点和方位。

(2) 几何对象、坐标系、基准、图样体素。

(3) 属性。

(4) 在系统默认状态下,每个装配件都有两个引用集——全集和空集。全集表示整个部件,即引用部件的全部几何数据。添加部件到装配时,如果不选择其他引用集,则默认使用全集。空集是不含任何几何数据的引用集,当部件以空集形式添加到装配时,看不到该部件。

(5) "模型"和"轻量化"引用集:系统装配时,还会增加全集和空集,从而定义实体模型和轻量化模型。

2. 创建引用集

创建引用集有利于模型装配定位。在菜单栏执行"格式"→"引用集"命令,弹出"引用集"对话框,如图 4.50 所示,可以添加和编辑引用。

图4.50 "引用集"对话框

4.3.4 自底向上装配

自底向上装配是指先设计装配中的部件，再将该部件的几何模型添加到装配中。创建的装配体按照组件、子装配体和总装配的顺序进行排列，并利用关联约束条件逐级装配，从而完成总装配模型。可以在"装配"→"组件"下拉菜单中选择装配操作，也可以通过单击"装配"工具栏图标实现。

1. 添加组件

在装配过程中，一般需要添加其他组件，将组件调入装配环境，在组件与装配体之间建立相关约束，形成装配模型。

执行"装配"→"组件"→"添加组件"命令，弹出"添加组件"对话框，添加组件。

2. 装配约束

装配约束类型见表 4-2。

表 4-2 装配约束类型

装配约束类型	描 述
接触对齐	约束两个组件，使其接触或对齐
角度	定义两个对象之间的角度尺寸
胶合	将组件"焊接"到一起，并作为一个实体移动
中心	在两个对象之间定位中心，或沿另一个对象定位两个对象的中心
同心	定位两个组件的圆形边或椭圆形边，使其同心，且边所在的面共面
距离	指定两个对象之间的最小三维距离
适合	将两个半径相等的圆柱面配合，常用于在孔内定位销钉或螺栓。如果半径不相等，则约束失效
固定	将组件固定在当前位置。因为在缺少方向的装配约束中的配合组件关系中推断静态对象是无法实现的，所以固定约束很有用
平行	定义两个对象的方向相互平行
垂直	定义两个对象的方向相互垂直

4.3.5 自顶向下装配

自顶向下装配是指在上下文中进行装配，即在装配部件的顶级替换向下产生子装配和零件的装配方法。上下文设计是指在装配中，参照其他零部件对当前工作部件进行设计。在进行上下文设计时，其显示部件为装配部件，工作部件为装配中的组件，所做的工作发生在工作部件上，而不是在装配部件上，利用链接关系建立其他部件到工作部件的关联。利用这些关联，可将其他部件几何对象链接复制到当前部件，从而生成几何体。

自顶向下装配有如下两种方法。

方法1：先在装配中建立几何模型（草图、曲线、实体等），再建立新组件，并加入几何模型。

方法2：先在装配中建立一个新组件（不包含任何几何对象），即"空"组件，再使其成为工作部件，在其中建立几何模型。

4.3.6 装配爆炸图

装配爆炸图是指在装配环境下，拆分装配体的组件，以更好地显示整个装配的组成情况；同时，可以通过创建和编辑视图，将组件按照装配关系偏离原来的位置，观察产品内部结构及组件的装配顺序。

齿轮泵爆炸图

1. 新建爆炸图

查看装配体内部结构特征及其装配关系需要创建爆炸视图。执行"装配"→"爆炸图"→"新建爆炸图"命令（或单击"爆炸图"工具栏中的"新建爆炸图"按钮），弹出"新建爆炸图"对话框，如图 4.51（a）所示，装配体如图 4.51（b）所示。

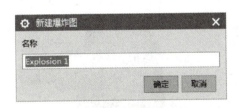

(a)"新建爆炸图"对话框　　　　　　　　　(b) 装配体

图4.51　新建爆炸图

2. 编辑爆炸图

新建爆炸图后，如果没有达到理想的爆炸效果，则通常还需要编辑爆炸图。

执行"装配"→"爆炸图"→"编辑爆炸图"命令（或单击"爆炸图"工具栏中的图标），弹出"编辑爆炸图"对话框，如图 4.52（a）所示，爆炸图如图 4.52（b）所示。

3. 自动爆炸组件

自动爆炸组件用于按照指定的距离自动爆炸所选组件。执行"装配"→"爆炸图"→"自动爆炸组件"命令，弹出"类选择"对话框，选择需要爆炸的组件，单击"确定"按钮，弹出"爆炸距离"对话框。在"距离"文本框输入偏置距离，单击"确定"按钮，将所选对象按指定的偏置距离移动。如果选中"添加间隙"复选项，则爆炸组件时，各组件按照选择的顺序移动，相邻两个组件在移动方向上以"距离"文本框中输入的偏置距离隔开。

(a)"编辑爆炸图"对话框　　　　　　　(b)爆炸图

图4.52　编辑爆炸图

4. 取消爆炸组件

取消爆炸组件用于取消已爆炸视图。执行"装配"→"爆炸图"→"取消爆炸组件"命令,弹出"类选择"对话框,如图4.53(a)所示。选择需要取消爆炸的组件,单击"确定"按钮,将选中的组件恢复到爆炸前的位置,如图4.53(b)所示。

(a)"类选择"对话框　　　　　　　(b)恢复组件位置

图4.53　取消爆炸组件

4.3.7　装配实例

1. 脚轮装配

脚轮装配

脚轮装配图如图4.54所示。

(1)使用装配模板为脚轮装配新建一个英制单位部件。

① 单击"新建"按钮。

② 在弹出的对话框中,在"单位"下拉列表框中选择"英寸"选项。

③ 在"模板"下拉列表框中选择"装配"选项。

④ 在"文件夹"下拉列表框中检查显示的路径,确认打开的是允许写操作的文件。

(2)添加脚轮轴到装配,并放置在绝对原点。

① 在"部件"组中单击"打开"按钮 。

② 在"部件名称"对话框中找到装配部件文件夹,并在部件清单中选择"脚轮轴"选项。

③ 单击"确定"按钮。

④ 在"添加组件"对话框中单击"确定"按钮,结果如图 4.55 所示。

图4.54　脚轮装配图

图4.55　装配脚轮轴零件

(3)固定脚轮轴位置。

① 在"装配"工具条上单击"装配约束"按钮 。如果弹出一个提示框警告装配约束与配合状况不相容,单击"确定"按钮,弹出"装配约束"对话框。

② 在"类型"列表框中选择"固定"选项 。

③ 选定组件,注意视图中显示一个约束标记。

④ 单击"确定"按钮。在装配导航器中展开"约束"列表,在视图和装配导航器中显示约束。

⑤ 在装配导航器中右击"固定"(脚轮轴)约束,弹出快捷菜单。

⑥ 可以执行多种快捷命令(抑制、重命名、隐藏、删除、布置明细、在布置中编辑、信息)。还可采用取消选中约束左侧的复选框的方法抑制约束。

⑦ 右击"约束",在弹出的快捷菜单中选择在图形窗口中显示或不显示约束。

⑧ 在"装配导航器"工具条上单击几次"包含约束"按钮 ,可以控制"装配导航器"窗口中的约束显示。

⑨ 需要时,单击"包含约束"按钮 ,在装配导航器窗口中列出全部约束。

(4)添加隔套。

① 在"装配"工具条上单击"添加组件"按钮 。

② 在"部件"组中单击"打开"按钮 。

③ 在"部件名称"对话框中选择"隔套"选项,并单击"确定"按钮。

④ 在"添加组件"对话框中单击"确定"按钮。

(5)约束隔套。

① 在"装配约束"对话框中,在"类型"下拉列表框中选择"接触对齐"选项 。

② 在"要约束的几何体"组中,在"方位"下拉列表框中选择"自动判断中心/轴"选项,如图 4.56 所示。

图4.56 选择"自动判断中心/轴"选项

③ 在"组件预览"窗口中选择隔套的中心线。

④ 在视图中,选择脚轮轴的中心线。

⑤ 隔套部分被约束。

⑥ 单击"应用"按钮。要充分限制隔套移动,可以指定隔套后端面与轴肩面接触。

⑦ 选择隔套后端面(使用"快速拾取"光标),如图 4.57 所示。

⑧ 选择脚轮轴的轴肩面,如图 4.58 所示。

图4.57 选择隔套后端面

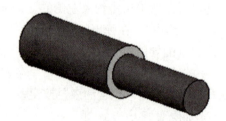
图4.58 选择脚轮轴的轴肩面

⑨ 单击"确定"按钮,隔套装配效果如图 4.59 所示。

要查看放置部件的所有基准面,可以选择多个部件分散在装配中,选中"确认"对话框中的"分散"复选项即可。

(6)添加叉件、轮子和销轴。

① 在"添加组件"对话框中单击"打开"按钮。

② 在"部件名称"对话框中选择"叉件"选项,并单击"确定"按钮。继续添加组件到"加载的部件"列表,并将它们同时分散在装配中。

③ 在"添加组件"对话框中单击"打开"按钮。

④ 在"部件名称"对话框中选择"轮子"选项,并单击"确定"按钮。

⑤ 在"添加组件"对话框中单击"打开"按钮。

⑥ 在"部件名称"对话框中选择"销轴"选项,并单击"确定"按钮。尽管部件在预览窗口是重叠的,但它们将分散在视图中。

⑦ 在"添加组件"对话框中单击"确定"按钮。

(7) 约束叉件。

① 在"装配"工具条上单击"装配约束"按钮。

② 在"装配约束"对话框中,在"类型"下拉列表框中选择"接触对齐"选项。

③ 选择隔套前端面,如图 4.60 所示。

图4.59 隔套装配效果

图4.60 选择隔套前端面

④ 选择叉件后端面,如图 4.61 所示。

⑤ 在"要约束的几何体"组中,在"方位"下拉列表框中选择"自动判断中心/轴"选项。

⑥ 选择叉件的孔中心线,如图 4.62 所示。

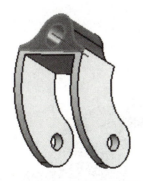

图4.61 选择叉件后端面

图4.62 选择叉件的孔中心线

⑦ 选择脚轮轴的中心线,如图 4.63 所示。

⑧ 单击"应用"按钮,叉件装配效果如图 4.64 所示。

图4.63 选择脚轮轴的中心线　　　　　图4.64 叉件装配效果

约束暂列在装配导航器中，约束标记在视图中显示。

（8）约束轮子。

使用中心约束轮子中心与叉件两脚中心对齐（子类型选择2对2），使用接触对齐约束轮子圆心与叉件轴心对齐。

① 选择轮子的两侧面。
② 选择叉件的两侧面。
③ 选择轮子的中心线。
④ 选择叉件的中心线。
⑤ 单击"应用"按钮，轮子零件装配效果如图4.65所示。

（9）约束销轴。

使用中心约束销轴中心与叉件两脚中心对齐（子类型选择2对2），使用接触对齐约束销轴圆心与叉件轴心对齐。

① 选择销轴的两侧面。
② 选择叉件的两侧面。
③ 选择销轴的中心线。
④ 选择轮子的中心线。
⑤ 单击"确定"按钮，销轴零件装配效果如图4.66所示。

图4.65 轮子零件装配效果　　　　　图4.66 销轴零件装配效果

在装配导航器中浏览列出的约束，每个约束都可识别两个部件之间的关系。如果在视图中看到约束，则在装配导航器中右击约束，取消选中"图形窗口显示约束"复选框。

2. 编辑装配修改

在装配导航器中右击约束，在弹出的快捷菜单中选择以下命令可以修改约束。

重新定义：可以修改约束类型 Type、要约束的几何体及约束的任意设置。

反向：如果约束有多个方案，则可以只将其反向。例如，将一个接触约束反向为一个对齐约束，但不能对一个固定约束进行反向操作，因为没有其他可选方案。

转换为：将一种类型约束转换为其他类型。例如，将一个接触约束或对齐约束转换为平行约束或垂直约束，但不能转换为固定约束。

抑制：可抑制选定的约束，取消选中紧邻约束的复选项即可。

重命名：更换约束的名称，名称不能多于 30 个字母。

隐藏和显示：隐藏或显示图形窗中的约束标记。

删除：从装配中完全删除约束。

特定布置：在当前布置中为约束定义一个特定布置抑制状态（如果可应用）和一个特定布置公式值。

在布置中编辑：弹出"布置中编辑约束"对话框并显示约束的特定布置状态，可进行必要的修改。

信息：在信息窗口中显示约束数据。

4.4　NX 工程图

可以用下面两种方法启动工制图。

（1）在应用模块中，单击"制图"按钮。

（2）按 Ctrl+Shift+D 组合键。

在产品实际加工制作过程中，一般需要二维工程图辅助设计，NX 工程制图模块主要是为了满足二维出图功能需要，是 NX 系统的重要应用。通过特征建模创建的实体可以快速引入工程制图模块，生成二维工程图。

4.4.1　工程图概述

NX 工程制图模块可以将由"建模"模块创建的特征模型生成二维工程图。创建的工程图中的视图与模型完全关联，即对模型做的任何更改都会使二维工程图自动更新。这种关联性使用户可以根据需要多次更改模型，从而极大地提高设计效率。

1. 创建工程图的一般过程

创建工程图前，用户需要完成三维模型设计。在三维模型的基础上，可以应用工程制图模块创建二维工程图，一般过程如下。

(1)创建图纸。在三维模型界面中,执行"应用模块"→"制图"命令,单击"新建图纸页"按钮,弹出"工作表"对话框,为图纸页指定图纸大小、缩放比例、测量单位和投影角度等参数。

(2)参数预设置。执行"菜单"→"首选项"→"制图"命令,弹出"制图首选项"对话框,对制图相关参数进行预设置。

(3)导入模型视图。

(4)在工程图中添加视图。

(5)添加尺寸标注、公差标注、文字标注等。

(6)保存,并打印输出。

2. 工程图工作界面

由特征模型创建工程图,单击"标准"工具栏中的"应用模块"→"制图"选项,进入工程图工作界面,如图4.67所示。

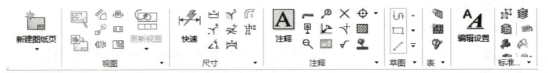

图4.67　工程图工作界面

4.4.2　工程图参数

工程图参数用于在工程图创建过程中,根据用户需要进行相关参数预设置,如箭头的大小、线条的粗细、隐藏线的显示、视图边界面的显示和颜色设置等。

可以通过执行"文件"→"实用工具"→"用户默认设置"命令进行参数预设置,也可以在工程图工作界面选择"首选项"下拉列表选项或在"制图首选项"工具栏设置。

1. 预设置制图参数

在工程图中添加视图前,进行制图参数预设置,在主菜单执行"首选项"→"制图"命令,弹出"制图首选项"对话框。

在"图纸常规/设置"栏目下的"工作流"对话框主要用于设置从独立文件或主模型文件进入工程图环境时的命令流和图纸设置参数来源。

在"图纸视图"栏目下的"工作流"对话框主要用于设置视图的边界参数、预览视图添加的样式、视图的对齐参数、轻量级数据和可视参数设置等。

2. 预设置视图参数

视图参数用于设置视图中隐藏线、轮廓线、剖视图背景线和光滑边等对象的显示方式。如果要修改视图显示方式或为一张新工程图设置显示方式,则可通过设置视图显示参数实现;如果不进行设置,则系统采用默认设置。这些参数值对以后添加的视图有效;对于在设置前添加的视图,需要通过编辑视图的样式修改。

预设置视图参数的方法是在主菜单执行"首选项"→"制图"→"视图"→"公共"命令,进行应选项设置。

3. 预设置注释参数

预设置注释参数包括尺寸、尺寸线、箭头、字符、符号、单位、半径、剖面线等参数的预设置。在主菜单执行"首选项"→"制图"命令,弹出"制图首选项"对话框,在"公共""尺寸""注释""表"节点下设置相应参数。

4. 预设置截面线参数

预设置截面线参数是指设置截面线的箭头、颜色、线型和文字等参数。

在主菜单执行"首选项"→"制图"→"视图"→"截面线"命令,进行对应选项设置。

5. 预设置视图标签参数

预设置视图标签参数主要用于设置图样上的视图显示,包括投影图、局部放大图和剖视图的指示文字、视图比例、文本位置、前后缀文本比例数值、格式等参数。

在主菜单执行"首选项"→"制图"→"图纸视图"→"基本/图纸"→"标签"命令,进行对应选项设置。

4.4.3 工程图管理

一般情况下,为三维特征模型创建二维工程图时,默认的工程图纸空间参数与用户的实际需求不符,需要用户对图纸进行管理,包括部件导航器管理、新建工程图、打开工程图、删除工程图和编辑工程图。

1. 部件导航器管理

部件导航器主要用于显示工程图中的视图名称及视图相关信息,包括部件的图纸页、成员视图、剖面线和表格的可视化等,便于用户操控图纸、图纸上的视图;也可以右击选项,在弹出的对话框中更改图纸,如图 4.68 所示。

2. 新建工程图

进入"制图"模块,系统按默认设置自动新建一张工程图,图名默认为 Sheet1。通常系统生成工程图中的设置不一定符合用户的需求。一般情况下,在添加视图前新建一张工程图,按输出三维实体的要求设置工程图的名称、图幅大小、绘图单位、视图默认比例和投影角度等参数。在主菜单执行"图纸工具栏"→"新建图纸页"命令,弹出"图纸页"对话框,如图 4.69 所示。

3. 打开工程图

新建一个比较复杂的工程图时,为表达清楚,需要采用不同的投影方法、不同的图纸规格和视图比例建立多幅二维工程图。如果要编辑其中一幅工程图,则先在绘图工作区中打开。

4. 删除工程图

删除工程图操作简单,当需要删除多余的工程图纸时,只需在"图纸导航器"中右击需要删除的图纸名称,在弹出的快捷菜单中选择"删除"选项即可。

图4.68 部件导航器

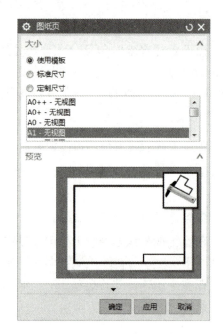

图4.69 "图纸页"对话框

5. 编辑工程图

在绘制工程图的过程中，如果想更换一种表现三维模型的方式（如增加剖视图等），而原来设置的工程图参数不能满足要求，则需要编辑、修改工程图有关参数。

在"部件导航器"中选中需要编辑的工程图并右击，在弹出的快捷菜单中选择"编辑图纸页"选项，弹出"图纸页"对话框。参照新建工程图的方法，在对话框中编辑、修改工程图的名称、尺寸和比例等，单击"确定"按钮，系统按新的工程图参数自动更新。

4.4.4 图幅管理

绘制一幅完整的工程图时，需要添加图框，NX 软件提供模板文件来调用图框，以减少重复性工作，提高工作效率。

1. 创建图纸图框

制作图样模板的操作步骤如下。

（1）单击"标准"工具栏中的"新建"按钮，弹出"新建"对话框。

（2）选中"模型"选项，并为新建的模型命名，如 A0、A1、A2、A3 等。单击"确定"按钮，进入"建模"工作界面。

（3）在建模环境下，执行"应用模块"→"制图"命令，弹出"工作表"对话框，设置图纸幅面，单击"确定"按钮。

（4）弹出"基本视图"对话框，单击"关闭"按钮。

（5）执行"插入"→"曲线"命令，绘制图纸图框。

（6）执行"插入"→"表格"命令，绘制标题栏。

（7）执行"文件"→"另存为"命令，保存模板图框。

2. 调用图纸图框

在主菜单执行"文件"→"导入"命令，弹出图 4.70 所示的"导入部件"对话框，设置后单击"确定"按钮，可在图纸上添加图框，从而复制图框的所有对象。

4.4.5 视图管理

工程图基本参数设定、图幅和图纸确定后，可以在图纸上创建各种视图来表达三维模型。用户可以根据零件形状创建基本视图、投影视图、局部放大图、剖视图和半剖视图、旋转剖视图、局部剖视图和断开视图。工程图通常包含多种视图，通过这些视图的组

图4.70 "导入部件"对话框

合描述模型。NX 软件的"制图"模块提供各种视图管理功能，如添加视图、移除视图、移动或复制视图、对齐视图和编辑视图等，用户可以方便地管理工程图中的各类视图，并可修改缩放比例、角度和状态等。

1. 视图操作

创建工程图后，可以从基本视图着手，生成视图的相关投影视图和剖切视图，从而使图纸完整表达产品零部件的相关信息。

（1）基本视图。

基本视图是指特征模型的各种向视图和轴测图，包括俯视图、前视图、右视图、后视图、仰视图、左视图、正等测视图和正二测视图。通常，一幅工程视图至少包含一幅基本视图。基本视图可以是独立的视图，也可是其他视图类型（如剖视图）的俯视图。

基本视图

在制图模式下，执行"插入"→"视图"→"基本视图"命令（或单击"图纸"工具栏中的 按钮），弹出"基本视图"对话框，如图 4.71 所示。

图4.71 "基本视图"对话框

（2）投影视图。

投影视图

投影视图是由父项视图产生的正投影视图。该命令只有在确定基本视图后才有效。创建基本视图后，继续移动鼠标将添加投影视图。如果已退出添加视图操作，则单击"图纸"工具栏中的按钮，弹出"投影视图"对话框，如图4.72（a）所示，基本视图和投影视图分别如图4.72（b）和图4.72（c）所示。

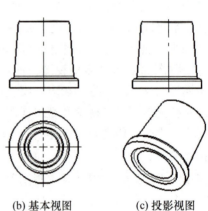

(a)"投影视图"对话框　　　　(b) 基本视图　　　　(c) 投影视图

图4.72　投影视图

（3）局部放大图。

局部放大图是指将模型的局部结构按一定比例放大，以满足放大清晰和后续标注、注释等需要。其主要用于表达模型上的细小结构，或因过小在视图上难以标注尺寸的模型，如退刀槽、键槽、密封圈槽等细小部位。

单击"视图布局"工具栏中的按钮，弹出"局部放大图"对话框，如图4.73（a）所示，局部放大图效果如图4.73（b）所示。

局部放大图

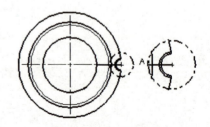

(a)"局部放大图"对话框　　　　(b) 局部放大图效果

图4.73　局部放大图

（4）剖视图和半剖视图。

剖视图是通过单个切割平面分割部件，观看一个部件的内侧或一半，通常用于特征模型内部结构比较复杂的情况。在创建工程图的过程中会出现较多虚线，使图纸表达不清晰，给看图和标注尺寸带来困难。此时，需要绘制剖视图，以便更清晰、更准确地表达特征模型内部的详细结构，如图 4.74 所示。

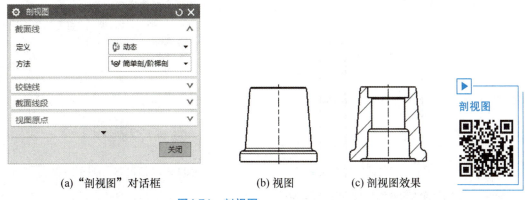

(a) "剖视图"对话框　　(b) 视图　　(c) 剖视图效果

图4.74　剖视图

（5）旋转剖视图。

旋转剖视图是指用两个成用户定义角度的剖切面剖开特征模型，以表达特征模型内部形状的视图。

执行"插入"→"视图"→"剖视图"命令，弹出"剖视图"对话框，如图 4.75（a）所示，在截面线"方法"下拉列表框中选择"旋转"选项，弹出"旋转剖视图"对话框。旋转剖视图的创建方式与剖视图类似，视图和旋转剖视图效果分别如图 4.75（b）和图 4.75（c）所示。

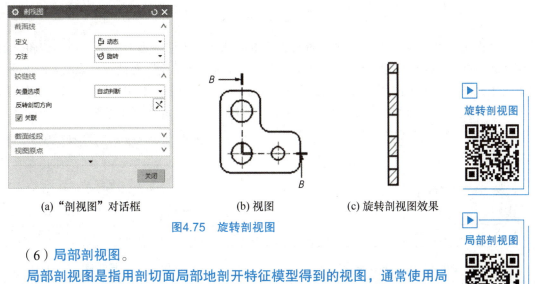

(a) "剖视图"对话框　　(b) 视图　　(c) 旋转剖视图效果

图4.75　旋转剖视图

（6）局部剖视图。

局部剖视图是指用剖切面局部地剖开特征模型得到的视图，通常使用局部剖视图表达零件内部的局部特征。局部剖视图与其他剖视图不同，它是从现有视图中产生的，而不生成新的剖视图。

选择图 4.76 所示的局部剖放置视图并右击,在弹出的快捷菜单中显示对应视图为"活动草图视图"(图 4.77),左视图被放大至充满绘图工作区。调出"曲线"工具栏并单击"艺术样条"按钮,弹出图 4.78 所示的"艺术样条"对话框,绘制图示曲线(一定要选择封闭选项),绘制的艺术样条如图 4.79 所示。

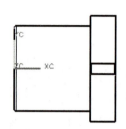

图4.76 局部剖放置视图

图4.77 活动草图视图

图4.78 "艺术样条"对话框

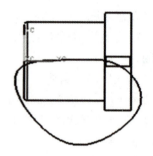

图4.79 绘制的艺术样条

再次选择视图并右击,在弹出的快捷菜单中选择"扩展"命令,退出视图编辑,如图 4.80 所示。执行"视图"→"局部剖"命令,弹出"局部剖"对话框,如图 4.81 所示。单击主视图,由该视图创建局部剖。定义基点,用鼠标捕捉左视图圆心,定义拉伸矢量,如图 4.82 所示。选择绘制的艺术样条,单击"应用"按钮,局部剖效果如图 4.83 所示。

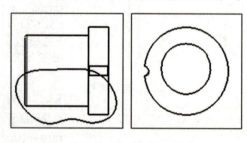

图4.80 退出视图编辑

图4.81 "局部剖"对话框

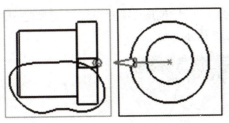

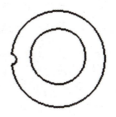

图4.82　定义拉伸矢量　　　　　　　图4.83　局部剖效果

（7）断开视图。

断开视图可以建立、编辑和更新由若干条边界线定义的压缩视图。

执行"插入"→"视图"→"断开视图"命令（或单击"视图布局"工具栏中的 按钮），弹出"断开视图"对话框，如图4.84（a）所示，断开视图效果如图4.84（b）所示。

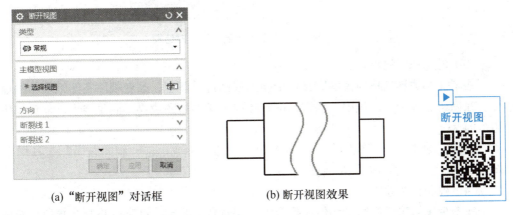

(a)"断开视图"对话框　　　　　　(b)断开视图效果

图4.84　断开视图

2. 编辑视图

在工程图中创建视图后，当用户需要调整视图的位置、边界或显示等有关参数时，需要编辑视图。

（1）视图对齐。

视图对齐是指在工程图中，将不同的实体按照用户的要求对齐，其中一个为静止视图，与之对齐的视图称为齐视图。 选择一个视图作为参照，使其他视图以参照视图进行水平方向或竖直方向的对齐。

执行"编辑"→"视图"→"视图对齐"命令（或单击"视图布局"工具栏中的 按钮），弹出"视图对齐"对话框。也可以直接选择视图对象，按住鼠标左键不放拖动视图对象实现视图对齐。

（2）移动视图和复制视图。

移动视图和复制视图是指选择一个视图作为参照，使其他视图以参照视图进行水平方向或竖直方向的移动或移动复制。 二者都可以改变视图位置，不同之处在于，前者是将原视图直接移动到指定位置，可以在当前或同文件下的另一幅工程图上复制现有视图；后者是在原视图的基础上新建一个副本，并将副本移动至指定位置。

执行"编辑"→"视图"→"移动/复制"命令(或单击"视图布局"工具栏中的 按钮),弹出"移动/复制视图"对话框,如图4.85所示。

图4.85 "移动/复制视图"对话框

(3)编辑视图边界。

编辑视图边界是指为视图定义一个新的视图边界类型,改变视图在图纸页中的显示状态。在创建工程图的过程中,经常会碰到先前定义的视图边界不满足要求,需要编辑视图边界的情况。

执行"编辑"→"视图"→"视图边界"命令(或单击"制图布局"工具栏中的 按钮),弹出"视图边界"对话框。

(4)视图相关编辑。

视图相关编辑是指编辑和修改视图中几何对象的显示,且不影响其在其他视图中的显示。可以利用"视图相关编辑"在工程图上直接编辑对象(如曲线),也可以擦除或编辑完全对象或选定的对象部分。

执行"编辑"→"视图"→"视图相关编辑"命令(或单击"制图编辑"工具栏中的 按钮,弹出"视图相关编辑"对话框。

4.4.6 工程图标注和符号

工程图的各种视图清楚表达模型的信息后,需要为视图添加使用符号、尺寸标注、注释等。只有对工程图进行标注,才可完整地表达零部件的尺寸、形位公差和表面粗糙度等重要信息,此时工程图可以作为生产加工的依据。工程图标注是反映零件尺寸和公差信息的重要方式,用户可以为工程图添加尺寸、形位公差、制图符号和文本注释等。

尺寸标注

1.尺寸标注

尺寸标注用于标识对象的尺寸。由于NX工程制图模块和三维实体造型模块是完全关联的,因此,在工程图中标注尺寸是直接引用三维模型真实的尺寸,具有实际的含义,如果要修改零件中的某个尺寸参数,则在三维实体中修改。如果三维模型被修改,则工程图中的相应尺寸自动更新,保证了工程图与模型的一致性。

执行"插入"→"尺寸"子菜单中的各尺寸选项命令，或单击"尺寸"工具栏中的相应按钮，可以对工程图进行尺寸标注。标注尺寸前，需选择相应的尺寸类型。

2. 注释和标签

（1）文本注释。

文本注释主要用于进一步说明图纸的相关内容，如特征某部分的具体要求、标题栏中的有关文本、技术要求等。

执行"插入"→"注释"命令（或单击"注释"工具栏中的A按钮），弹出"注释"对话框。

（2）特征控制框。

特征控制框主要用于标注形位公差等。

执行"插入"→"注释"→"特征控制框"命令（或单击"注释"工具栏中的 按钮，弹出"特征控制框"对话框。

（3）基准特征。

基准特征主要用于注释基准符号。

执行"插入"→"注释"→"基准特征符号"命令（或单击"注释"工具栏中的 按钮），弹出"基准特征符号"对话框，如图4.86所示。

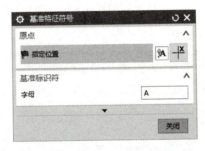

图4.86 "基准特征符号"对话框

（4）基准目标。

基准目标用于注释基准目标符号。

执行"插入"→"注释"→"基准目标符号"命令（或单击"注释"工具栏中的 按钮），弹出"基准目标"对话框，如图4.87所示。

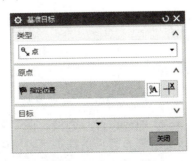

图4.87 "基准目标"对话框

（5）注释表格。

注释表格用于在工程图中创建表格和格式注释。执行"插入"→"表"→"表格注释"命令（或单击"表"工具栏中的 按钮），弹出五行五列的空表格，方法与图框模板相同。用鼠标拖动表格到合适位置，双击要输入内容的单元格并输入内容，按 Enter 键。

（6）零件明细表。

零件明细表用于在装配工程图中创建明细表。单击"表"工具栏中的 按钮，弹出带有标题栏名称的空表格，如图 4.88 所示。

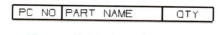

图4.88　带有标题栏名称的空表格

3. 实用符号

实用符号包括标识符号、目标点符号、相交符号、偏置中心点符号、定制符号、用户定义符号、焊接符号、表面粗糙度符号等。

（1）标识符号。

标识符号选项用于在图纸上创建和编辑标识符号。可以将标识符号作为独立的符号创建，也可以使用指引线创建。

执行"插入"→"注释"→"符号标注"命令，弹出图 4.89 所示的"符号标注"对话框。

图4.89　"符号标注"对话框

在"类型"下拉列表框中有 11 种标识符号类型，在"文本"栏中输入文本内容，在"设置"栏定义符号尺寸和字体类型等参数，选择需要的指引线类型和方向，在视图中选择指引线端点位置，按住鼠标左键不放拖曳至适当位置即可创建标识符号。

（2）目标点符号。

目标点符号选项用于创建进行尺寸标注的目标点符号。

执行"插入"→"注释"→"目标点符号"命令（或单击"目标点"按钮×），弹出图4.90所示的"目标点符号"对话框。

图4.90 "目标点符号"对话框

（3）相交符号。

相交符号选项用于延伸两条曲线，在延伸曲线的交点处标注相交符号，方便尺寸标注。

执行"插入"→"注释"→"相交符号"命令（或单击"相交符号"按钮），弹出"相交符号"对话框。

（4）偏置中心点符号。

偏置中心点符号选项用于在任意位置指定圆弧的中心。当标注大半径圆弧时，尤其是标注真实中心在图纸页边界外的大圆弧尺寸时，往往很难在绘图区找到其中心点，需要采用添加"偏置中心点符号"的方法产生一个标注半径的位置。

执行"插入"→"中心线"→"偏置中心点符号"命令，弹出"偏置中心点符号"对话框。

（5）定制符号。

定制符号选项用于创建和编辑定制符号库中的符号。

执行"插入"→"符号"→"定制"命令，弹出"定制符号"对话框。

（6）用户定义符号。

用户定义符号选项用于在视图上创建用户自定义的符号，可以是软件提供的，也可以是用户创建过的。图纸上的用户定义符号可以是单独出现的符号，也可以添加到现有制图对象上。

执行"插入"→"符号"→"用户定义符号"命令，弹出"用户定义符号"对话框。

（7）**焊接符号**。

焊接符号选项用于生成焊接符号。

执行"插入"→"注释"→"焊接符号"命令（或单击"焊接符号"按钮），弹出"焊接符号"对话框。

（8）**表面粗糙度符号**。

执行"插入"→"注释"→"表面粗糙度符号"命令，弹出"表面粗糙度符号"对话框。

本章小结

1. 本章简要介绍了 NX 软件的主要功能、应用模块、工作环境和基本操作等。通过本章的学习，读者可以了解 NX 软件的概况，掌握基础建模和参数设置的方法。

2. 本章介绍了 NX 的草绘功能、基本实体建模的方法、特征操作和特征编辑；应用草绘绘制直线、圆弧和矩形等，应用实体建模创建基本的三维模型，使用特征编辑和特征操作能够快速完成特定的建模任务。

3. 本章介绍了用 NX 软件建立装配体模型的方法，利用实例介绍了在装配体中添加已存在的组件和在装配体中创建新组建的方法，说明了在装配体中添加组件关系的相关操作，还通过齿轮泵和脚轮装配的实例详细演示了创建装配体模型的全过程。

4. 本章介绍了在 NX 软件中创建工程图的一般方法，详细叙述了工程图的管理、操作和编辑方法，介绍了工程图标注和符号的操作方法。NX 工程图和实体建模图具有完全的关联性，创建实体模型后，工程图自动生成。

习 题

4.1 如何打开和保存 UX 文件？

4.2 如何定义和改变坐标系？

4.3 如何设置 UX 的首选项？

4.4 应用 UX 草绘、实体建模和孔直接特征功能，按图 4.91 所示尺寸建立零件三维模型。

4.5 应用 UX 编辑和重定义功能，将图 4.91 所示尺寸改为图 4.92 所示尺寸。

4.6 如图 4.93 所示，应用旋转、阵列等命令建立端盖模型，尺寸自定。

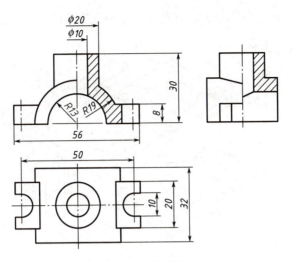

图4.91 支架零件1

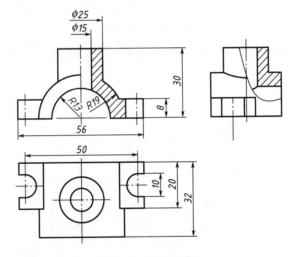

图4.92 支架零件2

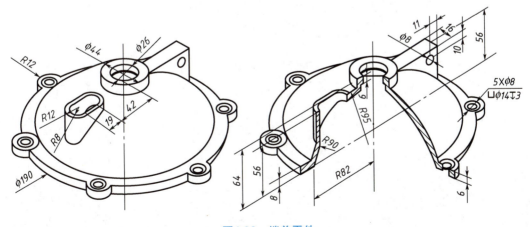

图4.93 端盖零件

4.7 如图 4.94 所示，应用拉伸、阵列等命令建立支架模型。

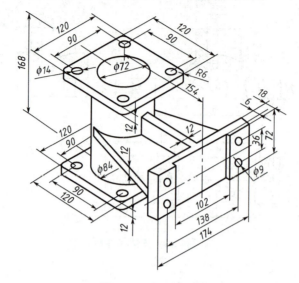

图4.94 支架模型

4.8 如图 4.95 所示，应用拉伸和剪切命令建立底座模型。

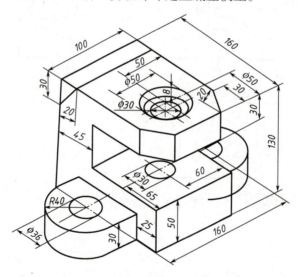

图4.95 底座模型

第 5 章
SolidWorks 软件及其应用

教学目标

通过本章的学习，读者能够利用 SolidWorks 软件实现三维实体建模、虚拟样机装配及工程图绘制；熟悉软件操作界面，掌握创建和编辑三维实体模型的常用方法及常用模块；掌握元件装配的方法；掌握创建工程图的方法。

教学要求

能力目标	知识要点	权重	自测分数
SolidWorks 基本操作	SolidWorks 的基本操作模式、创建参照几何、特征编辑	10%	
SolidWorks 零件实体建模	草图绘制，拉伸特征，旋转特征，扫描特征，直接特征，复制特征	40%	
SolidWorks 装配	元件装配，爆炸视图	30%	
SolidWorks 工程图	创建基本工程视图，工程图标注和符号	20%	

引例

图 5.1 所示为摩托车三维爆炸图。有了三维实体模型，我们就能以这些模型为基础，进行装配和干涉检查；可以对重要零部件进行有限元分析与优化设计；可以生成工艺规程；可以进行数控加工；可以进行快速成型，在制作模具前拿到实物零件并进行装

配和测试；可以启动三维关联功能和二维关联功能，由三维实体模型自动生成二维工程图；可以在 AutoCAD 软件中处理二维工程图；可以进行产品数据共享与集成；等等。

图 5.1　摩托车三维爆炸图

5.1　SolidWorks 基本操作

SolidWorks 是由美国 SolidWorks 公司开发的基于 Windows 操作系统的设计软件，其简单、易用，具有强大的辅助分析功能，广泛应用于机械设计、通信器材设计、汽车制造设计、航空航天飞行器设计等领域。

5.1.1　基本操作模式

SolidWorks 的基本操作模式有零件模式、装配体模式和工程图模式。

1. 零件模式

零件模式主要用于创建零件文件（*.SLDPRT），即在组件文件（*.SLDASM）中组装到一起的独立元件。在零件模式下，可创建和编辑拉伸特征、旋转特征、扫描特征、孔特征、倒圆角、倒直角、壳、筋等，从而创建实体零件。

在零件模式下，可应用草绘器绘制二维截面，粗略地绘制具有线、角度或弧的截面，并输入精确的尺寸值。定义截面后，可指定第三维的值，使其成为三维特征。创建三维特征后，可直接在图形窗口中进行编辑。

执行"新建"→"零件"命令，进入零件模式。

2. 装配体模式

装配体模式主要用于组装零件，并确定零件在成品中的位置；还可定义分解视图，以更好地检查和显示零件关系。装配体模式还提供"自顶向下设计"方法，从"骨架零件"开始创建每个零件及其零件文件。编辑某个零件时，将自动影响与其连接的零件。

在普通组件中使用组件关系,将某个零件与其他零件关联,当该零件尺寸改变时,仍与其他零件保持相关性。

执行"新建"→"装配体"命令,进入装配体模式。

3. 工程图模式

工程图模式主要用于根据三维零件和组件文件中记录的尺寸,创建精确的工程图。三维实体模型的尺寸注释、曲面注释、形位公差、横截面等信息都会传送到工程图模式中。

执行"新建"→"工程图"命令,进入工程图模式。

5.1.2 操作界面

1. 启动 SolidWorks

启动 SolidWorks 有如下两种方法。

(1)双击桌面上的 SolidWorks 快捷方式图标。

(2)在桌面上执行"开始"→"所有程序"→"SolidWorks 2020"命令。

2. SolidWorks 的工作界面

SolidWorks 中文版的工作界面如图 5.2 所示。单击"打开"按钮,选择并打开钳体零件,如图 5.3(b)所示,左侧导航栏显示该零件的模型树,如图 5.3(a)所示。模型树是一个包含零件文件所有特征的列表,模型树的根目录显示零件文件名称,在其下显示零件的所有特征,且显示组件文件,在其下显示所有零件文件。模型树中的项目直接连接到设计数据库。当选中模型树中的项目时,它们代表的特征会加亮,并在图形窗口中呈现被选中的状态。初学时,模型树可用作选取工具;拥有更多经验后,模型树可用于跟踪和编辑,或在操作过程中右击特征,在弹出的快捷菜单中选择相应命令,进行访问操作。

图 5.2 SolidWorks 中文版的工作界面

(a)模型树　　(b)钳体零件

图 5.3 模型树及钳体零件

5.1.3 文件管理

1. 打开文件

执行"文件"→"打开"命令，或单击工具栏中的按钮，弹出"打开"对话框，选择要打开的文件。

2. 新建文件

执行"文件"→"新建"命令，或单击工具栏中的按钮，弹出"新建"对话框，提示选择文件类型及子类型，默认选择"零件"选项。

5.1.4 模型操控

用户可以使用鼠标对模型进行旋转、平移和缩放操作。旋转：按住鼠标中键；平移：按住鼠标中键 +Ctrl 组合键；缩放：按住鼠标中键 +Shift 组合键，并垂直拖动或滚动鼠标滚轮。

实体显示

5.1.5 显示选项

1. 实体显示

当模型更大、更复杂时，需要在实体与线框显示之间进行切换。实体显示的两个主要显示模式是着色和线条。线条有三种显示形式，每种形式都可较详细地显示模型的轮廓。

2. 基准显示

用户可以随时根据需要全局显示或隐藏基准平面、基准点、轴点和坐标系。在模型树中选取一个基准并右击，在弹出的快捷菜单中选择"隐藏"命令，可以隐藏对象。因为屏幕上出现的基准会使绘图工作区混乱，且可能因重画而降低效率，所以根据实际需求隐藏暂时不需要的基准对象，需要时再取消隐藏。

显示选项见表 5-1。

表 5-1 显示选项

	着色（将模型显示成实体）		隐藏线（以虚线形式显示隐藏线）
	无隐藏线（不显示被前面曲面遮住的线条）		线框（将前面与后面的线条都显示出来）
	基准隐藏		基准显示

5.1.6 创建参照几何

使用参照几何可轻松地找出三维实体模型中的基础模型特征。**设计一个新的模型，**

需要创建参照几何，称为基准平面（在 SolidWorks 软件中为基准面）。启动新零件后，会为其添加三个基准平面和一个坐标系。基准平面被自动命名为 Front、Top 和 Right。在坐标系中标示出 x 轴、y 轴和 z 轴，z 轴正方向与 Front 基准平面垂直。如果 Front 基准平面与屏幕平行，则 z 轴垂直于屏幕。

当装配元件或创建特征时，在整个建模过程中都会使用基准平面。基准可以是实际的点、平面或曲线，但它们没有厚度值。就像实体特征一样，创建的基准也会添加到模型树中。在默认情况下，以数字形式为其命名，如 DTM1、DTM2（基准平面）或 PNT1、PNT2（基准点）。用户可以对其重命名，以便在模型树中更确切地显示用途。

单击工具栏中的 ■ 按钮，弹出"创建基准面"对话框。

1. 创建基准平面

基准平面是二维几何参照，可以用来创建特征。例如，如果没有其他合适的平面，则可以在基准平面上进行草图绘制或者放置特征；也可以指定基准平面的尺寸，就像指定边的尺寸一样。通常通过指定约束创建基准平面，创建基准平面的方法有以下五种。

（1）直线和点：可约束平面，使其穿过直线和点，如图 5.4 所示。

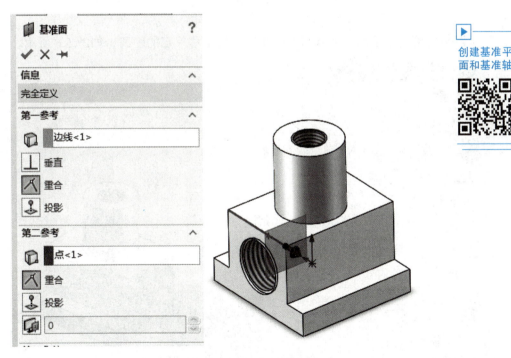

图 5.4 穿过直线和点创建基准平面

（2）两平面夹角：可约束平面，使其穿过两平面的角平分线，如图 5.5 所示。

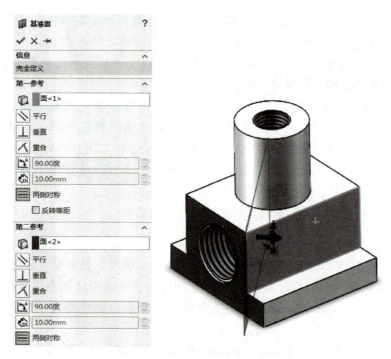

图 5.5　穿过两平面的角平分线创建基准平面

（3）距离：可约束平面，使其与选中基准平面偏移一定的距离，如图 5.6 所示。

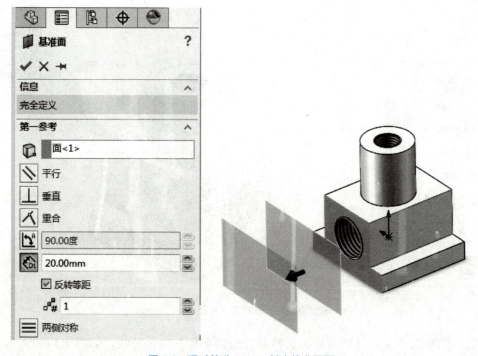

图 5.6　通过偏移 20mm 创建基准平面

（4）点和平面：可约束平面，使其穿过点并与选定基准平面平行，如图 5.7 所示。

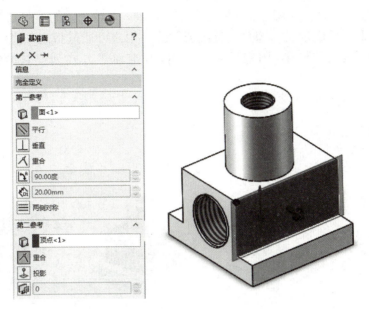

图 5.7　通过点和平面创建基准平面

（5）相切：可约束平面，使其与边或者曲面相切，如图 5.8 所示。

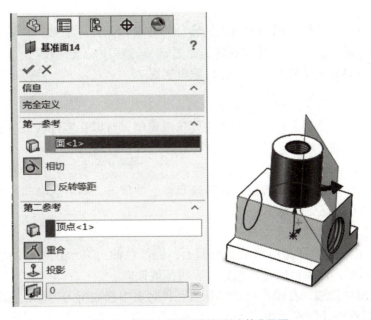

图 5.8　通过与圆柱面相切创建基准平面

2. 创建基准轴

与基准平面相同，基准轴也可以用来创建特征，尤其适合生成基准平面、创建径向阵列。创建圆柱特征时，可在特征内创建一个特征轴。与特征轴的不同之处在于，基准轴是单独的特征，可重定义、隐含、遮蔽或删除。用户可通过指定一直线/边线/轴、两平面、两点/顶点、圆柱/圆锥面、点和面/基准面等方式创建基准轴，如图 5.9 所示。

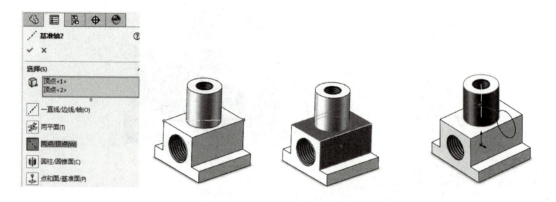

　(a) 创建基准轴界面　　(b) 指定两点创建基准轴　　(c) 指定两平面创建基准轴　　(d) 指定圆柱/圆锥面创建基准轴

图 5.9　创建基准轴

5.1.7　特征编辑

选取单个特征和几何，可指定编辑的特征、几何和元件。例如，在将孔特征添加到零件之前，需选取放置参照和位置参照，这是建模过程中的常用技巧。在开发过程中，需要不断修改模型，可以通过对特征进行编辑实现。

1. 选取特征、几何和元件

在编辑模型或在模型上创建新特征前要选取模型，可以在零件模型中选取特征、几何和元件，或在组件中选取元件。选取分为直接选取和查询选取。

（1）直接选取。

直接选取是指将光标置于特征、几何或元件上并单击，即可选取。可以使用 Ctrl 键选取/取消选取多个特征或元件。

直接选取有如下两种方式。

① 在模型上选取。将光标移动至模型上，橘红色的边表示预选取的项目，在模型中单击某个项目后，该项目以蓝色加亮，表明已被选取。

② 在模型树中选取。在模型树的特征或元件列表中选取所需特征，在图形窗口中加亮显示选取的特征、几何或元件。

（2）查询选取。

查询选取可以选取隐藏的特征、几何或元件。查询选取有如下两种方式。

① 采用查询模型的方式选取。直接在图形窗口中选取模型时，蓝色的边表示预选取的项目，单击即可选取。

② 使用查询列表选取。查询列表针对光标位置列出所有可能查询的项目。

2. 隐藏与显示

隐藏功能是在图形窗口中暂时移除 / 显示非实体特征或元件。隐藏项目后，选取更加容易，显示效果更加清晰。完成任务后，可取消隐藏。

选取需隐藏的项目并右击，在弹出的快捷菜单中单击 ◉ 图标进行隐藏或显示。

5.2　SolidWorks 零件实体建模

使用 SolidWorks 软件进行零件实体建模的一般步骤是先创建基础特征，再在基础特征上创建放置特征，如倒角、孔、筋、壳等。基础特征是三维实体模型的基础，创建基础特征一般从绘制二维草图开始，经过拉伸、扫描、旋转、拉伸切除、扫描切除、旋转切除等操作形成基础特征。

5.2.1　草图绘制

1. 草图绘制界面

在标题栏选中"草图"单选项，单击"草图绘制"按钮，进入草图绘制界面。

草图绘制

2. 草图绘制及编辑

草图绘制界面的左上角是草图绘制工具栏，如图 5.10 所示，单击其中的按钮可以实现截面绘制、尺寸标注与修改、约束条件定义等。

图 5.10　草图绘制工具栏

图 5.10 中的下拉三角按钮是功能延伸按钮，单击后显示生成几何特征的多种方式。草图绘制工具见表 5-2。

表 5-2 草图绘制工具

图　标	功　用	图　标	功　用
直线 中心线(N) 中点线	绘制直线、中心线、中点线	样条曲线(S) 样式曲线(S) 方程式驱动的曲线	绘制曲线
边角矩形 中心矩形 3点边角矩形 3点中心矩形 平行四边形	通过定义矩形对角点的位置，绘制矩形	等距实体	以原有线条或物体边界为基准，按照偏移量创建线条实体
圆(R) 周边圆	绘制圆、同心圆、外接圆及内切圆	剪裁实体(T) 延伸实体	修剪选定的曲线、延伸曲线至邻近曲线
圆心/起/终点 切线弧 3点圆弧(T)	绘制圆弧、同心圆弧、切线弧及圆锥曲线	镜向实体 线性草图阵列	镜像实体、复制像素
椭圆(L) 部分椭圆(P) 抛物线 圆锥	绘制椭圆、部分椭圆、抛物线、圆锥	智能尺寸 水平尺寸 竖直尺寸 尺寸链 水平尺寸链 竖直尺寸链 路径长度尺寸	手动标注尺寸
绘制圆角 绘制倒角	绘制圆角、倒角	显示/删除几何关系 添加几何关系	定义或修改截面中各线段的约束条件

注：SolidWorks中的"镜向"实为"镜像"。

（1）**直线**。

① 单击 – 单击方式。移动光标到直线的起点并单击（按下后松开），然后移动光标到直线的终点，在绘图工作区显示将要绘制的直线预览，再次单击，绘制完成直线。

② 单击 – 拖动方式。移动光标到直线的起点并单击（按下不松开），然后移动光标到直线的终点，在绘图工作区显示将要绘制的直线预览，松开鼠标左键，绘制完成直线。

③用直线绘制与直线相连的圆弧。在直线的终点单击（按下不松开）并移动光标远离直线的终点，然后移动光标返回直线的终点，并再次移动光标远离直线的终点，在绘图工作区显示将要绘制的圆弧预览，松开鼠标左键，绘制完成圆弧。

（2）圆。

①圆心–半径方式。单击工具栏中的"圆"→"圆心–半径"按钮，光标变成"笔"状，光标至圆心位置，单击并移动光标，在绘图工作区显示将要绘制的圆预览，光标旁提示圆的半径，将光标移动至适当位置后再次单击，绘制完成圆。

②三点方式。单击工具栏中的"圆"→"三点"按钮，光标变成"笔"状，移动移动光标至第一点位置并单击，移动光标，在绘图工作区显示将要绘制的圆预览，分别将光标移动至适当位置并单击，设置完成第二点和第三点，绘制完成圆。

（3）矩形。

①边角矩形。单击工具栏中的"边角矩形"按钮，移动光标至矩形边角位置并单击，移动光标，在绘图工作区显示矩形的长度值和宽度值，移动光标至矩形的另一个边角会显示将要绘制的矩形预览，在光标旁适当位置再次单击，绘制完成矩形。

②中心矩形。单击工具栏中的"中心矩形"按钮，移动光标至矩形中心位置并单击，移动光标，在绘图工作区显示矩形的长度值和宽度值，移动光标至矩形另一个边角会显示将要绘制的矩形预览，在光标旁适当位置再次单击，绘制完成矩形。

③3点边角矩形。单击工具栏中的"3点边角矩形"按钮，移动光标至矩形角点位置并单击，移动光标至第二角点位置，在绘图工作区显示虚直线，将光标沿虚直线的垂直方向移动，在绘图工作区用虚线显示矩形预览，在第三角点位置单击，绘制完成矩形。

④3点中心矩形。单击工具栏中的"3点中心矩形"按钮，移动光标至矩形中心位置并单击，移动光标，在绘图工作区显示虚直线，将光标沿虚直线的垂直方向移动，在绘图工作区用虚线显示矩形预览，移动光标至矩形角点并单击，绘制完成矩形。

⑤平行四边形。单击工具栏中的"平行四边形"按钮，指定平行四边形的三点，绘制平行四边形。

（4）圆角和倒角。圆角和倒角主要用于为线段之间添加圆角和倒角。单击"草图"工具栏中的"绘制圆角"或"绘制倒角"按钮，或执行"工具"→"草图工具"→"圆角"（或"倒角"）命令，弹出"圆角属性管理器"或"倒角属性管理器"，通过设置圆角半径（或倒角方式和倒角距离）编辑草图特征。

（5）剪裁实体。剪裁实体是指将草图中的多余草图实体剪掉。单击"草图"工具栏中的"剪裁实体"按钮，弹出"剪裁属性管理器"，包括"强劲剪裁""边角""在内剪除""在外剪除""剪裁到最近端"五个选项。

①强劲剪裁。在绘图工作区，按住鼠标左键并移动光标，通过要删除的线段，光标通过的部分被剪裁，如图5.11所示。当"强劲剪裁"工具激活时，在绘图工作区单击选取实体并移动光标，可延伸或缩短实体。延伸线段如图5.12所示。

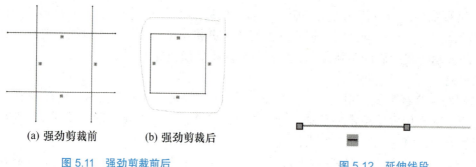

(a) 强劲剪裁前　　(b) 强劲剪裁后

图 5.11　强劲剪裁前后

图 5.12　延伸线段

剪裁实体和延伸实体

②边角。选择要保留的边角线段,系统自动将多余线段剪掉。

③在内剪除。选择两个边界实体或一个面,然后选择要剪裁的实体,可移除边界内的实体部分。

④在外剪除。选择两个边界实体或一个面,然后选择要剪裁的实体,可移除边界外的实体部分。

⑤剪裁到最近端。选择实体剪裁到最近端交叉实体或拖动到实体。

(6) **延伸实体**。

延伸实体是指将草图实体(直线、中心线或圆弧等)延长到指定元素,如图 5.13 所示。

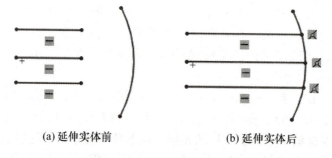

(a) 延伸实体前　　(b) 延伸实体后

图 5.13　延伸实体

(7) **镜像实体**。

镜像实体用来将草图的一侧按对称性复制到另一侧,镜像直线的端点、圆弧的圆心之间具有对应关系,如图 5.14 所示。如果更改被镜像的实体,则其镜像图像自动更新。

(8) **等距实体**。

等距实体是指按特定距离等距样条曲线或圆弧、模型边线组、环等的草图实体。在"等距实体"对话框中设置各参数,绘制等距实体图形,如图 5.15 所示。

(9) **转换实体引用**。

转换实体引用是指将三维实体的端面投影到基准平面,在基准平面上形成端面几何图形。这是一种方便、快捷的草图绘制方法,创建三维实体模型时经常用到。选择草图绘制基准平面,单击要转换的实体端面,再单击工具栏中的"转换实体引用"按钮,将实体端面投影到基准平面,形成草图,如图 5.16 所示。

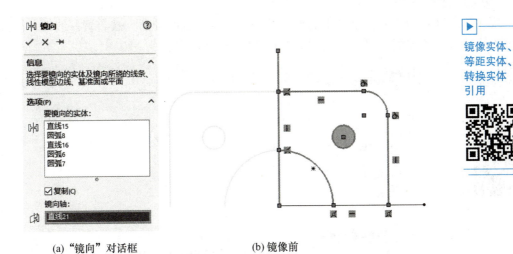

(a)"镜向"对话框　　　(b) 镜像前

图 5.14　镜像实体

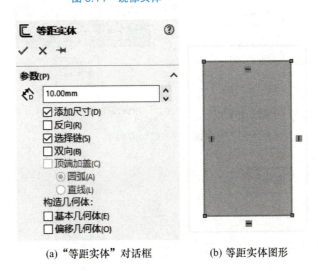

(a)"等距实体"对话框　　(b) 等距实体图形

图 5.15　等距实体

图 5.16　转换实体引用

165

（10）线性草图阵列。

线性草图阵列用于复制草图中的局部结构，并按一定的排列方式布置。线性草图阵列分为线性阵列和圆周阵列，分别如图 5.17 和图 5.18 所示。

草图阵列

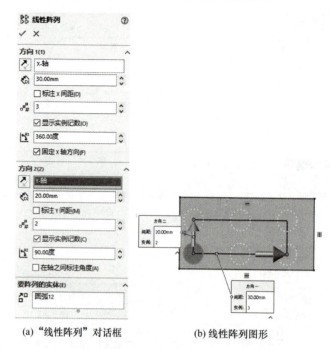

(a)"线性阵列"对话框　　(b) 线性阵列图形

图 5.17　线性阵列

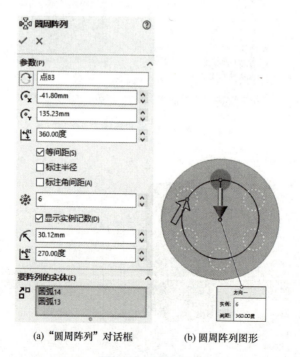

(a)"圆周阵列"对话框　　(b) 圆周阵列图形

图 5.18　圆周阵列

3. 草绘约束

单击"约束条件"按钮,定义和修改几何特征之间的关系,可以精准定位、定形,便于绘图。

单击"添加几何关系"按钮,选中约束对象,弹出图 5.19 所示的"添加几何关系"面板(选中的约束对象不同,"添加几何约束"面板中的选项不同),可以添加或查询约束条件。

图 5.19 "添加几何关系"面板

草绘约束

表 5-3 列出了常用几何约束及其功能。

表 5-3 常用几何约束及其功能

按 钮	名 称	功 能
竖直(V)	竖直约束	使直线维持竖直或两点在同一竖直线上
水平(H)	水平约束	使直线维持水平或两点在同一水平线上
垂直(U)	垂直约束	使两条直线相互垂直
相切(A)	相切约束	使两图素相切
中点	中点约束	定义直线的中点
合并(G)	合并约束	使两图素共线、两点重合或点在直线上
对称	对称约束	使两图素对称
相等(Q)	相等约束	使半径相等、使直径相等或使长度相等
平行(E)	平行约束	使两图素平行

【例 5-1】 草图绘制实例如图 5.20 所示,创建相应的几何特征。

图 5.20 草绘绘制实例

（1）执行"文件"→"新建"命令或单击"新建"按钮，在弹出的"新建"对话框中选中"零件"单选项，单击"确定"按钮，进入模型模式。

（2）单击"拉伸凸台"按钮，弹出图 5.21 所示的"拉伸"面板，在草图绘制工作界面选取 TOP 为基准平面，进入图 5.22 所示的草图绘制模式。

图 5.21 "拉伸"面板

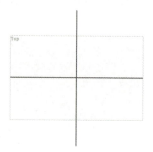

图 5.22 草图绘制模式

（3）单击"中心线"按钮，绘制两条中心线。

（4）单击"矩形"按钮，绘制一个矩形，如图 5.23 所示。

（5）单击"智能尺寸"按钮，输入尺寸值，系统自动将图形缩放至修改后的尺寸，如图 5.24 所示。

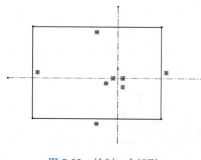

图 5.23 绘制一个矩形

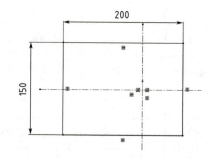

图 5.24 修改后的矩形

（6）单击"圆形"按钮，绘制图 5.25 所示的圆形，单击"添加几何关系"按钮，约束两半径相等，如图 5.26 所示。

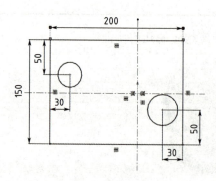

图 5.25 绘制圆形

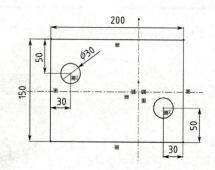

图 5.26 修改后的圆形

（7）单击"圆角"按钮 圆角，绘制图 5.27 所示的圆角并修改尺寸，如图 5.28 所示。

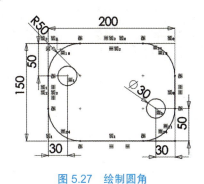

图 5.27 绘制圆角　　　　　　　　　　图 5.28 修改圆角尺寸后的图形

（8）单击"添加几何关系"按钮 ，对图形进行对称约束，如图 5.29 所示，单击"确定"按钮。

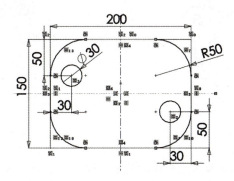

图 5.29 对称约束后的图形

（9）在图 5.21 所示的"拉伸"面板中的"深度"编辑框中输入 30，单击"确定"按钮，结果如图 5.20 所示。

5.2.2 实体建模

实体建模包括拉伸特征、旋转特征、扫描特征、拉伸切除特征、扫描切除特征、旋转切除特征等，创建的特征与截面曲线或引导线具有相关性，当截面曲线或引导线发生变化时，创建的特征自动更新。

1. 拉伸特征

拉伸特征是指将实体表面、实体边缘、曲线、链接曲线或者片体通过拉伸生成实体或片体。

创建拉伸体：单击"基础特征"工具栏中的 按钮，弹出"拉伸"面板，如图 5.30 所示。

实体拉伸

图 5.30 "拉伸"面板

【例 5-2】 绘制图 5.31 所示的安全阀垫片。

图 5.31 安全阀垫片

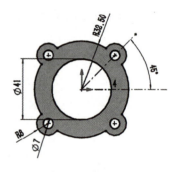

图 5.32 绘制草图

（1）单击"拉伸"按钮，弹出"拉伸"面板，在草图绘制工作界面选取 TOP 为绘图基准平面，系统自动转至草图绘制模式，按照图 5.32 所示尺寸绘制草图。

（2）绘制草图后，单击 按钮，在"拉伸距离"文本框中输入 2，单击 按钮，结果如图 5.31 所示。

2. 旋转特征

旋转特征属于旋转扫描，旋转操作与拉伸类似，不同之处在于，旋转可使截面曲线绕指定轴旋转一个非零角度，创建特征。用户可以从一个基本横截面开始，生成旋转特征或部分旋转特征。

单击"特征"工具栏中的 旋转按钮，弹出"旋转"面板，如图 5.33 所示。

旋转实体

图 5.33 "旋转"面板

【例 5-3】 绘制图 5.34 所示的螺母。

(1) 单击 按钮，弹出"旋转"面板，在草图绘制工作界面选取 FRONT 为绘图基准平面，系统自动转至草图绘制模式，按照图 5.35 所示尺寸绘制草图。

图 5.34　螺母

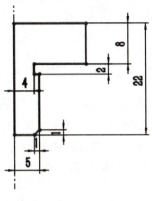

图 5.35　绘制草图

(2) 选择中心线为旋转轴。
(3) 绘制草图后，单击 按钮，在"旋转角度"文本框中输入 360，单击 按钮，结果如图 5.34 所示。

3. 扫描特征

扫描特征是指通过草图绘制或选取轨迹，扫描沿该轨迹的截面创建实体。单击"特征"工具栏中的 扫描 按钮，弹出"扫描"面板，如图 5.36 所示。

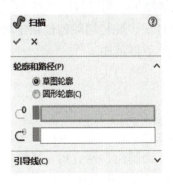

图 5.36　"扫描"面板

扫描特征

【例 5-4】 绘制图 5.37 所示的回形针。

(1) 单击"基准"选项板中的 按钮，弹出草图绘制工作界面，选取 FRONT 为绘图基准平面，按照图 5.38 所示尺寸绘制草图。

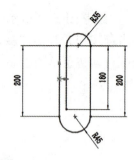

图 5.37 回形针　　　　　　　　　图 5.38 绘制草图

（2）单击"特征"工具栏中的 扫描 按钮，弹出图 5.36 所示的"扫描"面板。

（3）选择图 5.38 所示的曲线为轨迹线，创建与 TOP 平行的基准平面，并在基准平面上绘制直径为 10mm 的圆形截面，如图 5.39 所示。

（4）在"扫描"面板中设置"轮廓和路径"，设置效果如图 5.40 所示，单击 ✓ 按钮，结果如图 5.37 所示。

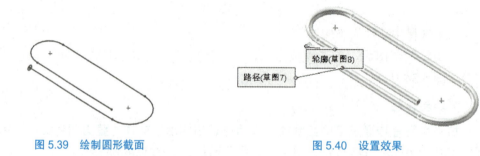

图 5.39 绘制圆形截面　　　　　　　　图 5.40 设置效果

4. 拉伸切除特征、扫描切除特征、旋转切除特征

拉伸切除特征、扫描切除特征、旋转切除特征用于切除现有特征，与 NX 软件中的布尔运算求差的功能一致，此处不再赘述。

5.2.3　直接特征

在 SolidWorks 软件中创建几何特征有很多方法，可以使用传统方式，即从二维草图绘制开始进行实体拉伸、标注尺寸和放置；也可以使用直接特征，将预定义的形状放置在设计模型上，快速添加孔、倒圆角、倒直角、拔模等，跳过二维草图绘制阶段，直接在设计模型上放置特征并标注尺寸，简化了流程。

1. 孔特征

孔特征

孔特征是指在实体模型中去除部分实体（如长方体、圆柱体、圆锥体等），通常在创建螺纹底孔、螺纹过孔、沉头孔时使用。SolidWorks 软件提供两种孔特征——简单直孔和异型孔。

（1）简单直孔：在确定的平面上设置孔的直径和深度。孔深度的"终止条件"类型与拉伸切除的"终止条件"类型基本相同。

（2）**异型孔**：主要包括柱形沉头孔、锥形沉头孔、孔、直螺纹孔、锥形螺纹孔、旧制孔、柱孔槽口、锥孔槽口和槽口。异型孔的类型和位置都是在"孔规格"面板（图 5.41）中设置的。

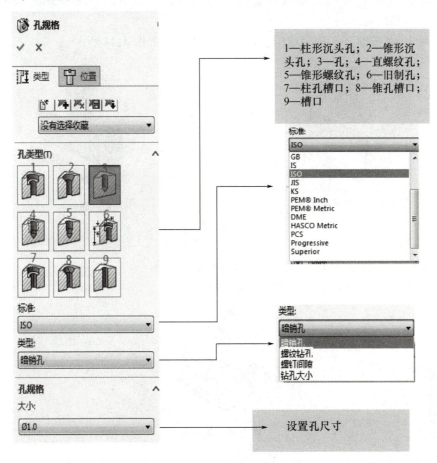

图 5.41 "孔规格"面板

【例 5-5】 创建图 5.42 所示的方块螺母，并按图打 M10×1-6H 的螺纹孔。

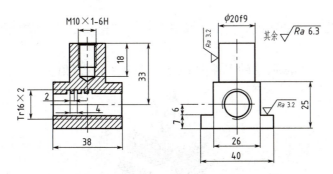

图 5.42 方块螺母

（1）参照例 5-2 的方法，应用拉伸建模法，按图 5.42 所示尺寸创建方块螺母。

（2）单击"工程"工具栏中的 命令，弹出"孔规格"面板，如图 5.41 所示。

（3）创建孔，单击"直螺纹孔"图标 ，在"标准"下拉列表框中选择"ISO"选项，螺纹规格选择 M10×1，输入深度 18，选择图 5.43 所示的圆柱上顶面为孔放置面，圆柱的圆心为螺纹孔的圆心。

（4）单击 按钮，创建完成螺纹孔。阀门主零件如图 5.44 所示。

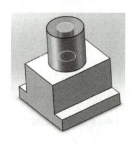

图 5.43　选择孔放置面

图 5.44　阀门主零件

2. 倒圆角

倒圆角用于使零件造型更美观或增大零件强度。

【例 5-6】　为图 5.45 所示的零件倒 R3 圆角。

倒圆角和倒直角

图 5.45　倒圆角

单击"特征"工具栏中的 按钮，弹出"倒圆角"面板，在"圆角半径"文本框中输入 3，选择需进行倒圆角的边。

3. 倒直角

倒直角用于在零件的边线或角落上切削材料，在相应位置生成一个斜面，以达到设计要求。

【例 5-7】　为图 5.46 所示的零件倒 C2.5 直角和 C1.6 直角。

图 5.46　倒直角

（1）单击"特征"工具栏中的 倒角 按钮，弹出"倒直角"面板，在"D值"文本框中输入 2.5，选择小圆柱体上的边界，单击"确定"按钮。

（2）选择需倒角的边，在"D值"文本框中输入 1.6，选择两条边，单击"确定"按钮，结果如图 5.46 所示。

4. 壳

壳又称抽壳，是指在模型上选择一个或多个移除面，并设置抽壳厚度，系统从选取的移除面开始，掏空所有与选取表面有结合的特征材料，只留下指定壁厚的壳体。

壳和筋

【例 5-8】 为图 5.47（a）所示的安全阀门零件抽壳，厚度为 3mm。

单击"特征"工具栏中的 抽壳 按钮，弹出"壳"面板，在"厚度"文本框中输入 3，单击"确定"按钮，抽壳结果如图 5.47（b）所示，壁厚均为 3mm。

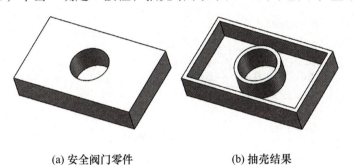

(a) 安全阀门零件　　　　　　(b) 抽壳结果

图 5.47　抽壳

5. 筋

筋又称加强筋，是指连接到实体曲面的薄伸出特征，对提升薄壳零件的强度十分重要。

【例 5-9】 为图 5.48（a）所示的零件创建筋，筋厚度为 6mm。

（1）通过圆心绘制筋基准平面。

（2）单击工具栏中的 筋 按钮，弹出"筋"面板。

（3）选择筋的对称平面为绘图基准平面，绘制图 5.48(b) 所示的筋曲线，在"厚度"文本框中输入 6，单击"确定"按钮，筋结果如图 5.48（c）所示，筋厚为 6mm。

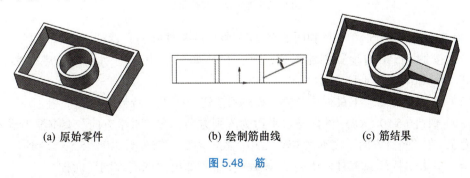

(a) 原始零件　　　　(b) 绘制筋曲线　　　　(c) 筋结果

图 5.48　筋

绘制筋时，零件必须形成封闭的界面，在未封闭处系统自动寻找并封闭图形，同时需注意轮廓矢量方向。

5.2.4 复制特征

复制特征

复制特征主要针对单个特征、局部组或多个特征，复制后产生相同的特征。复制产生的特征与原特征的外形和尺寸可以相同，也可以不同。

1. 阵列特征

当三维建模需要创建多个相同结构的特征时，这些特征在模型特定位置上规则地排列，特别适合用阵列方法创建。

单击"特征"工具栏中的 线性阵列 按钮或 圆周阵列 按钮，弹出"线性阵列"面板 [图 5.49（a）] 或"圆周阵列"面板 [图 5.49（b）]。

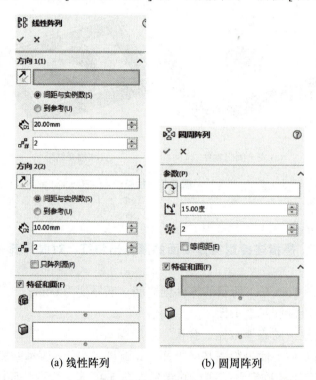

(a) 线性阵列　　　　(b) 圆周阵列

图 5.49　阵列特征属性面板

【例 5-10】为图 5.50（a）和图 5.50（d）所示的零件阵列孔特征。

（1）按例 5-5 中的步骤创建沉孔，沉孔尺寸如图 5.50（b）所示，创建沉孔结果如图 5.50（a）和图 5.50（d）所示。

（2）单击"特征"工具栏中的 线性阵列 按钮，弹出"线性阵列"面板。

（3）选择图 5.50（a）中的两条水平边为阵列方向，在"水平方向"文本框中输入 30，数量为 3，在"竖直方向"文本框中输入 30，数量为 2，阵列结果如图 5.50（c）所示。

（4）单击"特征"工具栏中的 圆周阵列 按钮，弹出"圆周阵列"面板。

（5）创建基准轴，如图 5.50（d）所示，轴的轴心为圆柱的中心，选择轴心，输入角度 60，数量为 6，阵列结果如图 5.50（e）所示。

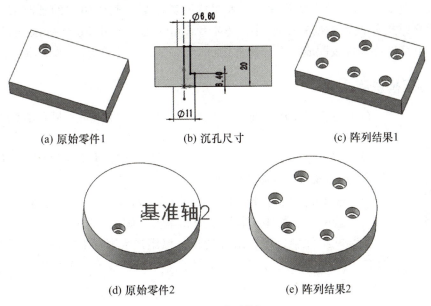

图 5.50　阵列特征

2. 镜像复制

镜像复制类似于一面镜子，将尺寸相同的特征或零件沿对称面进行复制。

【例 5-11】镜像复制图 5.51 所示的沉孔特征。

（1）单击"特征"工具栏中的 镜向 按钮，弹出"镜向"对话框。

（2）选择图 5.51（a）所示零件的上视基准面为镜像平面，如图 5.51（b）所示，镜像结果如图 5.51（c）所示。

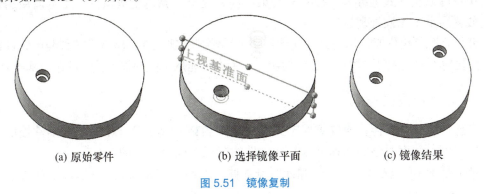

图 5.51　镜像复制

5.3　SolidWorks 装配

SolidWorks 有一个专门的装配体模块，它通过关联条件在部件间建立约束关系，从而确定部件在产品中的位置，形成产品的整体机构。在 SolidWorks 装配过程中，部件的几何体是被装配引用的，而不是复制到装配中的。因此，无论在何处编辑部件和如何编辑部件，其装配部件都保持关联性。如果修改某部件，则引用它的装配部件自动更新。下面介绍组件设计模块的基本设计功能和设计方法，利用 SolidWorks 的强大装配功能将多个部件或零件装配成一个完整的组件。

5.3.1 装配模块简介

在学习装配操作之前，学习进入 SolidWorks 装配模式的方法及熟悉组件设计界面。

设计完成零件后，可以在组件设计模式下将其装配起来，组件文件的扩展名为 .sldasm。下面介绍创建组件文件的步骤。

（1）在工具栏中单击"创建新对象"按钮 ，打开"新建"对话框。
（2）选中"装配体"单选按钮，单击"确定"按钮。

在装配组件中，顶级组件的下一级组成对象（如零件、子组件等）统称元件。元件的装配方式是一个接着一个的，装配一个元件后，继续装配下一个元件。

5.3.2 约束装配

约束装配是基本装配方式，组件约束和草绘器使用的约束相似，只有具有足够的约束才能在三维环境下相对一个零件放置另一个零件。用户必须在两个方向建立参照，定义一个曲面或边的关系（配对或重合，必要时可有偏移）并输入参照值。当组件的零件上有足够约束时，认为零件被完全约束。零件在未完全约束时可添加进组件，在这种情况下，认为零件被封装。

用户可以交互式地导入、放置和约束零件，逐个对象地生成组件；也可以使用自动确定放置约束来加快处理过程。

开始装配新组件时，用户必须先确定哪个零件为基础元件，所有后续装配的元件都直接或间接地参照此元件。因此，通常使用一个不太可能从组件中移除的元件作为基础元件。

5.3.3 元件放置操控板

完全约束一个元件，通常需要定义 1～3 个约束。SolidWorks 为装配零件提供了许多放置约束。约束类型的选择操作是在元件放置操控板上进行的。

单击 按钮，弹出"插入零部件"对话框，选择要装配的元件（零件文件或组件文件），单击"浏览"按钮，在模型窗口中出现选取的文件，单击"确定"按钮，在窗口的合适位置放置零件。

第 1 个约束的类型选项通常在图 5.52 所示的约束列表框中选择。要新建一个约束，可以单击 选项。

图 5.52　约束列表框

SolidWorks 的常见约束类型见表 5-4。

表 5-4　SolidWorks 的常见约束类型

约束类型	说　　明
重合	面对面放置两个曲面或基准平面，配对类型可为重合或偏移
平行	面与面平行、线与面平行
垂直	将一个旋转曲面插入另一个旋转曲面，使两轴同轴
相切	控制两个曲面在切点的接触
同轴心	控制两个圆柱轴心重合
距离	控制两个对象之间的距离
角度	控制两个对象面与面或线与面之间的角度
对称	需要三个对象，两个对象关于一个对象（面）对称
宽度	两个面与另两个面之间的相对距离保持一致
路径配合	某个对象在某个路径上移动
距离范围	零件在某个范围内移动
角度范围	零件在某个角度范围内转动

【例 5-12】安全阀装配范例。

范例目的：通过装配设计形成安全阀造型，使读者在实践中学习约束装配的方法及操作技巧。

1. 新建组件文件

（1）在工具栏中单击"创建新对象"按钮，或在菜单栏中选择"文件"→"新建"命令，弹出"新建"对话框。

（2）在"类型"下拉列表框中选择 assembly 选项，弹出装配设计模式界面。

2. 放置基础元件

创建组件的第一步是插入零部件，并自动将零件坐标系对齐组件的坐标系。

（1）在左侧的模型树中单击"浏览"选项。从随书文件中找到"阀体 .sldprt"文件，并双击打开。

（2）默认约束放置，如图 5.53 所示。

图 5.53　默认约束放置

3. 将元件装配到基础元件

基础元件就位后，可向组件添加其他零件。当从零件和装配的零件各选取一个参照时，系统自动为这对指定的参照选取一个合适的约束类型，还要考虑零件的定向方式。

（1）装配阀门。

① 在工具栏中单击 按钮，或者在菜单栏中选择"插入"→"零部件"命令，弹出"打开"对话框。从随书文件中找到"阀门 .sldprt"文件，并双击打开。

② 单击选取图 5.54 中的阀门底面，按 Ctrl 键并单击选取择阀体内腔的上表面，在弹出的"浮动"对话框中单击"重合"按钮 。放置完成后，指示为部分约束。

③ 放大以选取图 5.55 所示阀门圆柱外表面和阀体中心内圆柱表面为参照，系统自动约束为同轴心，完全约束。

④ 单击"完成"按钮 ，并保存组件。

图 5.54　选取阀门底面

图 5.55　选取阀门同轴心参照

（2）装配弹簧。

① 在工具栏中单击 按钮，从随书文件中找到"弹簧.sldprt"文件，并双击打开。

② 单击选取图 5.56 所示的弹簧基准面，按 Ctrl 键并单击选取阀门内腔的上表面。在弹出的"浮动"对话框中单击"重合"按钮，自动约束。放置完成后，指示为部分约束。

③ 单击选取图 5.57 所示弹簧的基准轴，按 Ctrl 键并单击选取阀门内腔的基准轴。在弹出的"浮动"对话框中单击"重合"按钮，自动约束。放置完成后，指示为完全约束。

④ 单击"完成"按钮，并保存组件。

图 5.56　选取弹簧基准面

图 5.57　选取弹簧重合参照

（3）装配托盘。

① 在工具栏中单击 按钮，从随书文件中找到"托盘.sldprt"文件，并双击打开。

② 单击选取图 5.58 中的托盘底面，按 Ctrl 键并单击选取弹簧的上基准面，在弹出的"浮动"对话框中单击"重合"按钮，自动约束。放置完成后，指示为部分约束。

③ 单击选取图 5.59 中的托架中心轴和弹簧中心轴为零件参照，在弹出的"浮动"对话框中单击"重合"按钮，自动约束。

④ 单击"完成"按钮，并保存组件。

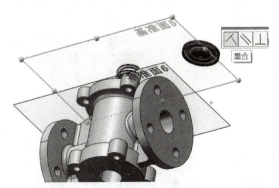

图 5.58　选取托盘底面

图 5.59　选取同轴心参照

（4）装配薄垫片。

① 在工具栏中单击 按钮，从随书文件中找到"薄垫片.sldprt"文件，并双击打开。

② 单击选取图5.60中的薄垫片底面，按 Ctrl 键并单击选取阀体的上表面，在弹出的"浮动"对话框中单击"重合"按钮，自动约束。放置完成后，指示为部分约束。

③ 单击选取图5.61中的垫片外圆柱面，按 Ctrl 键并单击选取阀体外圆柱面，在弹出的"浮动"对话框中单击"同轴心"按钮，自动约束。

④ 单击"完成"按钮，并保存组件。

图5.60　选取薄垫片底面　　　　　图5.61　选取同轴心参照

（5）装配螺杆。

① 在工具栏中单击 按钮，从随书文件中找到"螺杆.sldprt"文件，并双击打开。

② 单击选取图5.62所示的螺杆底面，按 Ctrl 键并单击选取托盘的下底面，在弹出的"浮动"对话框中单击"重合"按钮，自动约束，但方向相反，找到左侧模型树中的配合并单击，选择"编辑特征"选项，弹出图5.63所示的"重合"面板，选择"配合对齐"中两个箭头向下的方向。放置完成后，指示为部分约束。

③ 单击选取图5.64中的螺杆中心轴，按 Ctrl 键并单击选取阀体中心轴，在弹出的"浮动"对话框中单击"重合"按钮，自动约束。

④ 单击"完成"按钮，并保存组件。

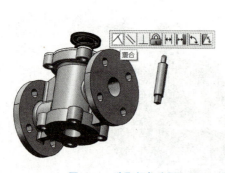  

图5.62　选取螺杆底面　　　图5.63　"重合"面板　　　图5.64　选取螺杆中心轴参照

(6)装配上盖。

① 在工具栏中单击 按钮,从随书文件中找到"上盖.sldprt"文件,并双击。

② 单击选取图 5.65 中的上盖底面,按 Ctrl 键并单击选取薄垫片的上表面,在弹出的"浮动"对话框中单击"重合"按钮,自动约束。

③ 单击选取图 5.66 中的上圆柱表面,按 Ctrl 键并单击选取阀体圆柱表面,在弹出的"浮动"对话框中单击"同轴心"按钮,自动约束。

④ 单击"完成"按钮,并保存组件。

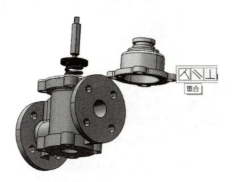

图 5.65 选取上盖底面

图 5.66 选取同轴心参照

(7)装配螺母 M10。

① 在工具栏中单击 按钮,从随书文件中找到"螺母.sldprt"文件,并双击打开。

② 单击选取图 5.67 中的螺母底面,按 Ctrl 键并单击选取上盖的上表面,在弹出的"浮动"对话框中单击"重合"按钮,自动约束。

③ 单击选取图 5.68 中的螺母中心轴,按 Ctrl 键并单击选取阀体中心轴,在弹出的"浮动"对话框中单击"重合"按钮,自动约束。

④ 单击"完成"按钮,并保存组件。

图 5.67 选取螺母底面

图 5.68 选取轴参照

(8)装配罩。

① 在工具栏中单击 按钮,从随书文件中找到"罩.sldprt"文件,并双击打开。

② 单击选取图 5.69 中的罩下底面，按 Ctrl 键并单击选取上盖的表面，在弹出的"浮动"对话框中单击"重合"按钮，自动约束。

③ 单击选取图 5.70 中的罩中心轴，按 Ctrl 键并单击选取阀体中心轴，在弹出的"浮动"对话框中单击"同轴心"按钮，自动约束。

④ 单击"完成"按钮，并保存组件。

图 5.69　选取罩下底面

图 5.70　选取轴参照

4. 完成装配

安全阀的装配效果如图 5.71 所示。

图 5.71　安全阀的装配效果

5.3.4　爆炸视图

装配爆炸视图相当于将装配好的组件拆散后形成的放置视图，用于更好地显示整个装配的组成情况；同时，可以通过创建和编辑视图，将组件按照装配关系偏离原来的位置，以便观察产品内部结构及组件的装配顺序。

1. 创建爆炸视图

要查看装配体内部的结构特征及其装配关系，可以创建爆炸视图。在组件模式下单击 按钮。图 5.72 所示为安全阀爆炸视图。

图 5.72　安全阀爆炸视图

2. 编辑爆炸视图

如果爆炸视图没有达到理想的爆炸效果，则还需编辑爆炸视图。单击左侧 FeatureManager 设计树中的"配置"图标，弹出"爆炸视图 1"对话框，右击"爆炸步骤"选项组中的"爆炸步骤 1"，在弹出的快捷菜单中执行"编辑爆炸步骤"命令，弹出"爆炸"属性管理器，将"爆炸步骤 1"的爆炸设置显示在"设定"选项组中，修改"设定"选项组中的距高参数，或者拖动视图中要爆炸的零部件，单击"完成"按钮，编辑完成爆炸视图，如图 5.73 所示。

图 5.73　编辑完成爆炸视图

3. 取消爆炸组件

要取消已爆炸的视图，执行 命令或在左侧 FeatureManager 设计树中右击"爆炸视图 1"选项，在弹出的列表中选择"解除爆炸"选项，即可将选中的组件恢复到爆炸前的位置。

5.4 SolidWorks 工程图

在产品实际加工过程中，一般需要用二维工程图辅助设计，SolidWorks 软件提供了专门的绘图模块来进行工程图设计，可以通过三维模型创建二维工程图。通过特征模块创建的实体可以快速引入工程制图模块，从而快速生成二维工程图。

5.4.1 工程图概述

在默认情况下，SolidWorks 软件为工程图、零件、装配体三维模型提供全相关的功能，全相关意味着无论何时修改零件或装配体的三维模型，所有相关的工程视图都自动更新，以反映零件或装配体的形状和尺寸变化；反之，当在一幅工程图中修改一个零件或装配体尺寸时，系统将自动更新相关的其他工程视图及三维零件或装配体中的相应尺寸。

安装 SolidWorks 软件时，可以设定工程图与三维模型的单向链接关系，当在工程图中修改尺寸时，三维模型不更新。如果要改变此选项，则需要重新安装软件。

此外，SolidWorks 软件提供多种图形文件输出格式，包括常用的 DWG、DXF 格式等。工程图包含一个或多个由零件或装配体生成的视图。在生成工程图之前，必须保存与其有关的零件或装配体的三维模型。

创建工程图前，用户需要完成三维模型设计。在三维模型的基础上，可以应用工程图模块创建二维工程图，一般操作步骤如下。

（1）单击快速访问工具栏中的"新建"按钮。
（2）在弹出的"新建 SolidWorks 文件"对话框中单击"工程图"图标。
（3）单击"确定"按钮，进入工程图编辑状态。

工程图窗口中包含 FeatureManager 设计树，它与零件和装配体窗口中的 FeatureManager 设计树相似，包括项目层次关系的清单。每张图纸都有一个图标，每张图纸下都有图纸格式和视图的图标。项目图标旁边的符号表示包含的相关项目，单击可展开所有项目并显示内容。SolidWorks 工程图的设计界面如图 5.74 所示。

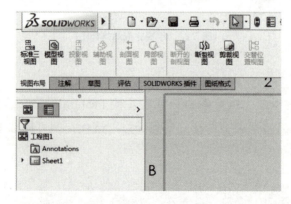

图 5.74　SolidWorks 工程图的设计界面

标准视图包含视图中显示的零件和装配体的特征清单。派生的视图（如局部视图、剖面视图）包含不同的特定视图项目（如局部视图图标、剖切线等）。

工程图窗口的顶部和左侧有标尺，可报告图纸中光标指针的位置。执行菜单栏中的"视图"→"标尺"命令，可以打开或关闭标尺。

如果要放大视图，则右击 FeatureManager 设计树中的视图名称，在弹出的快捷菜单中单击"放大所选范围"命令。

用户可以在 FeatureManager 设计树中重新排列工程图文件的顺序，在绘图区域拖动工程图到指定位置。

工程图文件的扩展名为 *.slddrw。保存工程图时，模型名称作为默认文件名出现在"另存为"对话框中，并带有扩展名 *.slddrw。

5.4.2 工程图图纸格式

SolidWorks 提供的图纸格式不符合任何标准，用户可以自定义工程图纸格式，以符合本单位的标准格式。

1. 定义图纸格式

定义工程图纸格式的操作步骤如下。

（1）右击工程图纸上的空白区域，或者右击 FeatureManager 设计树中的"图纸格式"图标。

（2）在弹出的快捷菜单中单击"编辑图纸格式"命令。

（3）双击标题栏中的文字，即可修改文字。同时，在"注释"属性管理器的"文字格式"选项组中修改对齐方式、文字旋转角度、字体等属性。

（4）如果要移动线条或文字，则单击该项目，再将其拖动到新的位置。

（5）如果要添加线条，则单击"草图"控制面板中的"直线"按钮，绘制线条。

（6）在 FeatureManager 设计树中右击图纸选项，在弹出的快捷菜单中单击"属性"命令。

（7）弹出"图纸属性"对话框，具体设置如下。

① 在"名称"文本框中输入图纸的标题。

② 在"比例"文本框中指定图纸上所有视图的默认比例。

③ 在"标准图纸大小"列表框中选择一种标准纸张（如 A4、B5 等）。如果单击"自定义图纸大小"单选按钮，则在下面的"宽度"和"高度"文本框中指定纸张的大小。

④ 单击"浏览"按钮，可以使用其他图纸格式。

⑤ 在"投影类型"选项组中单击"第一视角"或"第三视角"单选按钮。

⑥ 在"下一视图标号"文本框中指定下一个视图使用的英文字母代号。

⑦ 在"下一基准标号"文本框中指定下一个基准标号使用的英文字母代号。

⑧ 如果图纸上显示多个三维模型文件，则在"使用模型中此处显示的自定义属性值"下拉列表框中选择一个视图，工程图将使用该视图包含模型的自定义属性。

（8）单击"确定"按钮，关闭"图纸属性"对话框。

2. 保存图纸格式

保存图纸格式的操作步骤如下。

（1）单击菜单栏中的"文件"→"保存图纸格式"命令，弹出"保存图纸格式"对话框。

（2）如果要替换 SolidWorks 提供的标准图纸格式，则单击"标准图纸格式"单选按钮，然后在下拉列表框中选择一种图纸格式。单击"确定"按钮，图纸格式将保存在"＜安装目录＞\data"文件夹下。

（3）如果要使用新的图纸格式，则可以单击"自定义图纸大小"单选按钮，自行输入图纸的高度和宽度；或者单击"浏览"按钮，选择图纸格式保存的目录，然后输入图纸格式名称，单击"确定"按钮。

（4）单击"保存"按钮，关闭对话框。

5.4.3 创建基本工程视图

设定工程图基本参数、确定图幅和图纸后，应该在图纸上创建各种视图来表达三维模型。**用户可以根据零件形状创建基本视图、投影视图、剖视图、半剖视图、旋转剖视图、折叠剖视图、局部剖视图和断开视图。通常，一幅工程图中包含多种视图，通过这些视图的组合描述模型。**SolidWorks 的制图模块中提供了各种视图管理功能，如添加视图、移除视图、重合视图和编辑视图等，用户可以方便地管理工程图中的各类视图，并可修改各视图的缩放比例、角度和状态等参数。

添加一般视图和投影视图

1. 添加一般视图

在 SolidWorks 系统中，放置的第一个视图称为一般视图，以它作为投影视图或其他由其导出的父项视图。一般视图可以是等轴测视图、斜轴测视图或者定义的其他视角视图。

添加一般视图的步骤如下。

（1）单击 按钮，单击"浏览"按钮，打开"方块螺母.sldprt"零件。

（2）单击"确定"按钮，回到工程图文件，光标指针变为"口"形状，用光标拖动一个视图方框来表示模型视图的尺寸。

（3）在"模型视图"属性管理器的"方向"选项组中，选择视图的投影方向。

（4）在图纸合适位置单击，放置模型视图。

（5）如果要更改模型视图的投影方向，则双击"方向"选项中的视图方向。

（6）如果要更改模型视图的显示比例，则单击"使用自定义比例"单选按钮，输入显示比例。

（7）单击 按钮，添加完成一般视图，如图 5.75 所示。

2. 添加投影视图

添加一般视图后，系统自动加载到添加投影视图模式；或单击 按钮，拖动光标到合适位置，系统自动添加相应的投影视图，单击 按钮，添加完成投影视图，如图 5.76 所示。

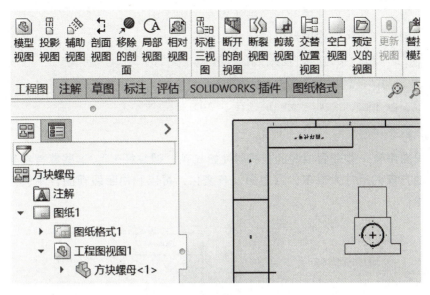

图 5.75 添加完成一般视图

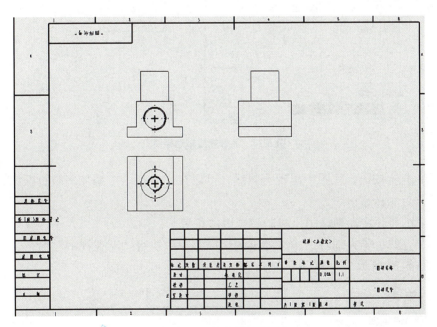

图 5.76 添加完成投影视图

3. 添加辅助视图

辅助视图类似于投影视图，它的投影方向垂直于所选视图的参考边线。

（1）单击 辅助视图 按钮。

（2）选择要生成辅助视图的工程视图中的一条直线作为参考边线，参考边线可以是零件的边线、侧影轮廓线、轴线或绘制的直线。

（3）在与参考边线垂直的方向出现一个方框，表示辅助视图的尺寸，

添加辅助视图和断裂视图

拖动这个方框到合适位置,辅助视图被放置在工程图中。

(4)在辅助视图属性管理器中设置相关选项。

① 在 文本框中指定与剖面线或剖面视图相关的字母。

② 如果勾选"反转方向"复选框,则反转切除的方向。

(5)单击 按钮,添加完成辅助视图,如图5.77所示。

4. 添加断裂视图

在工程图中有一些截面相同的长杆件(如长轴、螺纹杆等),这些零件在某个方向的尺寸比其他方向的尺寸大很多,且截面没有变化,可以利用断裂视图,用较大比例在工程图上显示。

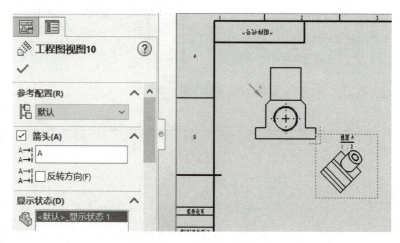

图5.77 添加完成辅助视图

(1)单击 按钮,视图中出现折断线,可以在一个视图中添加多组折断线,但所有折断线的方向都必须相同。

(2)将折断线拖动到希望生成断裂视图的位置。

(3)在视图边界内部右击,在弹出的快捷菜单中执行"断裂视图"命令,生成断裂视图,如图5.78所示。

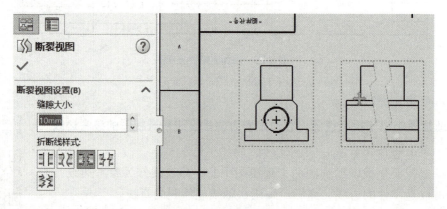

图5.78 生成断裂视图

5. 添加剖视图

剖视图是用来表达模型内部结构的一种常用视图。剖视图可以是全剖视图、半剖视图或者局部剖视图。下面以前面完成的绘图视图为例，介绍在主视图中创建剖视图的方法。

添加剖视图

（1）全剖视图。

① 单击 按钮，弹出图 5.79 所示的"剖面视图辅助"面板，单击"竖直切割线"图标。

② 在工程图上放置剖切线，单击 按钮，弹出"剖面视图"面板，并在垂直于剖切线的方向出现一个方框，表示剖切视图的尺寸。拖动这个方框到合适位置，剖切视图被放置在工程图中。

③ 在"剖面视图"面板中设置相关选项，如图 5.80 所示。

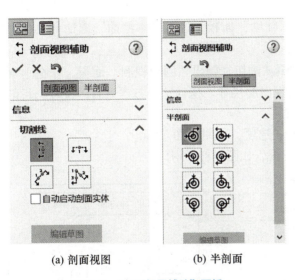

(a) 剖面视图　　(b) 半剖面

图 5.79 "剖面视图辅助"面板

图 5.80 "剖面视图"面板

A. 勾选"反转方向"复选框，反转切除的方向。

B. 在 A（名称）文本框中指定与剖面线或剖面视图相关的字母。

C. 如果剖面线没有完全穿过视图，则勾选"部分剖面"复选框，生成局部剖视图。

D. 如果勾选"只显示切面"复选框，则只有被剖面线切除的曲面出现在剖面视图上。

E. 如果单击"使用图纸比例"单选按钮，则剖面视图上的剖面线随着图纸比例的改变而改变。

F. 如果单击"使用自定义比例"单选按钮，则定义剖面视图在工程图纸中的显示比例。

④ 单击 按钮，添加完成全剖视图，如图 5.81 所示。

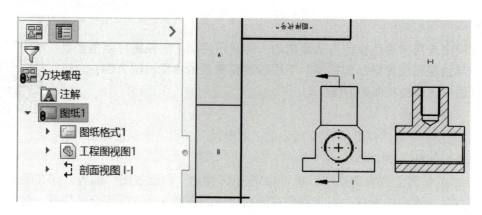

图 5.81 添加完成全剖视图

新的剖面是由原实体模型计算得来的，如果模型更改，则此视图将随之更新。

（2）半剖视图。

① 单击 按钮，弹出"剖面视图辅助"面板，选择"半剖面"选项卡，在俯视图中单击"右侧向上"图标。

② 在工程图上放置剖切线，单击 按钮，弹出"剖面视图"面板，并在垂直于剖切线的方向出现一个方框，表示剖切视图的尺寸。拖动这个方框到合适位置，将剖切视图放置在工程图中。

③ 在"剖面视图"面板中设置相关选项，如图 5.80 所示。

④ 单击 按钮，添加完成半剖视图，如图 5.82 所示。

半剖视图和局部剖视图

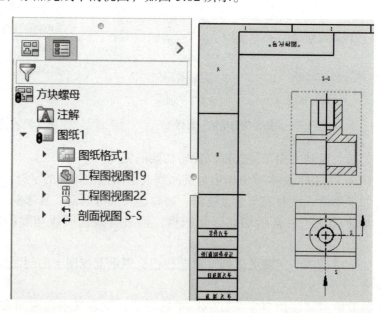

图 5.82 添加完成半剖视图

（3）局部剖视图。

① 单击 按钮，弹出样条曲线绘制图标，在合适的位置绘制封闭的样条曲线。

② 单击 ✓ 按钮，弹出"断开的剖视图"面板，如图 5.83（a）所示，单击"深度"选项，在工程图中选择方螺母圆柱中心点作为剖切位置。

③ 单击 ✓ 按钮，添加完成局部剖视图，如图 5.83（b）所示。

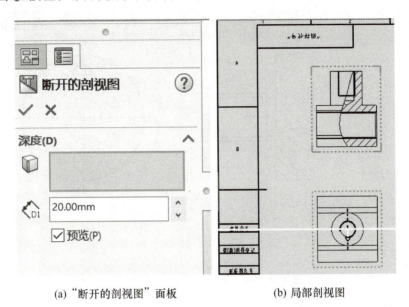

(a)"断开的剖视图"面板　　　(b) 局部剖视图

图 5.83　添加完成局部剖视图

5.4.4　工程图标注和符号

工程图中的各种视图清楚地表达出模型的信息后，需要为视图添加尺寸、使用符号、注释等。只有对工程图进行标注，才可完整地表达出零部件的尺寸、形位公差和表面粗糙度等重要信息，此时工程图可以作为生产加工的依据。进行工程图标注时，建议将图纸另存为"*.dwg"格式，在 AutoCAD 软件中完成。

工程图中的尺寸标注与模型关联，模型中的更改会反映到工程图中，在模型中更改尺寸会更新工程图；反之，在工程图中更改插入的尺寸也会更改模型。用户可以在工程图文件中添加尺寸，但是这些尺寸是参考尺寸，并且是从动尺寸，参考尺寸显示模型的测量值，但不驱动模型，也不能更改数值。当更改模型时，参考尺寸会自动更新。

在默认情况下，插入的尺寸显示为黑色，包括零件或装配体文件中显示为蓝色的尺寸（如拉伸深度）；参考尺寸显示为灰色，并带有括号。

1. 注释

（1）单击"注解"控制面板中的 **A** 按钮，或执行菜单栏中的"插入"→"注解"→"注释"命令，弹出"注释"面板。

（2）在"引线"选项组中选择引导注释的引线和箭头类型。

（3）在"文字格式"选项组中设置注释文字的格式。

（4）移动光标到注释位置，在图形区域添加注释文字。

（5）单击 ✓ 按钮，添加完成注释，如图5.84所示。

注释和工程图标注

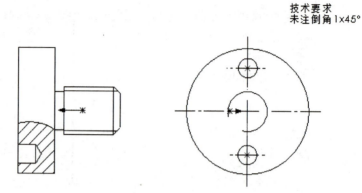

图5.84　添加完成注释

2. 工程图标注

（1）单击"注解"控制面板中的 按钮，弹出"尺寸"面板。

（2）在工程图的相应位置添加尺寸。

（3）如需修改尺寸注释，则单击该尺寸，在左侧模型树中的"标注尺寸文字"框内进行修改或添加。

（4）在相应位置编辑注释尺寸。

（5）单击 ✓ 按钮，完成尺寸标注，如图5.85所示。

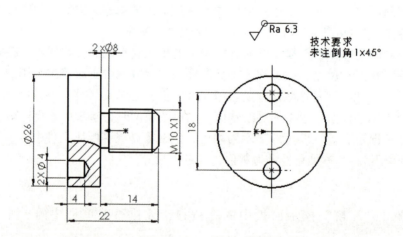

图5.85　完成尺寸标注

本章小结

1. 本章简要介绍了 SolidWorks 的主要功能、应用模块、工作环境和基本操作等。通过本章的学习，读者可以了解 SolidWorks 的概况，掌握基础建模和参数设置的方法。

2. 本章介绍了 SolidWorks 的草图绘制功能、基本实体建模的方法、特征操作和特征编辑。可以利用草图绘制功能绘制直线、圆弧和矩形等；基本实体建模是 SolidWorks 的基本方法，是以后深入学习实体建模的基础；学习特征编辑和特征操作，可以快速掌握实体建模的一般方法。

3. 本章介绍了在 SolidWorks 中创建装配体模型的方法，利用实例介绍了在装配体中添加已存在的组件和在装配体中创建新组件的方法，说明了在装配体中添加组件关系的相关操作，并通过脚轮装配实例演示了创建装配体模型的过程。

4. 本章介绍了在 SolidWorks 中创建工程视图的一般方法，详细叙述了管理、操作和编辑工程图的方法，介绍了工程图标注。工程图和实体建模图具有相关性，创建三维实体模型后，自动生成工程图。

习 题

5.1 SolidWorks 有哪些模块？各自的功能是什么？

5.2 如何设置工作目录？如何打开和保存 SolidWorks 文件？

5.3 新建一个零件，练习创建基准平面和基准轴。

5.4 调出安全阀的各零件并另存为练习副本，练习特征选取、编辑和编辑定义。

5.5 已知零件的工程图如图 7.5 所示，建立图 5.86 所示的泵体零件模型。

5.6 已知零件的工程图如图 7.6 所示，建立图 5.87 所示的后泵盖零件模型。

图 5.86 泵体零件模型

图 5.87 后泵盖零件模型

5.7 已知零件的工程图如图 7.7 所示，建立图 5.88 所示的主动齿轮轴零件模型。

5.8 已知零件的工程图如图 7.8 所示，建立图 5.89 所示的从动齿轮轴零件模型。

图 5.88 主动齿轮轴零件模型

图 5.89 从动齿轮轴零件模型

5.9 已知零件的工程图如图 7.9 所示，建立图 5.90 所示的前泵盖零件模型。

5.10 已知零件的工程图如图 7.10 所示，建立图 5.91 所示的压盖零件模型。

图 5.90 前泵盖零件模型

图 5.91 压盖零件模型

5.11 装配习题 5.5 至习题 5.10 中建立的实体模型。

5.12 按照自顶向下的方法，创建 caster_wheel 装配体中的零件。

5.13 应用 SolidWorks 的草图绘制、实体建模和孔直接特征功能，按图 5.92 所示尺寸建立支架零件 1。

5.14 应用 SolidWorks 的编辑和重定义功能，将图 5.92 所示的尺寸改为图 5.93 所示的支架零件 2。

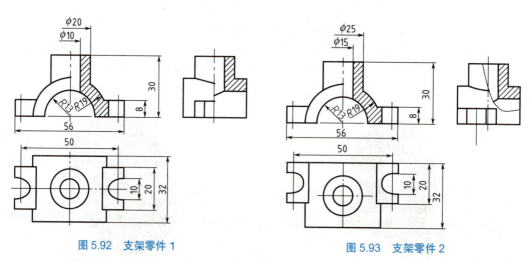

图 5.92 支架零件 1　　　　　　　　图 5.93 支架零件 2

5.15 应用 SolidWorks 的阵列、筋、拉伸等特征，建立图 5.94 所示支架零件模型。

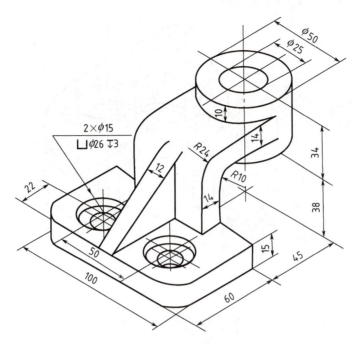

图 5.94 支架零件模型

5.16 按图 5.95 所示,应用阵列、拉伸剪切命令建立卡套零件模型。

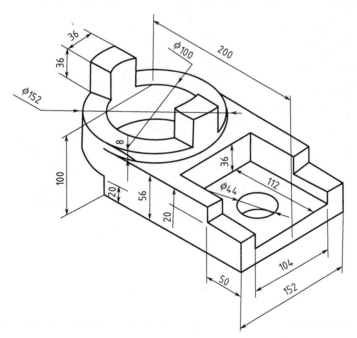

图 5.95 卡套零件模型

5.17 按图 5.96 所示,应用拉伸、阵列等命令建立底座零件 1 模型。

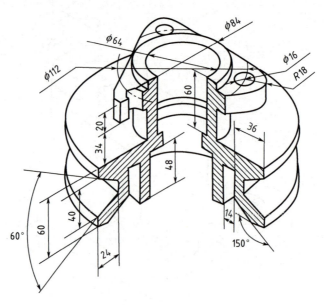

图 5.96 底座零件 1 模型

5.18 按图 5.97 所示，应用拉伸、旋转、阵列等命令建立底座零件 2 模型。

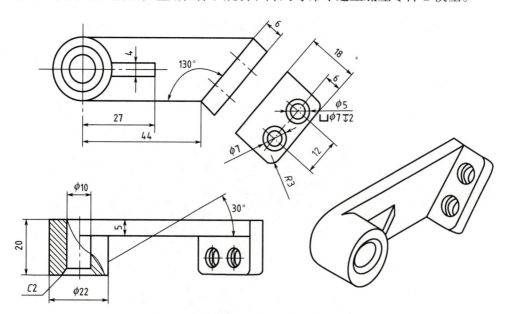

图 5.97 底座零件 2 模型

5.19 利用 SolidWorks 工程图，完成安全阀各零件三维图的二维工程图。

第 6 章 AutoCAD 二次开发

教学目标

通过本章的学习，读者可以了解 AutoCAD 二次开发的概念，掌握 AutoCAD 二次开发的基本过程，能够进行简单的 AutoCAD 二次开发。

教学要求

能力目标	知识要点	权重	自测分数
AutoCAD 二次开发简介	AutoCAD 二次开发的概念	10%	
AutoCAD 二次开发的目的和途径	AutoCAD 二次开发的途径	10%	
AutoCAD 二次开发的基本过程	AutoCAD 二次开发的基本过程	20%	
AutoCAD 二次开发实例	AutoCAD 二次开发实例	60%	

引例

在机械加工过程中，加工复杂零件时，需要设计专用夹具以提高加工效率，保证加工过程顺利进行。夹具设计是机械制造系统的重要组成部分，涉及的零件二维图、三维图需要通过专门的绘图软件设计，AutoCAD、NX 等软件具有强大的特征造型、建模和参数化设计等功能，但短时间内熟练运用比较困难，可以在 AutoCAD 软件的基础上二次开发夹具设计软件。

6.1　AutoCAD 二次开发简介

AutoCAD 二次开发是指在现有的软件基础上提高和完善功能而进行的开发工作，以满足用户需求。AutoCAD 二次开发的目的是提高设计质量和效率，充分发挥 AutoCAD 通用系统的价值。

AutoCAD 二次开发的常用方法是借助成熟的商业 AutoCAD 软件进行专业功能开发，这是一种投资少、见效快，既能解决特殊的技术问题，又能在同一环境中继续发挥原有软件功能的有效方法，应用广泛。AutoCAD 二次开发的层次关系如图 6.1 所示。

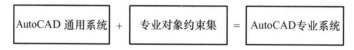

图 6.1　AutoCAD 二次开发的层次关系

国内 AutoCAD 技术的应用逐步进入高级阶段，许多用户针对本行业的特点进行了 AutoCAD 二次开发。AutoCAD 二次开发几乎在各行业中都有应用实例，涌现出许多商业化软件。但各行业 AutoCAD 二次开发技术的发展水平存在较大差距，机械、电子、建筑、航空航天等行业较早应用 AutoCAD 二次开发技术，二次开发程度较高，开发的 AutoCAD 软件集计算、参数化绘图、数据管理为一体，并与计算机辅助制造和计算机辅助工艺设计有机结合。

其他行业的 AutoCAD 二次开发技术相对落后，有的只是部分工程技术人员的个人行为，还没有形成专门从事 AutoCAD 二次开发的研究队伍。虽然出现了一些 AutoCAD 应用软件，但大多数只是针对某个类型产品或产品的部分功能开发的小型应用系统，可解决的问题有限。

国外 AutoCAD 二次开发技术企业为了提高 AutoCAD 二次开发技术的水平，选择了起点高的 AutoCAD 二次开发技术战略，即利用已有技术成果进行 AutoCAD 二次开发，避免将人力、物力花费在水平低的重复开发上，既可以提高效率，又可以保证自己的产品具有较高的技术水平。

6.2　AutoCAD 二次开发的目的和途径

1. AutoCAD 二次开发的目的

（1）利用产品模型数据交互规范（Standard for the Exchange of Product Model Data，STEP）和初始化图形交换规范（The Initial Graphics Exchange Specification，IGES）等，实现异构 AutoCAD 软件之间的数据共享。

（2）通过开发专用菜单、命令、模型库等提高 AutoCAD 软件的使用效率。

（3）将程序设计语言与系统资源紧密结合，改善 AutoCAD 软件的适用性。

2. AutoCAD 二次开发的途径

用户在开发针对工程领域特殊应用问题的专用软件时，通常需要形成特定的计算分析功能、专用的工程数据库、某产品的规则库、便于设计人员使用的友好的用户界面等。广泛使用的 AutoCAD、NX、SolidWorks 等软件都具有丰富的图形和建模功能，成为大多数设计人员使用的软件，但它们不具有高效解决特殊应用问题的功能。

AutoCAD 二次开发主要有三种方式：**数据文件共享开发、AutoCAD 通用系统的用户化开发、AutoCAD 通用系统的嵌入式语言开发**。

（1）**数据文件共享开发**。数据文件共享是一种扩充 AutoCAD 通用系统原来不具备的具有计算、分析等功能的常用开发方式，适用于需要较大规模地研制专业应用软件，同时需要与 AutoCAD 通用系统共享数据的场合；也可以实现批量参数化建模等。在数据文件共享开发方式中，用户的应用程序实际上是与 AutoCAD 通用系统相对独立的，关键问题是编写共享格式的数据文件接口。

（2）**AutoCAD 通用系统的用户化开发**。AutoCAD 通用系统的用户化开发通常利用 AutoCAD 通用系统提供的用户接口进行，主要用于改善系统的操作性能、扩充用户专用模型（图形）数据库、开发专用用户界面等，使系统更符合用户的特殊要求，从而达到提高系统使用效率的目的，主要原理是对 AutoCAD 通用系统功能的转换或直接扩充。

（3）**AutoCAD 通用系统的嵌入式语言开发**。AutoCAD 通用系统的嵌入式语言开发主要取决于系统提供的开发接口的多样性。目前主流 AutoCAD 通用系统都提供丰富多样的开发接口。

① AutoCAD/MDT 提供 LISP、ActiveX 及 ObjectARX 等二次开发方法和二次开发工具，与支持面向对象的语言（如 Java 等）有机结合。

② NX 开发工具为 GRIP 和 UG/Open，GRIP 是一种宏语言开发工具，UG/Open 是一种 C/C++ 开发工具，它们都可以对 NX 进行二次开发。

③ SolidWorks 提供 VB、C、C++、SolidWorks 宏等开发接口，支持 VB、C++ 等的二次开发。

④ Creo（Pro/Engineer）的用户化开发工具包称为 Pro/Tookit，它是一组应用程序的接口（API），提供大量 C++ 语言函数，能够使外部应用程序安全、有效地访问 Creo 数据库和应用程序。

6.3　AutoCAD 二次开发的基本过程

按照工程化原则，AutoCAD 二次开发的基本过程如图 6.2 所示。

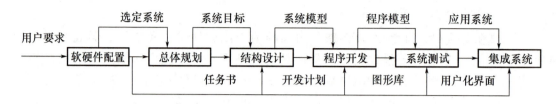

图 6.2 AutoCAD 二次开发的基本过程

AutoCAD 二次开发的基本过程可概括为系统分析、系统设计、程序编写、系统测试四个阶段。

（1）**系统分析**。系统分析的主要任务是分析、理解整个系统设计的基本要求，在系统分析的基础上确定整个系统的基本框架，形成表达系统基本要求及框架的系统说明书。

（2）**系统设计**。系统设计包括系统总体设计（完成模块说明书）和建立图形数据库与数据库管理系统。

（3）**程序编写**。在程序编写阶段，将模块说明书转换成用某种 AutoCAD 软件编写的程序。

（4）**系统测试**。系统测试包括模块测试、综合测试和验收测试。

6.4　AutoCAD 二次开发实例

现在通用的 AutoCAD 软件都有自身独特特点，对外提供不同的二次开发方法。AutoCAD 二次开发模型如图 6.3 所示。

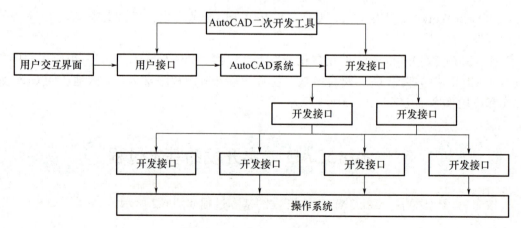

图 6.3　AutoCAD 二次开发模型

图 6.3 所示 AutoCAD 二次开发模型主要包括两部分：**一是用户与 AutoCAD 系统交互界面的开发，即定制用户界面，主要应用 AutoCAD 系统提供的用户接口；二是 AutoCAD 系统与操作系统之间的开发，即定制应用程序的功能，**包括对 AutoCAD 系统的功能调用及对操作系统的调用，采用面向对象技术或者面向过程技术，使 AutoCAD 系统对操作系统的调用屏蔽开发者，直接提供功能调用，开发者无须详细了解 AutoCAD 系统的最底层实现。

常见的模型建立方法如下。

1. 函数库形式（普通 DLL 和 API）

普通 DLL 只能输出函数供其他程序调用，不能用于二次开发。提供函数库和基于函数库的 API 接口是直接的二次开发手段，如 Microsoft Windows API。

函数库有两种使用方式：**一种是在应用程序内部使用函数库**，可在无 AutoCAD 系统的情况下运行，但灵活性不高，无法访问 AutoCAD 系统和充分发挥 AutoCAD 系统的性能；**另一种是在 AutoCAD 系统内部加载函数库**，能扩充 AutoCAD 系统的功能和定制界面，但有一定限制，只能在 AutoCAD 系统内部运行。

传统的结构化的 API 函数使二次开发和应用程序中数据的有效管理变得复杂。如今微软公司等软件供应商普遍利用面向对象技术对传统的 API 进行封装，以降低开发的复杂性。

2. ActiveX Automation

ActiveX Automation 是微软公司的一个技术标准，以前称为 OLE，其宗旨是在 Windows 系统的统一管理下协调不同的应用程序，允许这些应用程序进行沟通和相互控制，通过在两个应用程序间安排对话，达到用一个应用程序控制另一个应用程序的目的。其过程如下：**一个应用程序决定引发 ActiveX Automation 操作并自动成为 Client，被调用的应用程序为 Server。Server 接收对话请求后，决定向 Client 暴露哪些对象。在给定时刻，由 Client 决定实际使用哪些对象，ActiveX Automation 将命令传递给 Server，由 Server 对该命令作出反应。**

Client 可以持续发出命令，Server 忠实地执行每条命令并提出终止对话。可以将 AutoCAD 软件理解为一个服务程序（Server），二次开发的程序为客户程序（Client），它们之间是服务器与客户的关系。用户只要在客户程序上进行操作，客户程序就控制服务程序的对象、方法和属性，实现某种功能，用户无须全面掌握软件。

ActiveX Automation 的实现模型如图 6.4 所示。ActiveX Automation 的核心部分依赖 IDispatch 接口，一个自动化服务器实际上就是一个实现了 IDispatch 接口的 COM 组件，而一个自动化控制器是一个通过 IDispatch 接口与自动化服务器通信的 COM 客户。

IDispatch 接口与 COM 模型不同，它可以接收并执行一个函数名称；而在 COM 模型中，用户需要获取函数在 vtbl 中的索引。因此，需要在 IDispatch 接口与 COM 组件中间提供一种机制，以实现利用函数名对函数的间接调用。

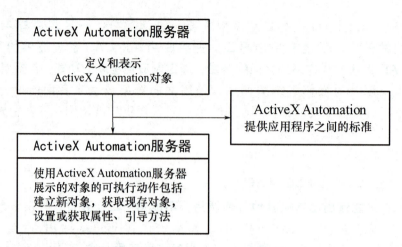

图 6.4 ActiveX Automation 的实现模型

【例 6-1】 VB 通过 ActiveX Automation 与 AutoCAD 集成的主要过程。
（1）设置主要对象变量，实现与 AutoCAD 的链接（link）。

```
On Error Resume Next
Set acadAPP=GetObject("AutoCAD. Application")
// 如果 AutoCAD 已经在运行，用函数 GetObject 获得 AutoCAD 的 Application
   对象
   If Err Then
   Set acadAPP=CreateObject("AutoCAD. Application")
     If Err Then
        MsgBox Err. Description
     Exit Sub
End If
End If
```

（2）利用 Document Object 访问 AutoCAD 中的绘图文件（Drawing）。

```
Set acadDoc=acadAPP. ActiveDocument
Dim dwgName As String
DwgName="C:\acadr2008\sample\aotocad.dwg"
    If Dir(dwgName)" " Then
        acadDoc.Open dwgName
    Else
MsgBox"File" &dwgName &"dose not exist."
End If
```

(3)在 AutoCAD 中画图。

....
Set lwpolyObj=moSpace.AddLight WeightPolyline(ptArray)//画曲线

(4)查询和修改图形对象(Graphical Object)。

【例 6-2】 AutoCAD 二次开发在直齿圆柱齿轮设计中的应用。

在机械设计中,除了绘制二维平面图形,还需进行大量二维建模。在建模过程中,有些零件(如螺纹、齿轮、弹簧、蜗轮蜗杆等)难以使用交互方式实现。若使用 LISP 程序,不仅可简化设计建模过程,还可减小计算量。下面以直齿圆柱齿轮为例,说明 LISP 程序的开发应用。

(1)齿轮的几何要素。

齿轮是广泛应用于机器中的传动零件,在齿轮的参数中,只有模数和压力角标准化。齿轮的基本参数有模数、齿数和压力角等,基本尺寸有分度圆直径、齿距、齿顶高和齿根高等,其他结构尺寸有齿轮宽度、轮辐厚度、齿轮轴径、轮缘直径、轮毂直径等,相关参数根据设计公式计算确定。

(2)直齿齿轮的形成。

直齿圆柱齿轮的齿廓形成采用范成法,先创建一个圆和一个齿条。齿条按照标准直齿圆柱齿轮的参数建立,为等腰梯形,顶角为 40°(齿形角为 20°),保证节线与直齿圆柱齿轮的节圆相切,即保证啮合,齿条的齿数要大于齿轮所需的齿数。在直齿圆柱齿轮的范成过程中,齿轮圆每次转动 1/10 齿距(转换成步幅转角);同时,齿条每次移动 1/10 齿距,两面域都进行布尔差集运算,减去齿条齿廓,如此循环,切出齿轮全部齿廓,然后拉伸成直齿圆柱齿轮,并根据给定参数创建轮缘、轮辐和轮毂等。

(3)直齿圆柱齿轮的编程。

单击"工具"→"AutoLISP"→"Visual LISP 编辑器"菜单命令,或在命令行中输入 vlicle,按 Enter 键,进入 Visual LISP 界面。

直齿圆柱齿轮的编程过程如下。

```
(defun c:zcyzcl();定义名为 zcyzcl 的函数
(setq m(getreal" 输入模数 :m=?"))
(setq z(getint" 输入齿数 :z=?"))
(setq h(getreal" 输入齿轮宽度 :h=?"))
(setq zj(getreal" 输入齿轮轴径 :zj=?"))
(setq lf(getreal " 输入轮辐厚度 ( 没有轮辐结构时输入齿轮宽度 ):lf=?"))
    (if(>h lf)(progn
        (setq gr (getreal" 输入轮毂端面半径 :gr=?"));轮毂半径
        (setq yr (getreal" 输入轮缘端面半径 :yr=?"));轮缘半径
    (setq s(/(-h lf)2));轮辐凹入深度
    (setq l(-h s))
    )
```

```
        )
        {setq rf(/(*(-z 2.5)m)2))
        (setq rj(/(* m z 0.939693)2))
(setq r-(/(* z m)2))
(setq ra(/(*(+z 2} m) 2))
(setq tt(* m pi))
(setq pj(/ 36.0 z))
(setq a(/(*1.25 m)(cos(* 20(/pi 180)))))
(command "layer""s""l1""")
(command "extrude"e10""h0)
...
拉伸齿轮
(setq e5(entlast))
(command "erase" e0"")
...
(if(>h lf)(progn
    (command"circle"p0 yr)
创建轮缘轮廓
(setq e1(entlast))
(command "extrude" e1""s5)
(setq e1(entlast))
...........
(command "cylinder" p0(/zj 2)h)
(setq e4(entlast))
(command "subtract" e5 e1 e3""e4"")
)
(progn(command "cylinder" p0(/zj 2)h)
    (setq e4(entlast))
    (command "subtract" e5""e4"")
)
)
)
```

完成编程后，指定文件的保存路径，将文件保存为"直齿圆柱齿轮.LISP"。

（4）程序的执行。

单击"工具"→"AutoLISP"→"加载应用程序"菜单命令，在弹出的"加载/卸载应用程序"对话框中输入文件名"直齿圆柱齿轮.LISP"并选择保存路径，单击"加载"按钮，关闭对话框。

在AutoCAD命令行中直接输入函数名ZCYZCL并按Enter键，根据命令行提示，给定相应的设计参数。例如,给定直齿圆柱齿轮的参数如下:齿轮模数 m=4mm;齿数 z=30;齿轮宽度 h=28 mm;齿轮轴径 z_j=26mm;轮辐厚度 l_f=12 mm;轮毂半径 g_r=20 mm;轮缘半径 y_r=48 mm。如果齿轮没有轮辐结构,则提示"输入齿轮宽度",给定齿轮的宽度值即可,系统将不再提示"输入轮毂端面半径"和"输入轮缘端面半径"。按提示输入参数值后,按 Enter 键,运行程序,AutoCAD 自动创建直齿圆柱齿轮的三维实体模型,如图 6.5 所示。

图 6.5 直齿圆柱齿轮的三维实体模型

具体设计时,需要借助《机械设计手册》,根据齿轮轴径查表得到键槽的有关数据。在本例中,齿轮轴径为 28 mm,查表得到键槽宽度为 8 mm,轮毂槽深为 31.3 mm,画出键槽的轮廓图,做成面域后拉伸成实体,并进行布尔差集运算,在直齿圆柱齿轮三维实体模型中制作键槽。带键槽的直齿圆柱齿轮如图 6.6 所示。

图 6.6 带键槽的直齿圆柱齿轮

利用 Visual LISP 开发直齿圆柱齿轮参数化绘图的 LISP 程序,在 AutoCAD 中加载并运行后,按命令行提示输入不同的参数值,快速绘制所需的直齿圆柱齿轮三维实体模型,从而实现机械设计的参数化绘图。其他机械标准件和常用件(弹簧、螺纹、蜗轮蜗杆、滚动轴承)的二维图形设计,都可以利用 Visual LISP 进行程序开发,且可应用到更复杂的机械设计中,极大地提高技术人员的设计效率。

【例 6-3】 应用 UG/Open 生成一个 r=10mm 的半球,球心坐标为(10,10,10)。

操作步骤如下。

(1) 在 E: 盘新建一个名为 grip 的文件夹。

(2) 单击"开始"→"程序"→"UG NX"→"Unigraphics Tools"→"UG/Open"菜单命令,弹出"NX Open Grip"窗口,如图 6.7 所示。

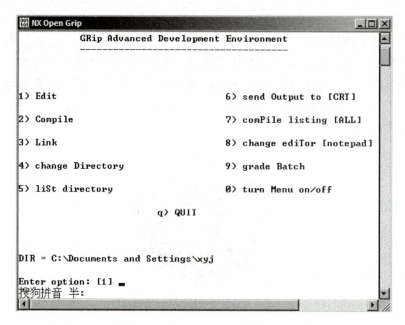

图 6.7 "NX Open Grip" 窗口

（3）在图 6.7 所示窗口中的光标闪烁位置输入 "4" 并按 Enter 键，输入 " e:\grip"，改变目录，结果如图 6.8 所示。

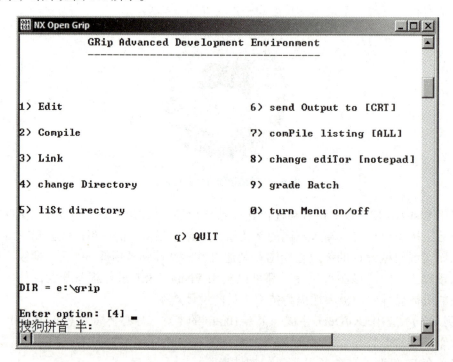

图 6.8 改变目录的结果

（4）在图 6.8 所示窗口中的光标闪烁位置输入 "1" 并按 Enter 键，然后输入 "sphere" 并按 Enter 键，弹出图 6.9 所示的提示对话框，单击 "是" 按钮，弹出图 6.10

所示的"sphere.grs–记事本"窗口，输入源程序代码，单击"文件"→"保存"命令，关闭窗口。

图 6.9 提示对话框

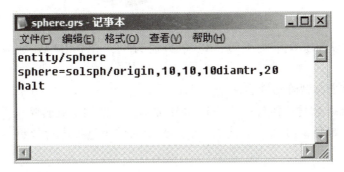

图 6.10 "sphere.grs–记事本"窗口

（5）返回图 6.8 所示的窗口，在光标闪烁位置输入"2"并按 Enter 键，再按三次 Enter 键，弹出图 6.11 所示的程序界面。

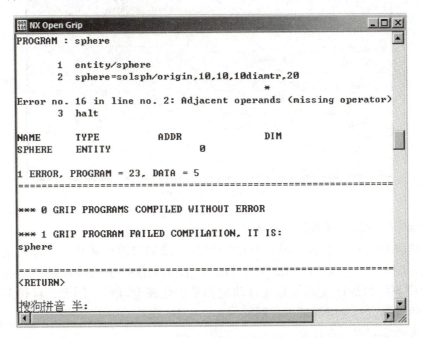

图 6.11 程序界面

完成上述操作，生成球的执行文件，运行 UG NX，单击"文件"→"导入"→"UG/Open"菜单命令，选择 E: 盘中生成的"sphere.grs"文件，生成图 6.12 所示的图形。

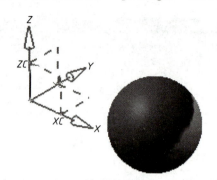

图 6.12 生成的图形

【例 6-4】 以 VB 为开发工具，以阶梯轴为例，在 SolidWorks 软件中进行二次开发。

（1）绘制一个典型阶梯轴零件。

在 SolidWorks 软件中绘制一个三阶阶梯轴草图，使用"旋转特征"命令进行旋转，生成实体零件，如图 6.13 所示。使用"宏"命令对整个过程进行录制，得到 *.swp 文件并保存。

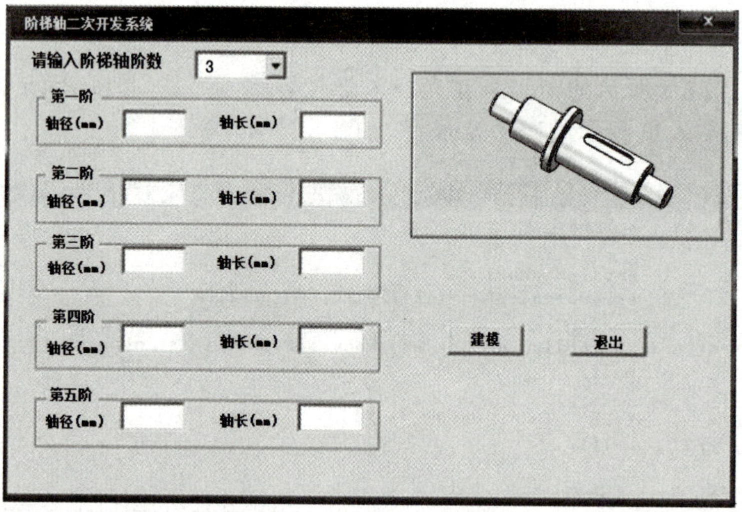

图 6.13 生成实体零件

（2）确定阶梯轴特征的设计变量。

确定阶梯轴特征的参数为阶梯轴的阶数及每段轴的轴长和轴径。分别用设计变量 L1、Phi1、L1+L2、Phi2、L1+L2+L3、Phi3 代替基础代码中的具体数值，通过设计变量实现程序与模型的链接，使零件自动化和系列化成为可能。同理，可得到四阶阶梯轴、五阶阶梯轴、六阶阶梯轴的代码。

（3）人机交互界面设计。

在"宏"命令中插入一个窗口，并命名为"阶梯轴二次开发"，为其添加标签、复选框、文本框、按钮、图像控件等。

（4）将"阶梯轴二次开发"按钮嵌入 SolidWorks 菜单。

执行"工具"→"自定义"菜单命令，将"阶梯轴二次开发"按钮添加到 SolidWorks 菜单，如图 6.14 所示。再次使用时，只需输入参数值即可生成尺寸不同的阶梯轴，整个自动化建模过程只需几秒即可实现，大大缩短了设计周期。

图 6.14　将"阶梯轴二次开发"按钮嵌入 SolidWorks 菜单

（5）关键程序说明。

阶梯轴关键程序说明如下。

```
Dim swApp As Object          //声明对象是 SolidWorks 应用程序
Dim Part As Object           //声明对象是零件
…
Private Sub CommandButton1 Click()
                             //定义命令按钮的单击事件
Set swApp=Application.SldWorks
Phi1=TextBox1                //将 TextBox1 的数值赋给 Phi1
L1=TextBox2                  //将 TextBox2 的数值赋给 L1
SetPart=swApp.NewDocument("C:\ProgramData\SolidWorks\SolidWorks2019\templates\gb_part.prtdot",0,0,0)
                             //新建一个 SolidWorks 文件
swApp.ActivateDoc2"零件1",False,longstatus
Set Part=swApp.ActiveDoc …
Dim skSegment As Object      //对象声明
Set skSegment=Part.SketchManager.CreateLine(0#,0#,0#,0#,phi1/2000,0#)
                             //创建一条轮廓线
Dim myFeature As Object      //定义特征对象
Set myFeature=Part.FeatureManager.FeatureRevolve2(True,True,False,False,False,False,0,0,6.2831853071796,0,False,False,0.01,0.01,0,0,0,True,True,True)
                             //草图旋转
```

本 章 小 结

　　AutoCAD 二次开发是 AutoCAD 专业系统二维建模、三维建模的基本单元。本章介绍了 AutoCAD 二次开发的基本概念，详细介绍了 AutoCAD 二次开发途径和基本过程，并给出 AutoCAD 二次开发实例。

习　题

6.1　什么是 AutoCAD 二次开发？

6.2　AutoCAD 二次开发的基本过程是什么？

6.3　分别可以采用什么语言和方法对 AutoCAD、UG NX、SolidWorks 进行二次开发？

第 7 章 综合工程案例

 教学目标

通过本章的学习，读者可以熟练使用 AutoCAD、UG NX 和 SolidWorks 软件实现三维实体建模、虚拟样机装配及工程图绘制，熟悉计算机辅助设计的过程和目的，掌握计算机辅助设计的流程。

 教学要求

能力目标	知识要点	权重	自测分数
齿轮泵	齿轮泵各零件建模、装配和工程图	30%	
台虎钳	台虎钳各零件建模、装配和工程图	30%	
减速器	减速器各零件建模、装配和工程图	40%	

引例

图 7.1 所示为摩托车三维建模爆炸图。有了三维实体模型，我们可以这些模型为基础，进行装配和干涉检查；可以对重要零部件进行有限元分析与优化设计等；可以生成工艺规程；可以进行数控加工；可以进行快速成型，在做模具之前，使用实物零件进行装配及测试；可以启动三维和二维关联功能，由三维工程图自动生成二维工程图；可以进行产品数据共享与集成；等等。

图 7.1　摩托车三维建模爆炸图

7.1　齿轮泵

7.1.1　齿轮泵的结构及工作原理

齿轮泵主要由泵体、前泵盖、后泵盖、主动齿轮轴、从动齿轮轴等组成。齿轮泵三维建模图和三维建模爆炸图分别如图 7.2 和图 7.3 所示。

图 7.2　齿轮泵三维建模图

图 7.3　齿轮泵三维建模爆炸图

齿轮泵的工作原理如下：泵缸与两个齿轮间形成工作容积变化，移动输送液体或增压的回转泵，两个齿轮、泵体与前后泵盖组成两个封闭空间，当齿轮转动时，齿轮脱开侧的体积增大，形成真空，吸入液体；齿轮啮合侧的体积减小，液体流入管路。吸入腔与排出腔是靠两个齿轮的啮合线隔开的。

7.1.2　案例分析

1. 案例说明

本案例主要介绍齿轮泵各零件的建模、装配及工程图的生成，建模设计较简单，使用直接建模工具即可完成。

2. 案例所用知识点

- NX 扫描特征或 SolidWorks 建模特征。
- NX 成型特征或 SolidWorks 直接特征。
- NX 编辑特征或 SolidWorks 编辑特征。
- NX 复制特征或 SolidWorks 复制特征。
- NX 装配特征或 SolidWorks 装配特征。
- NX 工程图特征或 SolidWorks 工程图特征。

3. 设计流程

阅读图 7.4 所示的齿轮泵装配图，全面、深入了解设计意图，清楚齿轮泵的工作原理、装配关系、技术要求和每个零件的形状，标准零件直接由标准件库调入。零件建模时，不但要从设计方面考虑零件的作用和要求，而且要从工艺方面考虑零件的制造和装配，建模后的零件应符合设计和工艺要求。在建模的基础上进行装配，同时可以创建零件及装配体的工程图，还可以对齿轮泵进行运动仿真。

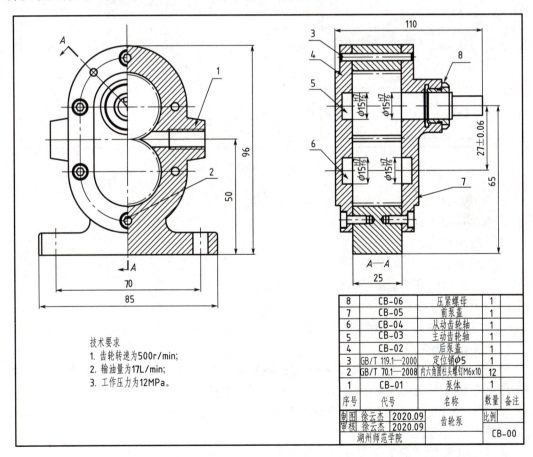

图 7.4 齿轮泵装配图

（1）**泵体建模**。

根据图 7.5 所示的泵体零件图进行三维实体建模，将零件分解为两个基本体分别创建,在两个基本体的基础上做切割等其他细节特征,草绘尺寸参照图 7.5。

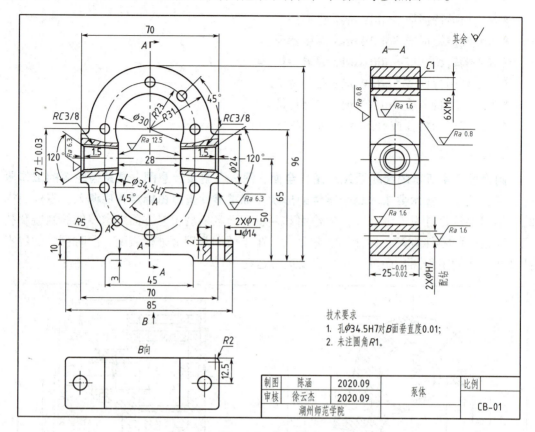

图 7.5 泵体零件图

① 新建零件 CB-01.prt 并进入建模工作环境。
② 泵体零件的建模步骤见表 7-1。

(2) 后泵盖。

根据图 7.6 所示的后泵盖零件图,将零件分解为两个基本体分别创建,在两个基本体的基础上做切割等其他细节特征,草绘尺寸参照图 7.6。

① 新建零件 CB-02.prt 并进入建模工作环境。
② 后泵盖零件的建模步骤见表 7-2。

(3) 主动齿轮轴。

根据图 7.7 所示的主动齿轮轴零件图,将零件分解为两个基本体分别创建,在两个基本体的基础上做切割等其他细节特征,草绘尺寸参照图 7.7。

① 针对使用的建模软件,下载标准齿轮库,打开 gear.prt 零件并另存为 CB-03.prt,进入建模工作环境。
② 主动齿轮轴零件的建模步骤见表 7-3。

表 7-1　泵体零件的建模步骤

步　　骤	（1）基本体1（拉伸）	（2）基本体2（拉伸）	（3）生成通槽
草图内容及示意图	草图平面：前视基准面 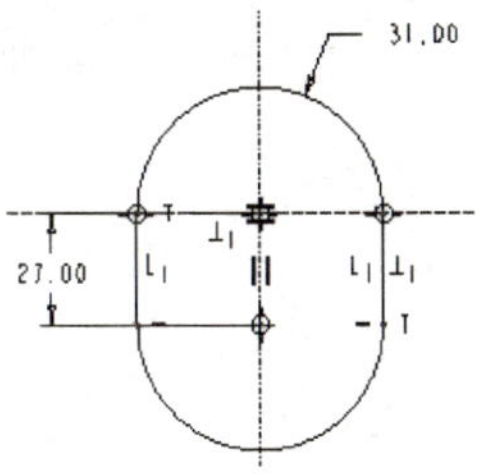	草图平面：实体表面 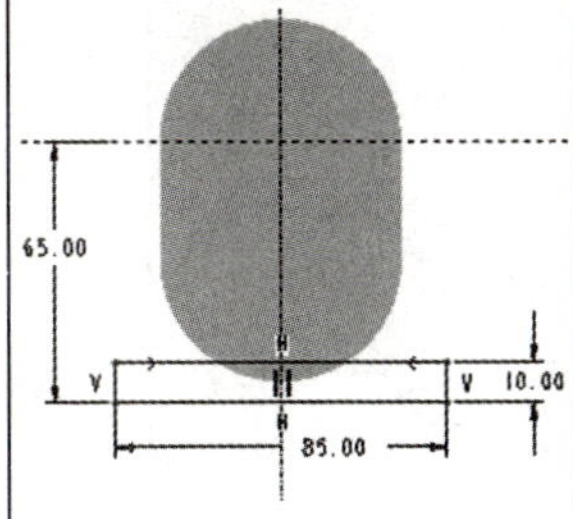	草图平面：实体表面 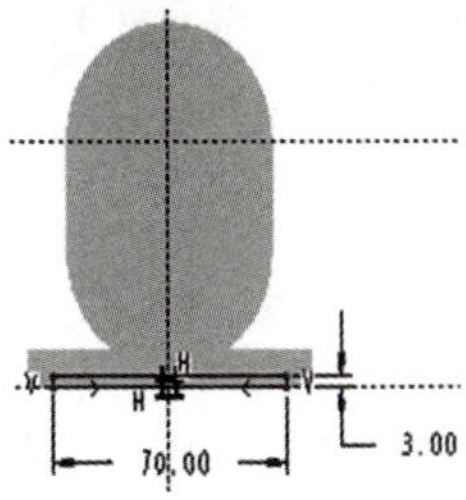
特征内容及示意图	单向拉伸25mm 	单向拉伸25mm 	单向贯通剪切，倒圆角 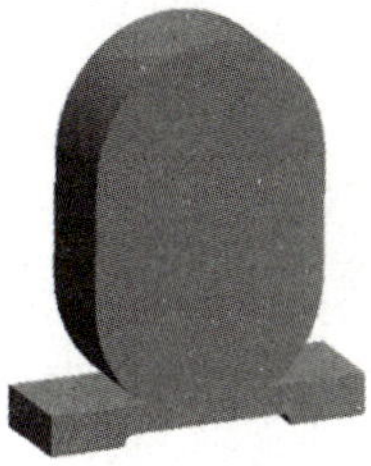 R3mm

步　　骤	（4）沉头孔	（5）切割泵体型腔	（6）打M6螺纹孔
草图内容及示意图	草图平面：激活草绘器 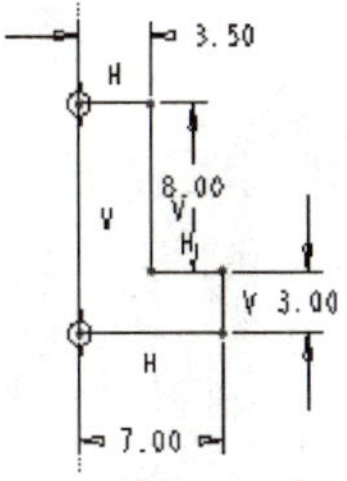	草图平面：实体表面 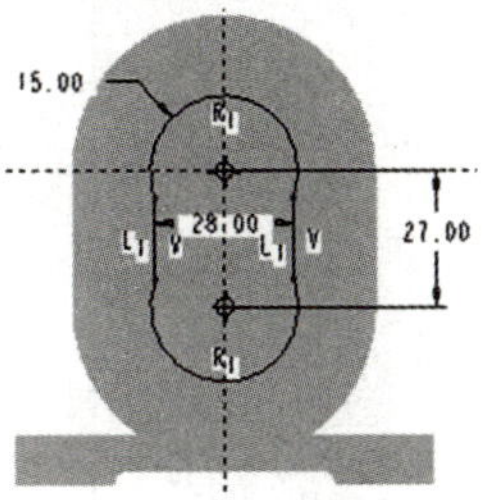	径向角度为0°，倒圆角 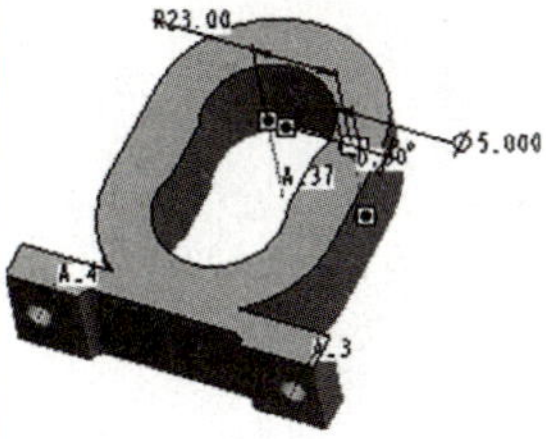 R23mm
特征内容及示意图	孔对称距离为70mm 	单向贯通剪切，内外圆同轴 	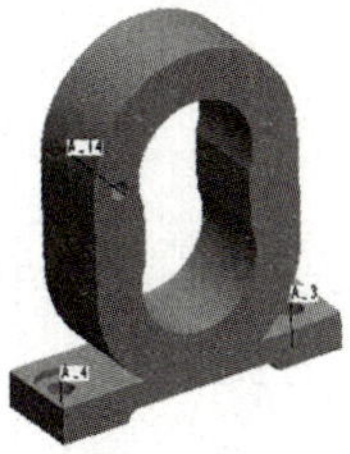

续表

步　　骤	（7）阵列沉头孔	（8）重复阵列	（9）打定位销孔
草图内容及示意图	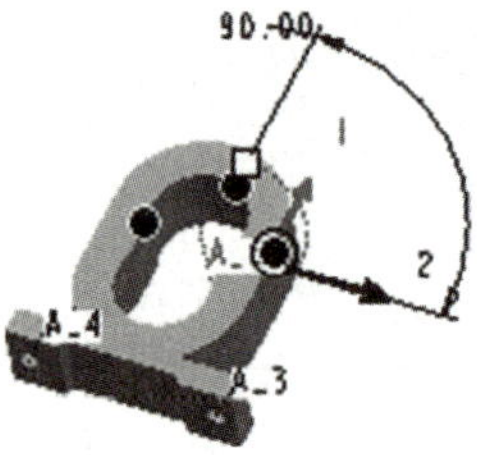	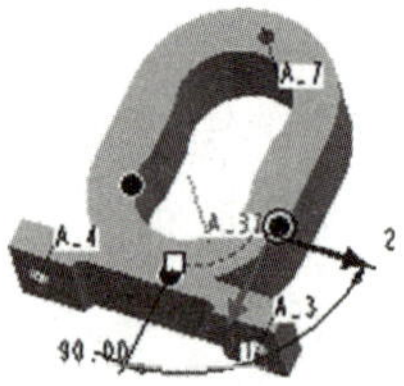	径向角度为135°，倒圆角 R23mm 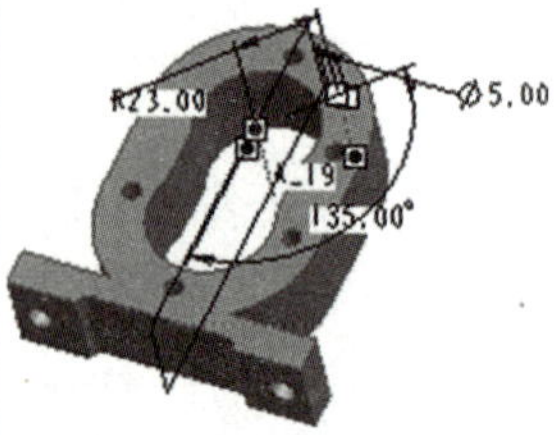
特征内容及示意图	轴向，三个孔间隔90° 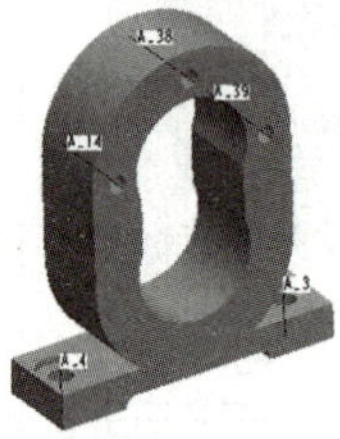	轴向，三个孔间隔90° 	45°线对称打两个孔 

步　　骤	（10）拉伸进出油口	（11）倒圆角	（12）打通孔并完成
草图内容及示意图	草图平面：实体表面 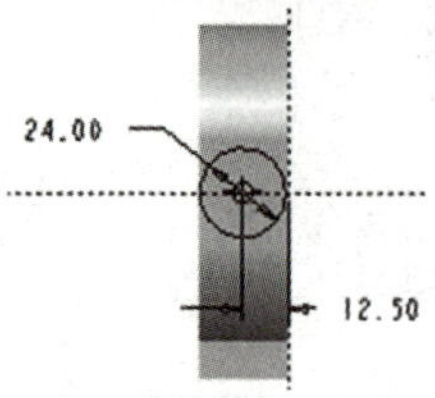	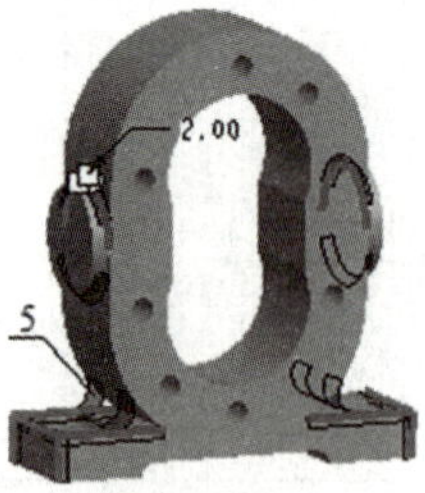	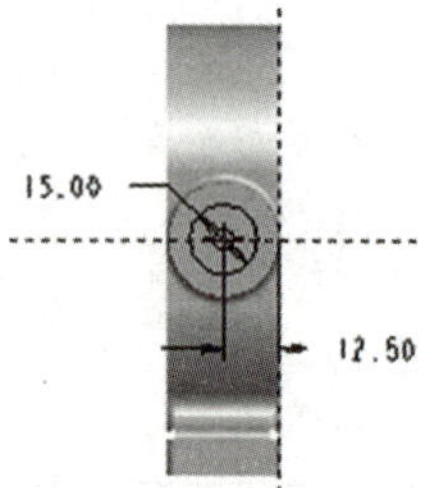
特征内容及示意图			

第7章 综合工程案例

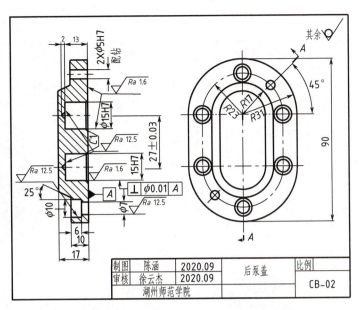

图 7.6 后泵盖零件图

表 7-2 后泵盖零件的建模步骤

步　　骤	（1）基本体1（拉伸）	（2）基本体2（拉伸）	（3）倒圆角
草图内容及示意图	草图平面：前视基准面	草图平面：实体表面，倒圆角 $R17$mm，与 $R31$mm 同轴	
特征内容及示意图	单向拉伸 25mm	单向拉伸 25mm	单向贯通剪切，倒圆角 $R3$mm

219

续表

步　　骤	（4）齿轮轴支撑孔	（5）齿轮轴支撑孔	（6）打沉头孔
草图内容及示意图	草图平面：激活草绘器 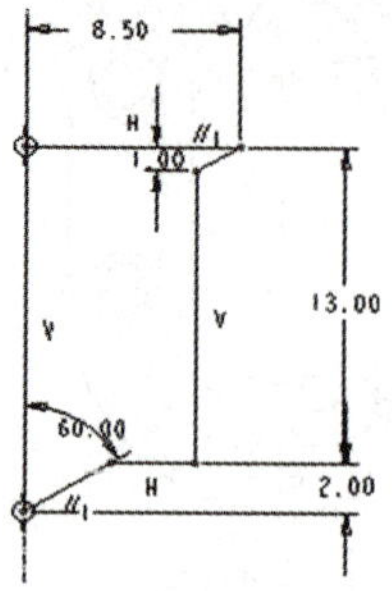	重复步骤（4）或使用"镜像"命令	径向角度为0°，倒圆角 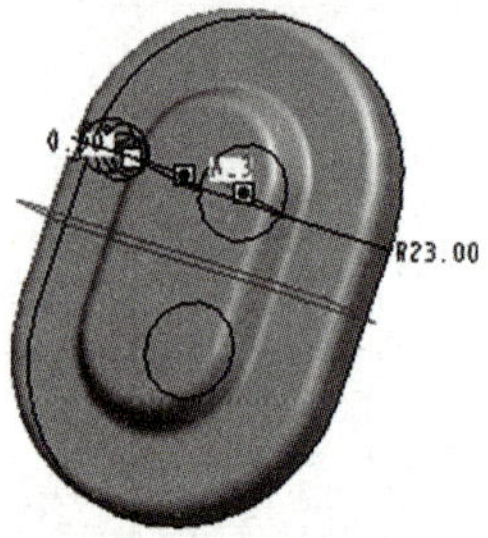 $R23$mm
特征内容及示意图		孔对称距离为27mm 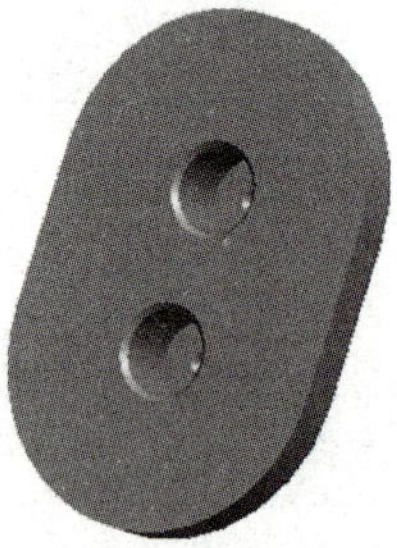	

步　　骤	（7）阵列沉头孔	（8）重复阵列	（9）打定位销孔并完成
草图内容及示意图	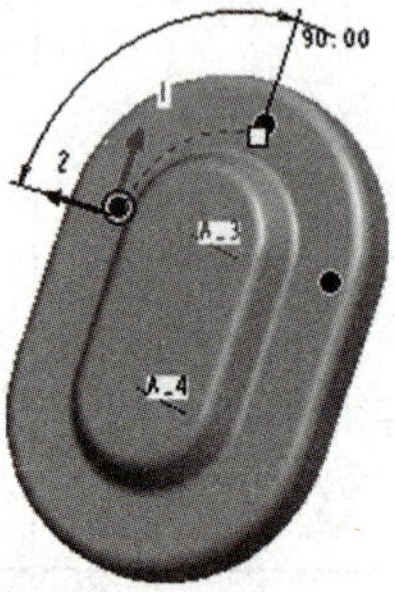	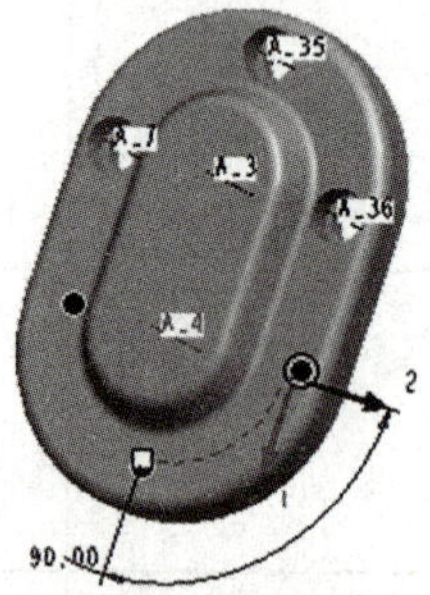	径向角度为45°，倒圆角 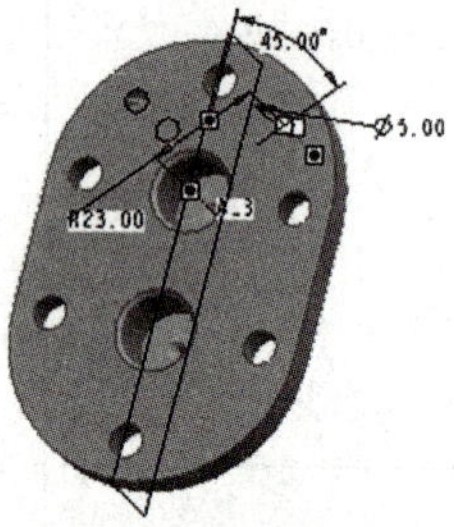 $R23$mm
特征内容及示意图	轴向，三个孔间隔90° 	轴向，三个孔间隔90° 	45°线对称打两个孔 

第7章 综合工程案例

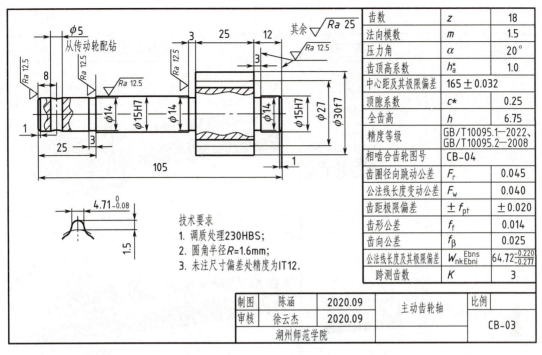

图 7.7　主动齿轮轴零件图

表 7-3　主动齿轮轴零件的建模步骤

步　　骤	（1）调入圆柱齿轮	（2）基本体2（旋转）
草图内容及示意图	修改齿轮参数值，$m=1.5$，$z=18$，$B=25$，其余采用默认值	草图平面：任意与端面垂直的表面
特征内容及示意图		旋转360°

221

续表

步　　骤	（3）打销钉孔	（4）倒直角并完成
草图内容及示意图	草图平面：同步骤（2） 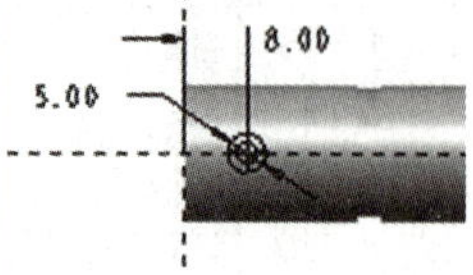 8.00 5.00	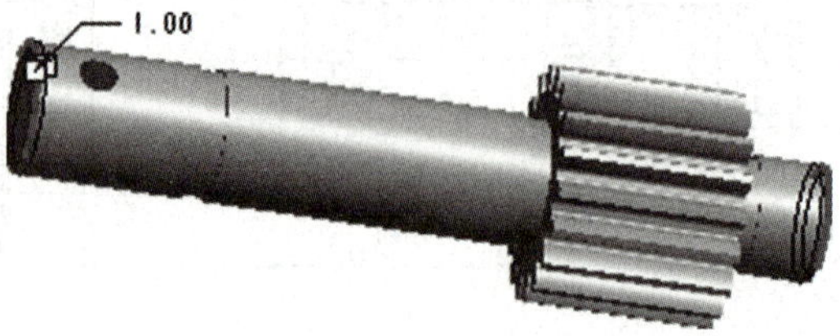 1.00
特征内容及示意图	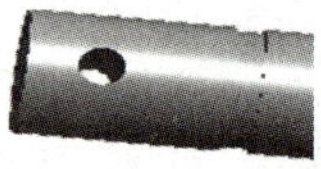	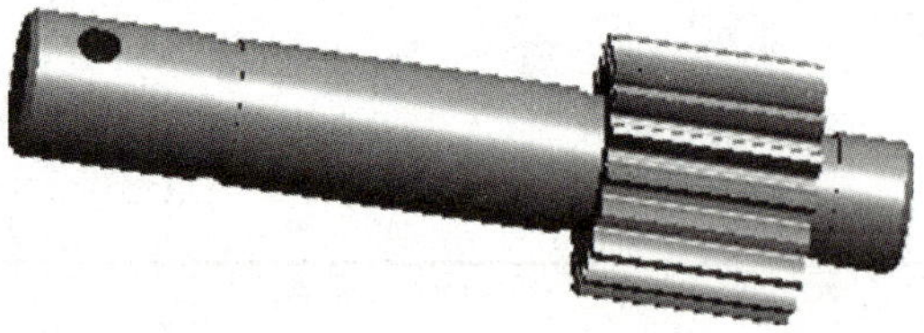

（4）**从动齿轮轴**。

根据图 7.8 所示的从动齿轮轴零件图，将零件分解为两个基本体分别创建，在两个基本体的基础上做切割等其他细节特征，草绘尺寸参照图 7.8。

① 针对使用的建模软件，下载标准齿轮库，打开 gear.prt 零件并另存为 CB-04.prt，进入建模工作环境。

② 从动齿轮轴零件的建模步骤见表 7-4。

（5）**前泵盖**。

根据图 7.9 所示的前泵盖零件图，将零件分解为三个基本体分别创建，在三个基本体的基础上做切割等其他细节特征，草绘尺寸参照图 7.9。

① 新建零件 CB-05.prt 并进入建模工作环境。

② 前泵盖零件的建模步骤见表 7-5。

（6）**压盖**。

根据图 7.10 所示的压盖零件图，在基本体的基础上做切割等其他细节特征，草绘尺寸参照图 7.10。

① 新建零件 CB-06.prt 并进入建模工作环境。

② 压盖零件的建模步骤见表 7-6。

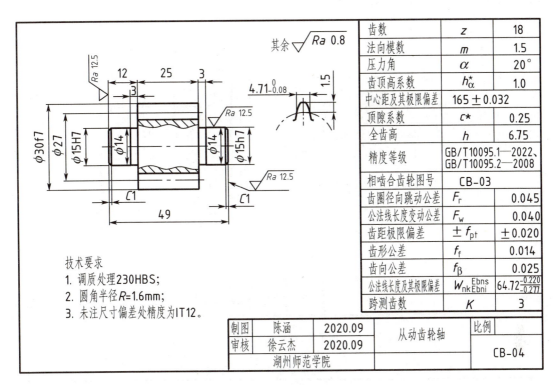

图 7.8 从动齿轮轴零件图

表 7-4 从动齿轮轴零件的建模步骤

步骤	（1）调入圆柱齿轮	（2）基本体 2（旋转）	（3）倒直角并完成
草图内容及示意图	修改齿轮参数值，$m=1.5$，$z=18$，$B=25$，其余采用默认值	草图平面：任意与端面垂直的表面	
特征内容及示意图		旋转 360°	

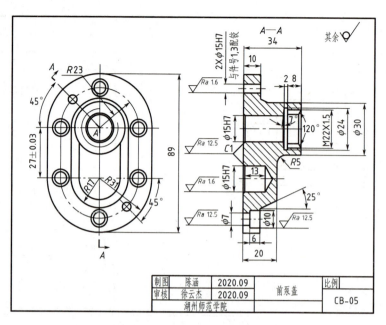

图 7.9　前泵盖零件图

表 7-5　前泵盖零件的建模步骤

步　骤	（1）基本体1（拉伸）	（2）基本体2（拉伸）	（3）齿轮轴支撑孔
草图内容及示意图	草图平面：前视基准面	草图平面：实体表面，倒圆角R17mm，与R31mm同轴	草图平面：激活草绘器
特征内容及示意图	单向拉伸25mm	单向拉伸25mm	

224

续表

步 骤	（4）打沉头孔	（5）阵列沉头孔	（6）重复阵列
草图内容及示意图	径向角度为0°，倒圆角 R23mm 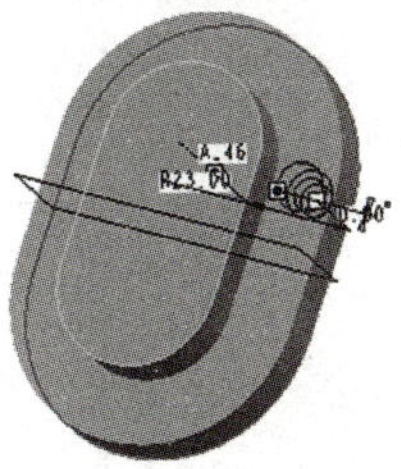	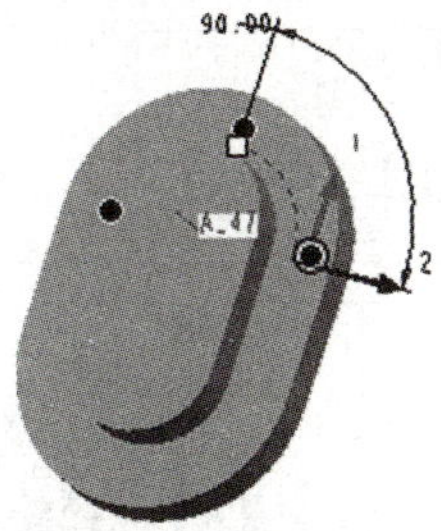	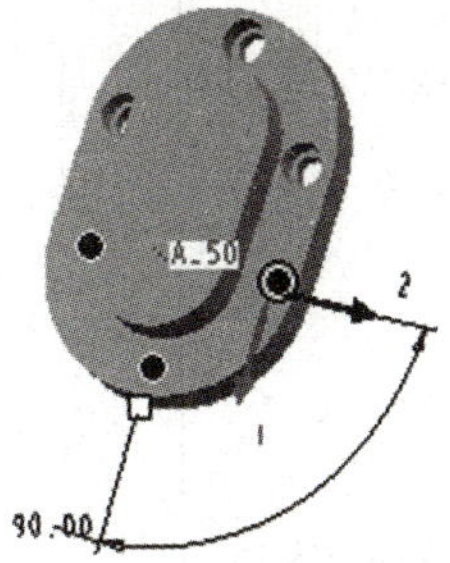
特征内容及示意图	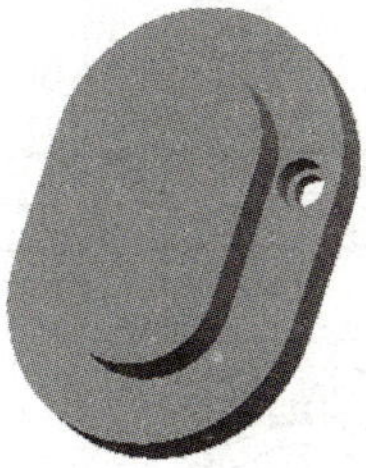	轴向，三个孔间隔90° 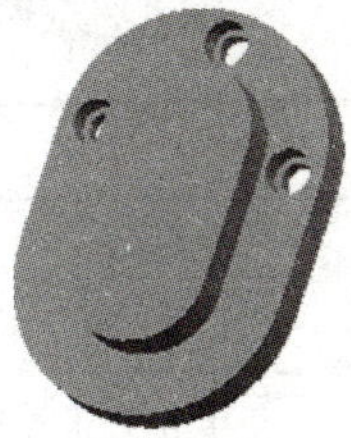	轴向，三个孔间隔90° 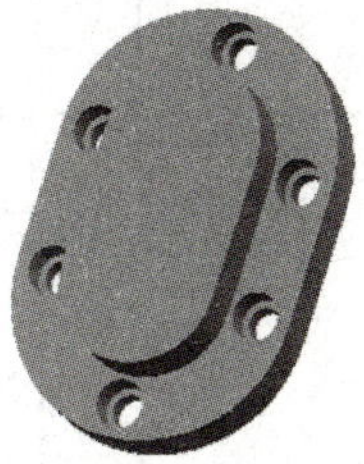

步 骤	（7）拉伸压盖螺纹	（8）打螺纹孔	（9）打定位销孔
草图内容及示意图	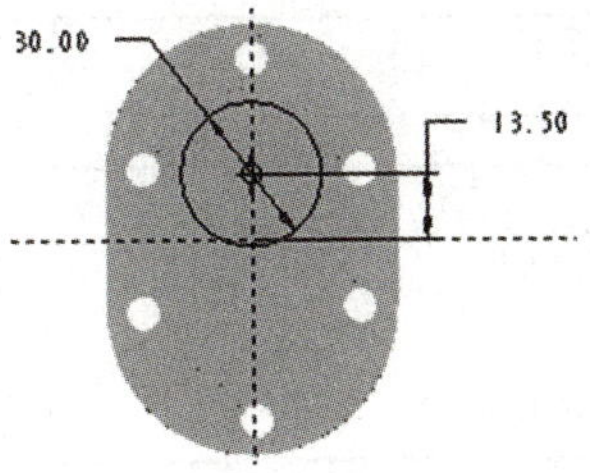	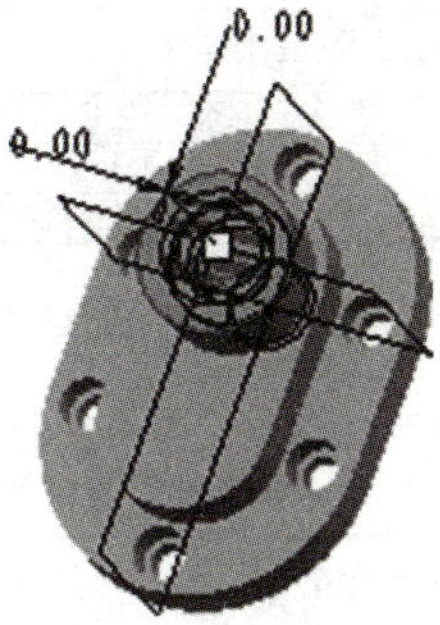	径向角度为45°，倒圆角 R23mm 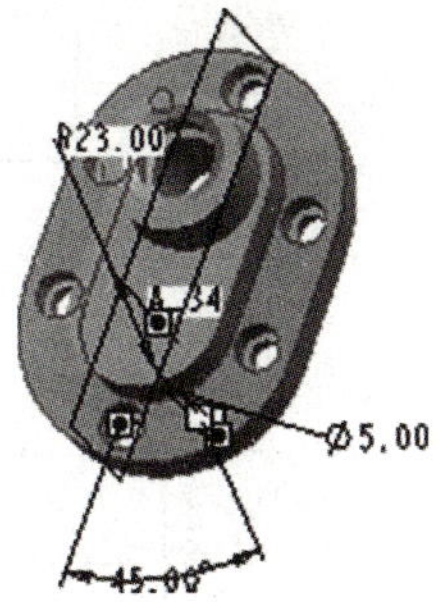
特征内容及示意图		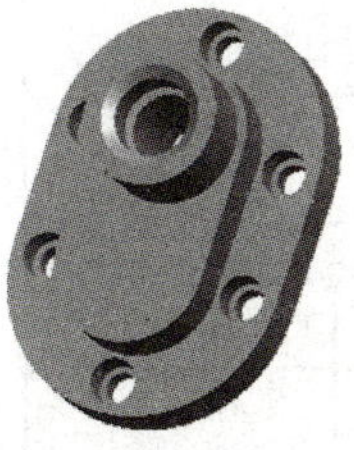	45°线对称打两个孔 

续表

步　骤	（10）螺纹扫描	（11）倒圆角并完成
草图内容及示意图	螺距为 1.5mm，扫描轨迹及截面，其余采用默认值	
特征内容及示意图		

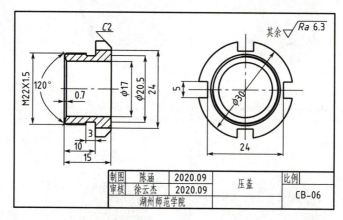

图 7.10　压盖零件图

表 7-6　压盖零件的建模步骤

步　骤	（1）基本体 1（旋转）	（2）倒直角	（3）切割方孔
草图内容及示意图	草图平面：前视基准面		草图平面：实体表面

续表

步　骤	（1）基本体1（旋转）	（2）倒直角	（3）切割方孔
特征内容及示意图			

步　骤	（4）阵列方孔	（5）螺纹扫描并完成
草图内容及示意图	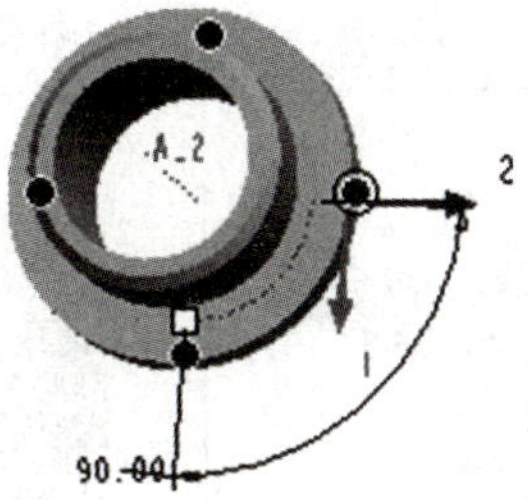	螺距为1.5mm，扫描轨迹及截面，其余采用默认值 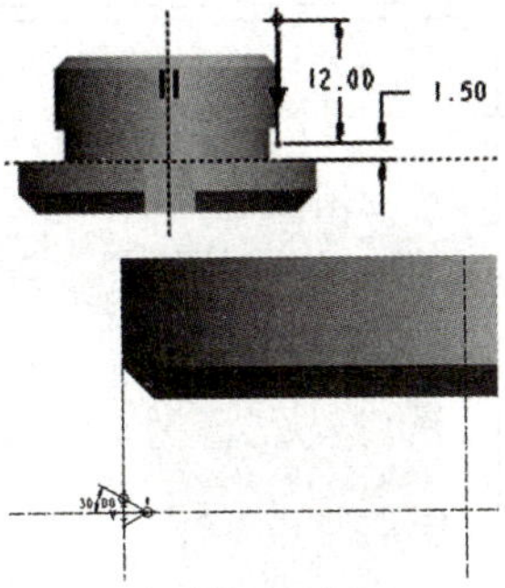
特征内容及示意图		

（7）**齿轮泵装配**。

根据图7.4所示的齿轮泵装配图，按照装配顺序进行装配。

① 新建组件CB-00.asm并进入装配工作环境。

② 装配步骤见表7-7。

表7-7　装配步骤

步　骤	（1）装入泵体（默认）	（2）主动齿轮轴（同轴）	（3）主动齿轮轴（配合）
装配约束			

续表

步骤	(4) 从动齿轮轴（同轴）	(5) 从动齿轮轴（配合）	(6) 从动齿轮轴（角度）
装配约束			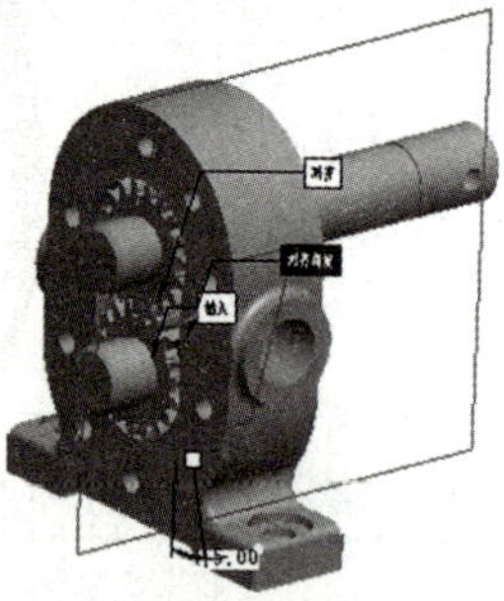

步骤	(7) 后泵盖（配合）	(8) 后泵盖（配合）	(9) 后泵盖（配合）
装配约束	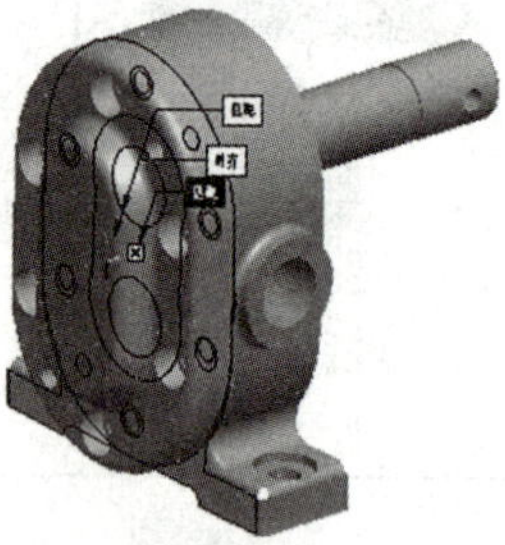		

步骤	(10) 前泵盖（配合）	(11) 前泵盖（配合）	(12) 前泵盖（配合）
装配约束			

步骤	(13) 压盖（配合）	(14) 压盖（同轴）	(15) 内六角螺钉（同轴）
装配约束			

续表

步骤	（16）内六角螺钉（配合）	（17）内六角螺钉（环阵列）	（18）内六角螺钉（重复）
装配约束			

步骤	（19）内六角螺钉（重复）	（20）销钉（同轴）	（21）销钉（配合）
装配约束			

步骤	（22）销钉（重复）	（23）完成	
装配约束			

（8）**齿轮泵工程图**。

根据第 4 章和第 5 章工程图出图步骤和方法，导出零件图，并在 AutoCAD 软件中进行后期处理（参见第 3 章内容），处理后的工程图如图 7.4 至图 7.10 所示。

7.2 台虎钳

7.2.1 台虎钳的结构和工作原理

台虎钳，**又称虎钳**、**台钳**，其三维建模图及三维建模爆炸图分别如图 7.11 和图 7.12 所示。**台虎钳是钳工的必备工具，也是钳工的名称来源，钳工的大部分工作都是在台虎钳上完成的，比如锯、锉及零件的装配和拆卸**。台虎钳安装在钳工台上，以钳口的宽度为标定规格，常见规格为 75～300mm，主要由活动钳身、固定钳身、底座、丝杠等组成。活动钳身安装在固定钳身上，在固定钳身槽内通过一根有梯形螺纹的丝杠带动移动，使钳口开合。固定钳身连接在底座上，底座通过螺栓固定在钳工台上。台虎钳安装到钳工台上时，有固定钳身不能自由旋转和固定钳身能自由旋转两种类型，图 7.11 中的台虎钳为固定钳身能自由旋转类型。将钳口旋转到合适位置，可通过锁紧手柄将台钳位置锁定。锁紧手柄带动丝杠，从而带动固定钳身运动。它有两个增力来源，一个是手柄的增力，另一个是梯形螺纹传动的增力，增力比非常大，所以钳口的夹紧力非常大，能可靠地固定住工件，从而保证钳工工作时，在工件上施加较大作用力时工件不移动，但可能会夹伤工件表面。所以，当夹紧需要确保工件表面不被损坏的工件时，需要在工件和台虎钳钳口之间垫上比工件软的物体，如纸或者软金属。

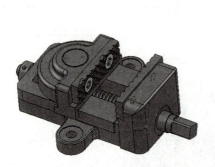 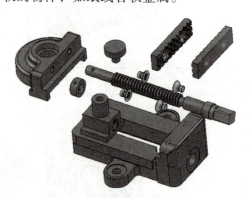

图 7.11　台虎钳三维建模图　　　　图 7.12　台虎钳三维建模爆炸图

7.2.2 案例分析

1. 案例说明

本案例主要介绍台虎钳各零件的建模、装配及工程图的生成，建模较简单，使用直接建模工具即可完成。

2. 案例所用知识点

- NX 扫描特征或 SolidWorks 建模特征。
- NX 成型特征或 SolidWorks 直接特征。

- NX 编辑特征或 SolidWorks 编辑特征。
- NX 复制特征或 SolidWorks 复制特征。
- NX 装配特征或 SolidWorks 装配特征。
- NX 工程图特征或 SolidWorks 工程图特征。

3. 设计流程

阅读图 7.13 所示的台虎钳装配图，**全面、深入了解设计意图，清楚台虎钳的工作原理、装配关系、技术要求和每个零件的形状，标准零件直接由标准件库调入**。零件建模时，不但要从设计方面考虑零件的作用和要求，而且要从工艺方面考虑零件的制造和装配，建模后的零件应符合设计和工艺要求。在建模的基础上进行装配，同时可以创建零件及装配体的工程图，还可以对台虎钳进行运动仿真。

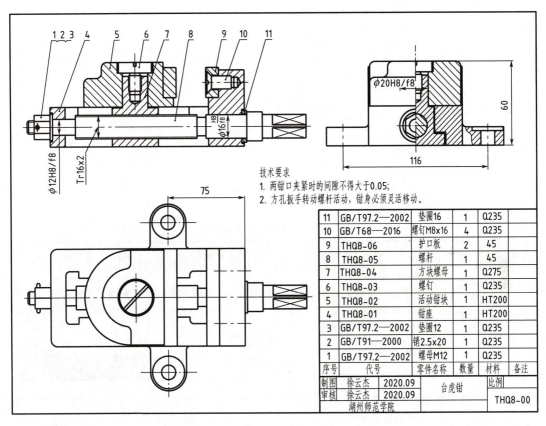

图 7.13　台虎钳装配图

（1）**钳座建模**。

根据图 7.14 所示的钳座零件图，将零件分解为三个基本体分别创建，在三个基本体的基础上做切割等其他细节特征，草绘尺寸参照图 7.14。

① 新建零件 THQ8-01.prt 并进入建模工作环境。

② 钳座零件的建模步骤见表 7-8。

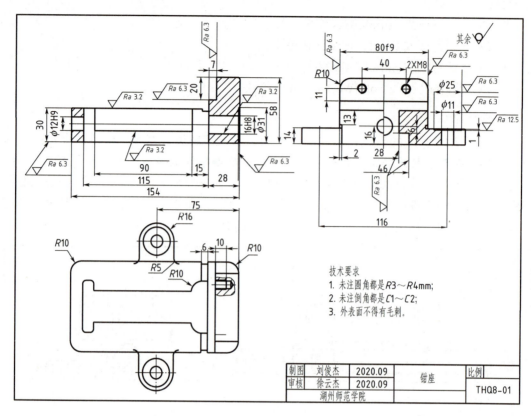

图 7.14 钳座零件图

表 7-8 钳座零件的建模步骤

步骤	（1）基本体1（拉伸）	（2）切割孔	（3）基本体2（拉伸）
草图内容及示意图	草图平面：俯视基准面	草图平面：实体表面	草图平面：实体表面
特征内容及示意图	单向拉伸 30mm		

续表

步　骤	（4）切割基本体 1	（5）切割基本体 2	（6）切割基本体 3
草图内容及示意图	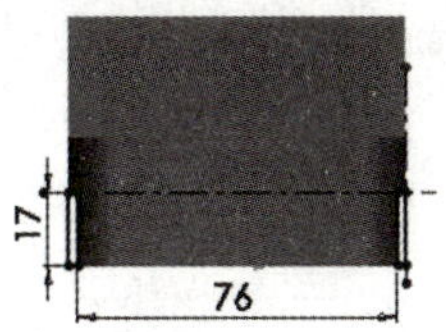 17, 76	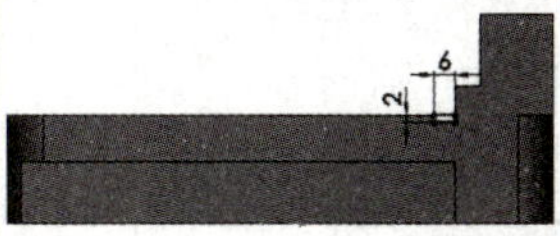 6, 2	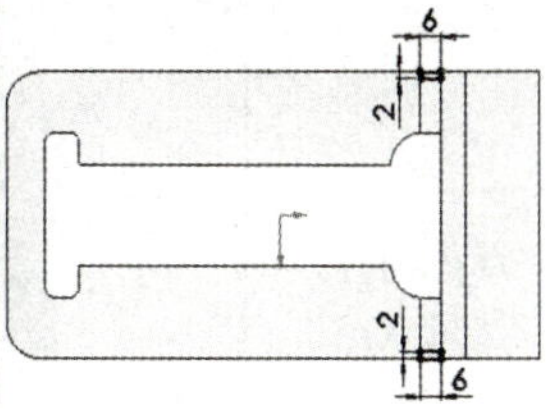 6, 2, 2, 6
特征内容及示意图	单向拉伸 14mm 	贯通切割 	贯通切割 

步　骤	（7）基本体 3（拉伸）	（8）打凸台孔	（9）镜像凸台和孔
草图内容及示意图	草图平面：底面 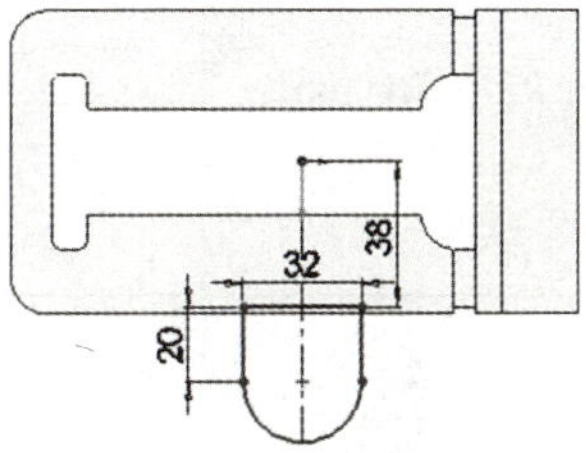　32　38　20	草图平面：凸台面 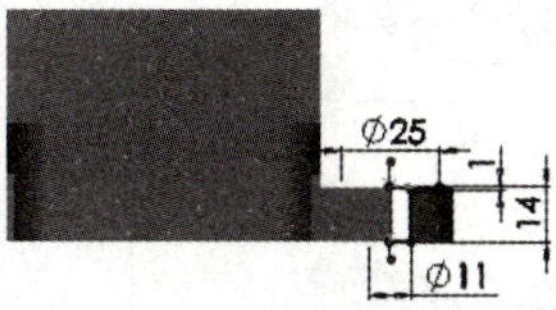　⌀25　⌀11　14	镜像平面：前视基准面
特征内容及示意图	单向拉伸 14mm 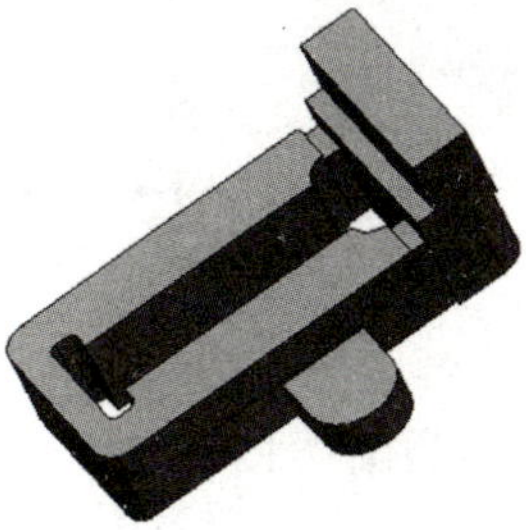	打孔 	

续表

步　骤	（10）切割孔	（11）螺杆凸台孔	（12）打活动钳块螺纹孔
草图内容及示意图	草图平面：底面 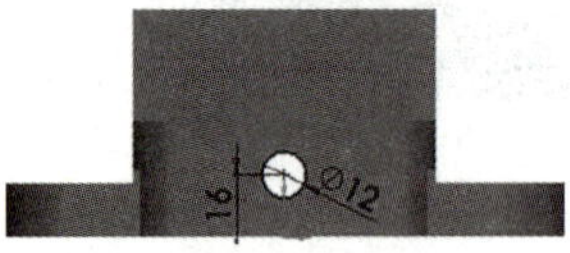	草图平面：底面 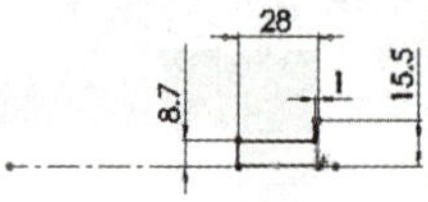	草图平面：底面 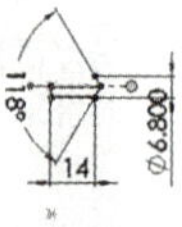
特征内容及示意图			

步　骤	（13）切割基本体1	（14）倒圆角并完成	
草图内容及示意图	草图平面：孔内面 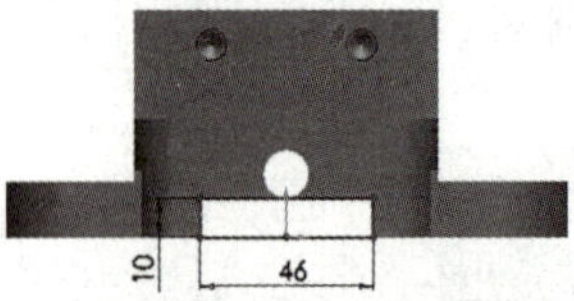	倒圆角 $R2 \sim R10$mm	
特征内容及示意图			

（2）**活动钳块建模**。

根据图 7.15 所示的活动钳块零件图，将零件分解为三个基本体分别创建，在三个基本体的基础上做切割等其他细节特征，草绘尺寸参照图 7.15。

① 新建零件 THQ8-02.prt 并进入建模工作环境。

② 活动钳块零件的建模步骤见表 7-9。

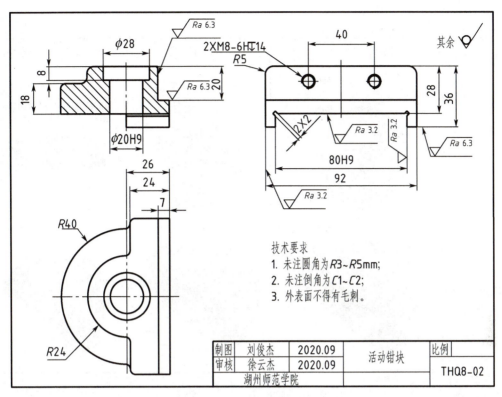

图 7.15 活动钳块零件图

表 7-9 活动钳块零件的建模步骤

步　骤	（1）基本体1（拉伸）	（2）基本体2（拉伸）	（3）基本体3（拉伸）
草图内容及示意图	草图平面：俯视基准面	草图平面：实体表面	草图平面：实体表面
特征内容及示意图	单向拉伸 8mm	单向拉伸 10mm	单向拉伸 10mm

续表

步骤	（4）倒圆角	（5）打盲孔	（6）基本体4（拉伸）
草图内容及示意图	草图平面：俯视基准面 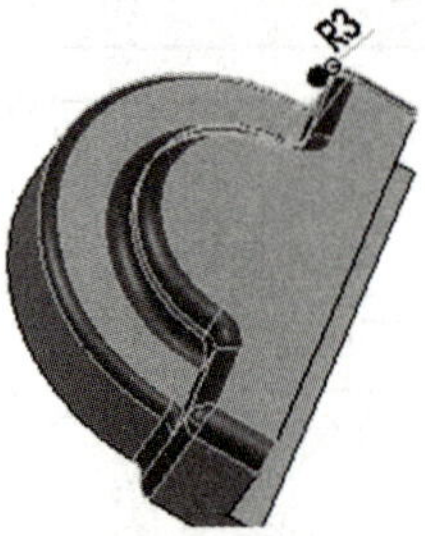 R3	草图平面：实体表面 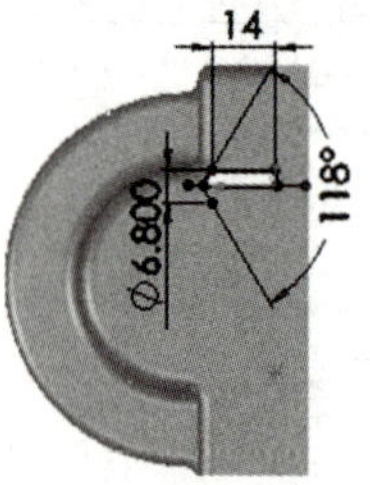 14 Ø6.800 118°	草图平面：实体表面 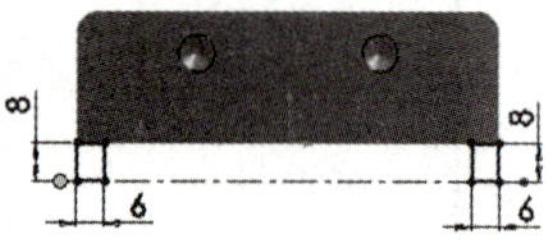 8 6 6 8
特征内容及示意图	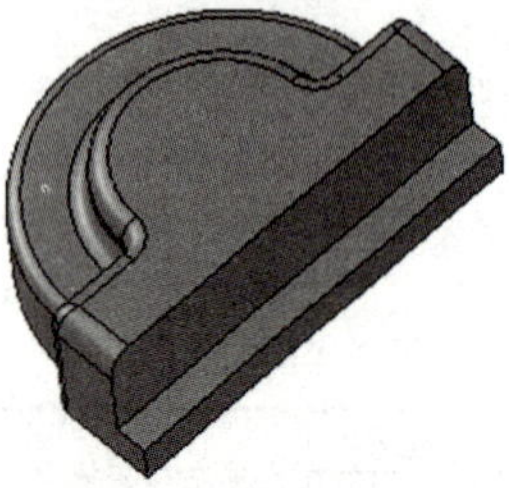	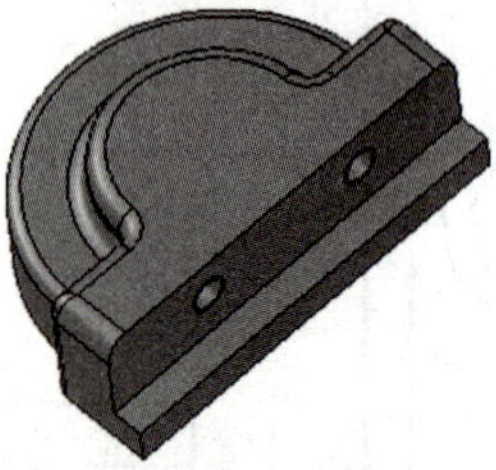	单向拉伸26mm 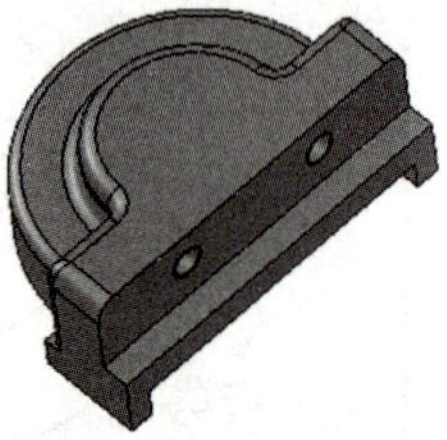

步骤	（7）切割基本体	（8）切割孔	（9）切割孔并完成
草图内容及示意图	草图平面：实体表面  2 2	草图平面：实体表面 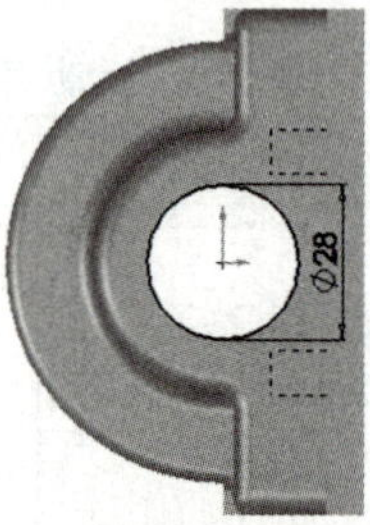 Ø28	草图平面：实体表面 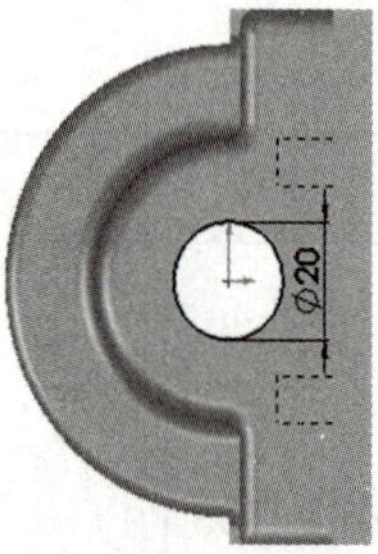 Ø20
特征内容及示意图	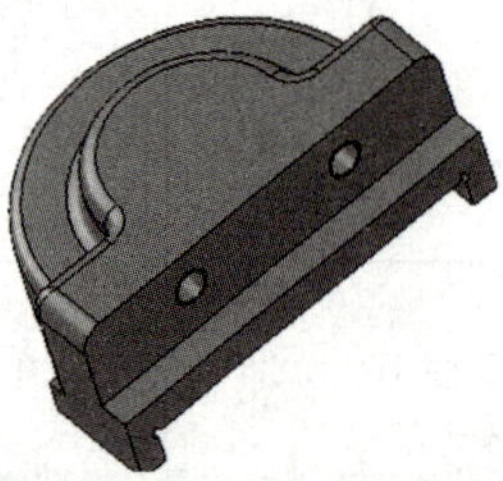	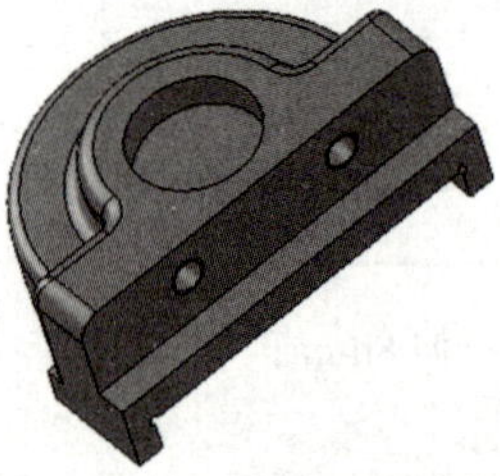	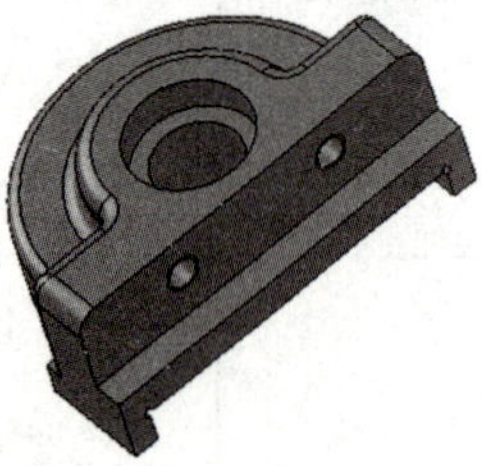

（3）**螺钉建模**。

根据图 7.16 所示的螺钉零件图，在基本体的基础上做切割等其他细节特征，草绘尺寸参照图 7.16。

① 新建零件 THQ8-03.prt 并进入建模工作环境。

② 螺钉零件的建模步骤见表 7-10。

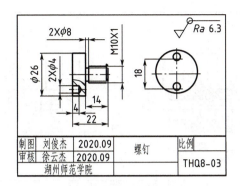

图 7.16 螺钉零件图

表 7-10 螺钉零件的建模步骤

步 骤	（1）基本体1（旋转）	（2）打盲孔	（3）扫描螺纹并完成
草图内容及示意图	草图平面：前视基准面	草图平面：实体表面	螺距为2mm
特征内容及示意图	旋转360°		

（4）**方块螺母建模**。

根据图 7.17 所示的方块螺母零件图，将零件分解为两个基本体分别创建，在两个基本体的基础上做切割等其他细节特征，草绘尺寸参照图 7.17。

① 新建零件 THQ8-04.prt 并进入建模工作环境。

② 方块螺母零件的建模步骤见表 7-11。

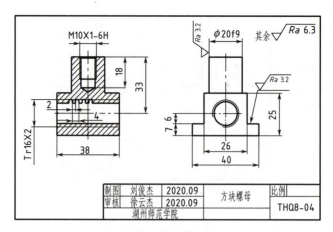

图 7.17　方块螺母零件图

表 7-11　方块螺母零件的建模步骤

步　骤	（1）基本体1（拉伸）	（2）基本体2（拉伸）	（3）打盲孔
草图内容及示意图	草图平面：前视基准面	草图平面：实体表面	同轴螺纹盲孔
特征内容及示意图	单向拉伸 38mm	单向拉伸 21mm	单向拉伸 10mm

步　骤	（4）切割基本体1	（5）扫描螺纹孔1	（6）扫描螺纹并完成
草图内容及示意图	草图平面：实体表面	草图平面：实体表面	草图平面：实体表面

续表

步　　骤	（4）切割基本体1	（5）扫描螺纹孔1	（6）扫描螺纹并完成
特征内容及示意图	贯通	全螺纹	螺纹深12mm

（5）**螺杆建模**。

根据图7.18所示的螺杆零件图，在两个基本体的基础上做切割等其他细节特征，草绘尺寸参照图7.18。

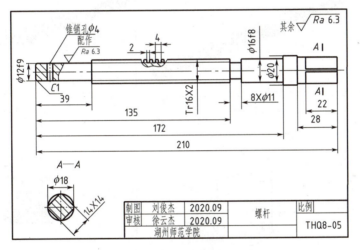

图7.18　螺杆零件图

① 新建零件THQ8-05.prt并进入建模工作环境。
② 螺杆零件的建模步骤见表7-12。

表7-12　螺杆零件的建模步骤

步　　骤	（1）基本体1（旋转）	（2）倒直角
草图内容及示意图	草图平面：前视基准面	螺杆端边

续表

步　骤	（1）基本体1（旋转）	（2）倒直角
特征内容及示意图	旋转360° 	单向拉伸10mm 

步　骤	（3）螺纹扫描	（4）基本体2（拉伸）
草图内容及示意图	螺纹截面，螺距为2mm 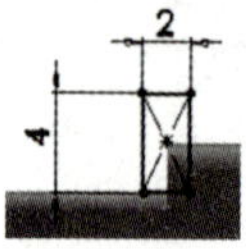	草图平面：端面，单向拉伸22mm 　φ18
特征内容及示意图		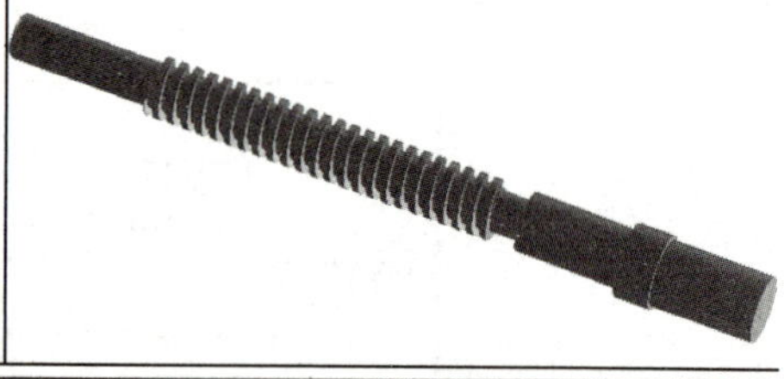

步　骤	（5）切割	（6）切割孔并完成
草图内容及示意图	单向拉伸22mm 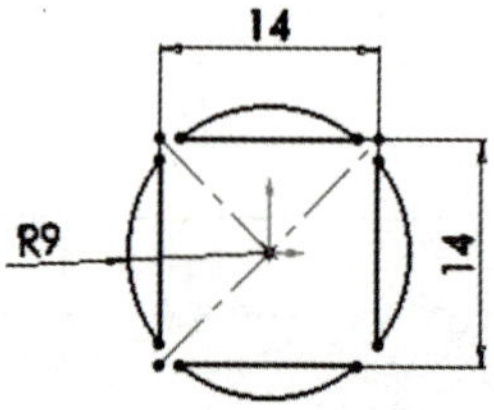　14　R9　14	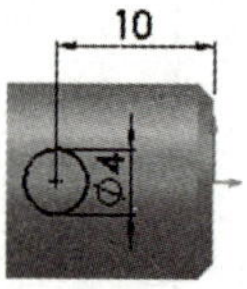 10　φ4
特征内容及示意图		

（6）**护口板建模**。

根据图7.19所示的护口板零件图，在一个基本体的基础上做切割等其他细节特征，草绘尺寸参照图7.19。

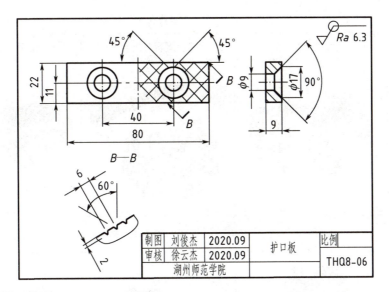

图 7.19　护口板零件图

① 新建零件 THQ8-06.prt 并进入建模工作环境。

② 护口板零件的建模步骤见表 7-13。

表 7-13　护口板零件的建模步骤

步　　骤	（1）基本体 1（拉伸）	（2）扫描切割	（3）打孔并完成
草图内容及示意图	草图平面：前视基准面	草图平面：实体表面	
特征内容及示意图	单向拉伸 8mm	扫描并阵列	

（7）**台虎钳装配**。

根据图 7.13 所示的台虎钳装配图，按照装配顺序进行装配。

① 新建组件 hkb.asm 并进入装配工作环境。

② 装配步骤见表 7-14。

表 7-14 装配步骤

步 骤	(1) 装入钳体 (默认)	(2) 螺杆 (配合)	(3) 螺杆 (插入或同轴)
装配约束	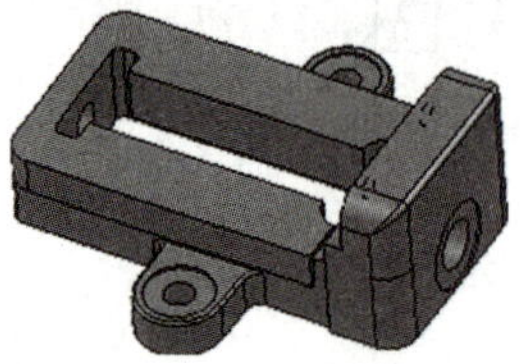	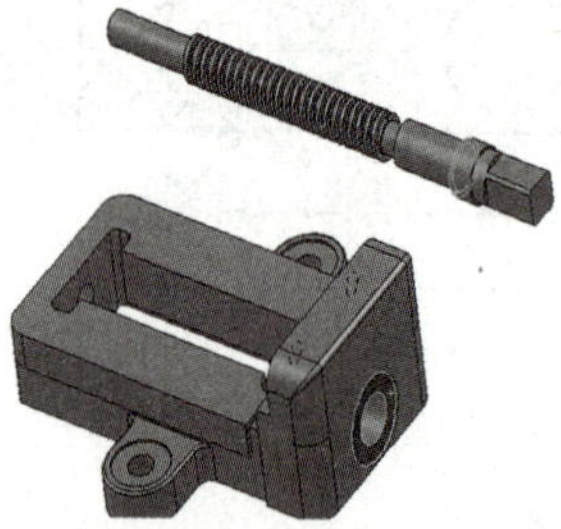	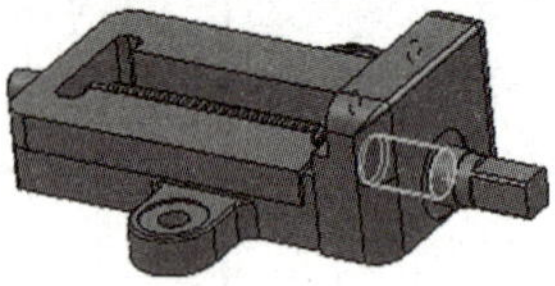

步 骤	(4) 活动钳块 (配合)	(5) 活动钳块 (配合)	(6) 活动钳块 (距离配合)
装配约束		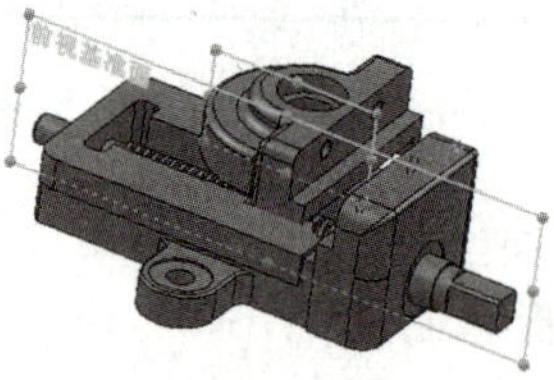	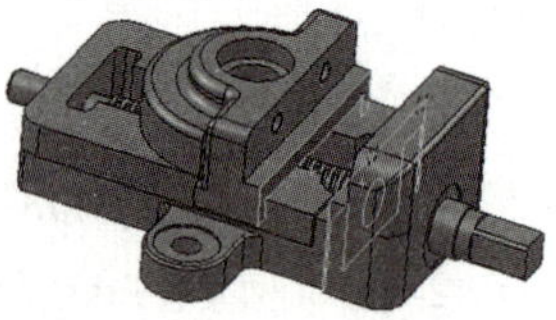

步 骤	(7) 方块螺母 (插入或同轴)	(8) 方块螺母 (插入或同轴)	(9) 螺钉 (对齐或同心)
装配约束	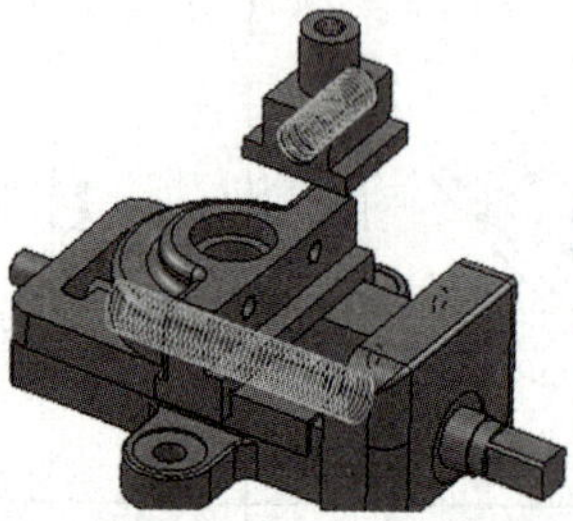	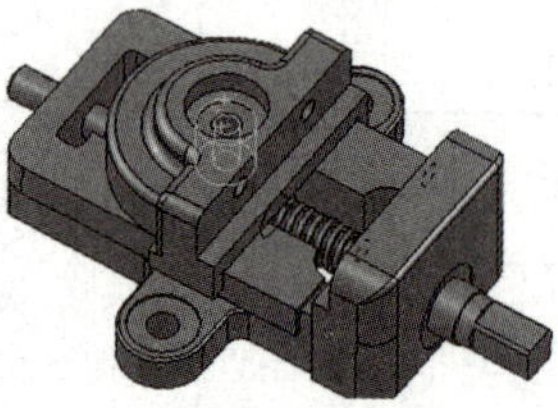	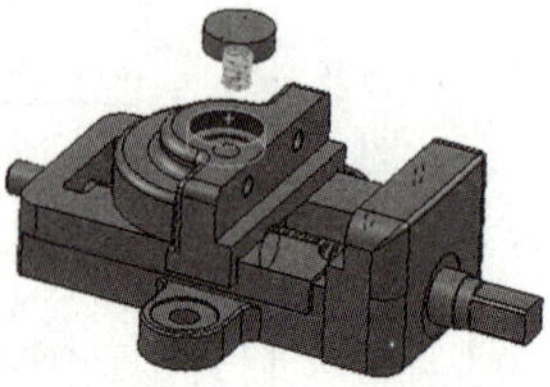

步 骤	(10) 螺钉 (配合)	(11) 护口板 (配合)	(12) 护口板 (对齐或同心)
装配约束	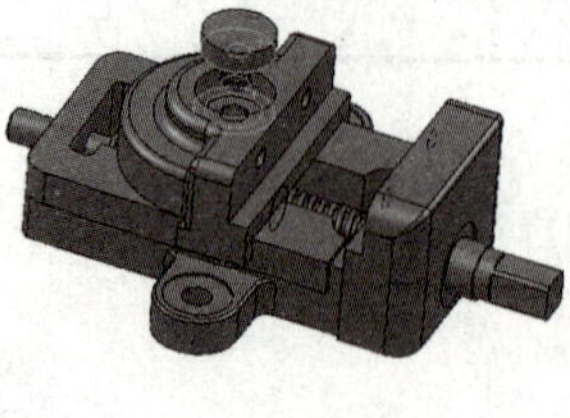	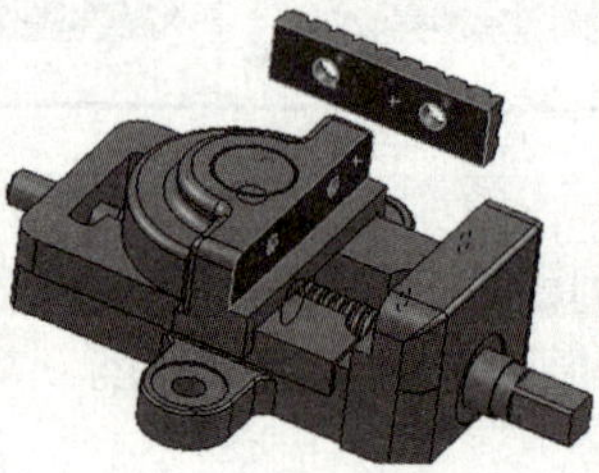	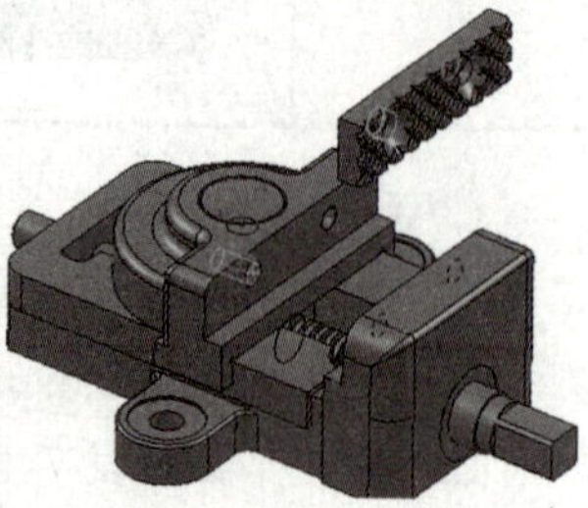

续表

步骤	（13）护口板（配合）	（14）护口板（对齐或同心）	（15）十字螺钉（对齐或同心）
装配约束			

步骤	（16）十字螺钉（配合）	（17）十字螺钉（重复3次）	（18）固定环（对齐或同轴）
装配约束			

（8）台虎钳工程图。

根据第4章和工程图出图步骤和方法，导出零件图，并在AutoCAD中做后期处理（参见第3章内容），处理后的工程图如图7.13至图7.19所示。

7.3 一级减速器

7.3.1 减速器的结构和工作原理

减速器又称变速器，有很多种类。齿轮减速器是通过齿轮啮合的变速作用，把从原动机（如电动机）输入的转速转换成所需转速，以适应工作机械（如皮带输送机、起重机）要求的一种中间传动装置。因为其多用于降低转速、增大传输扭矩，所以称为减速器。减速器三维建模图和减速器三维建模爆炸图分别如图7.20和图7.21所示。

减速器主要由机体（下箱体）、机盖（上箱体）及其连接件（紧固件）和主动轴系、从动轴系零件组成，其中齿轮和轴是核心零件。动力从主动齿轮轴上的小齿轮传递到从动齿轮（大齿轮），从动齿轮通过键将动力传递到从动齿轮轴，并由从动齿轮轴输出。两轴上装有滚动轴承，以减小轴传动时的摩擦阻力，从而提高传动效率。在滚动轴承内侧装有挡油环，以防止润滑油带入轴承稀释润滑脂。在滚动轴承外侧，其主动齿轮轴、从动齿轮轴的密封端都装有调整环和密封盖，起轴向定位作用，防止两轴做轴向窜动。其主动齿轮轴、从动齿轮轴的伸出端都装有甩油环和透盖，可防止灰尘从透盖孔与轴的间隙中侵入磨损滚动轴承。轴承密封可采用沟槽式密封、迷宫式密封、皮碗式密封、毛毡式密封等。

图7.20 减速器三维建模图

图7.21 减速器三维建模爆炸图

机体腔内装有润滑油,齿轮工作时靠飞溅润滑。机体下部两侧各装有游标(不同减速器的游标结构和形状可能不同)和放油塞,可从游标观察机体内的油面高度,放油塞用于排放污油。机盖顶部有观察孔,装有视孔盖。机体与机盖用螺栓连接,用定位销定位。

7.3.2 案例分析

1. 案例说明

本案例主要介绍减速器各部分零件的建模、装配及工程图的生成,建模较简单,使用直接建模工具即可完成。

2. 案例所用知识点

- NX 扫描特征或 SolidWorks 建模特征。
- NX 成型特征或 SolidWorks 直接特征。
- NX 或 SolidWorks 编辑特征。

- NX 特征复制或 SolidWorks 复制特征。
- NX 或 SolidWorks 装配特征。
- NX 或 SolidWorks 工程图特征。

3. 设计流程

阅读图 7.22 所示的减速器装配图，全面、深入了解设计意图，清楚减速器的工作原理、装配关系、技术要求和每个零件的形状，标准零件直接由标准件库调入。零件建模时，不但要从设计方面考虑零件的作用和要求，而且要从工艺方面考虑零件的制造和装配，建模后的零件应符合设计和工艺要求。在建模的基础之上进行装配，同时可以创建零件及装配体的工程图，还可以对台虎钳进行机构运动仿真。减速器图纸一览表见表 7-15。

表 7-15 减速器图纸一览表

代号	名称	数量	图幅	代号	名称	数量	图幅
JSQ00-00	装配图	1	A1	JSQ00-08	主动齿轮轴	1	A4
JSQ00-01	轴承端盖	1	A4	JSQ00-09	挡油环	2	A4
JSQ00-02	挡油环	2	A4	JSQ00-10	轴承端盖	1	A4
JSQ00-03	箱座	1	A2	JSQ00-11	箱盖	1	A2
JSQ00-04	齿轮	1	A4	JSQ00-12	窥视孔盖	1	A4
JSQ00-05	轴承端盖	1	A4	JSQ00-13	通气螺塞	1	A4
JSQ00-06	从动轴	1	A4	JSQ00-14	游标尺	1	A4
JSQ00-07	轴承端盖	1	A4				

（1）轴承端盖建模。

根据图 7.23 所示轴承端盖零件图，将零件分解为三个基本体分别创建，在三个基本体的基础上做切割等其他细节特征，草绘尺寸参照图 7.23 尺寸。

① 新建零件 JSQ00-01.prt 并进入建模工作环境。
② 轴承端盖零件的建模步骤见表 7-16。

（2）挡油环建模。

根据图 7.24 所示的挡油环零件图，将零件分解为三个基本体分别创建，在三个基本体的基础上做切割等其他细节特征，草绘尺寸参照图 7.24 尺寸。

① 新建零件 JSQ00-02.prt 并进入建模工作环境。
② 挡油环零件的建模步骤见表 7-17。

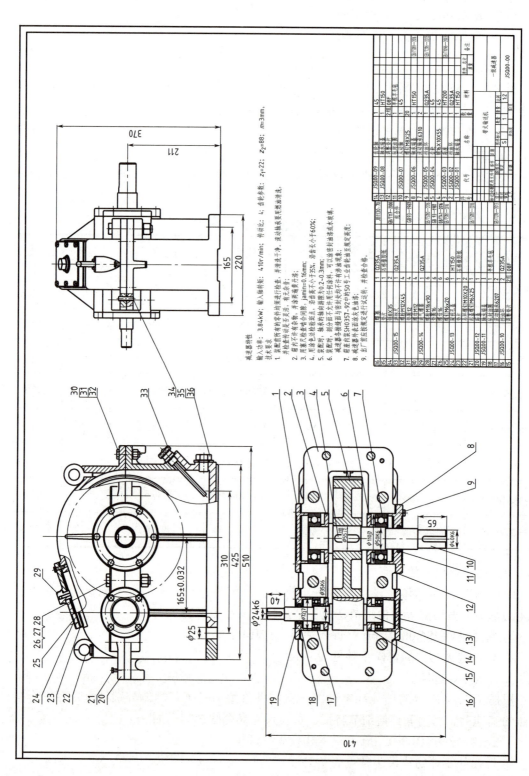

图 7.22 减速器装配图

图 7.23　轴承端盖零件图　　　　　　　图 7.24　挡油环零件图

表 7-16　轴承端盖零件的建模步骤

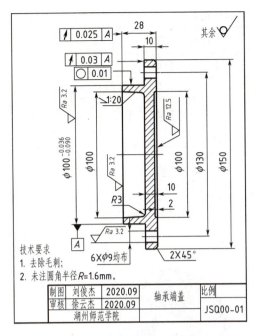

步骤	（1）基本体 1（旋转）	（2）切割并完成
草图内容及示意图	草图平面：前视基准面	草图平面：实体表面
特征内容及示意图	旋转 360°	阵列

247

表 7-17 挡油环零件的建模步骤

步　骤	基本体（旋转）
草图内容及示意图	草图平面：前视基准面 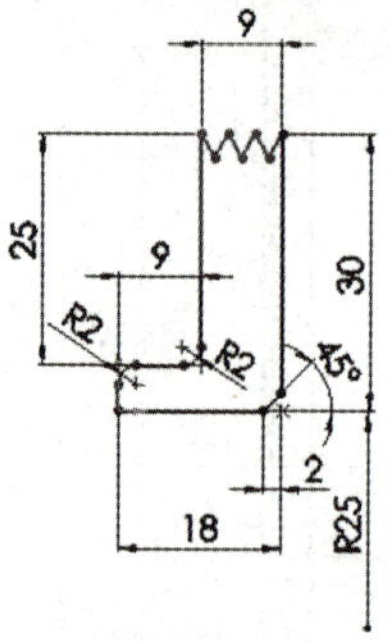
特征内容及示意图	旋转 360° 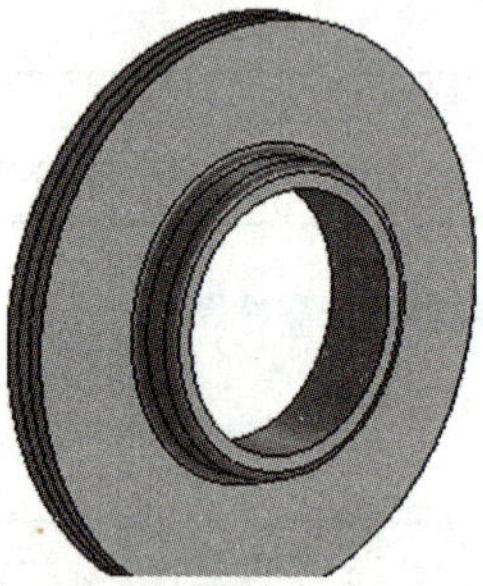

（3）**箱座建模**。

根据图 7.25 所示的箱座零件图，将零件分解为三个基本体分别创建，在三个基本体的基础上做切割等其他细节特征，草绘尺寸参照图 7.25。

① 新建零件 JSQ00-03.prt 并进入建模工作环境。

② 箱座零件的建模步骤见表 7-18。

表 7-18 箱座零件的建模步骤

步　骤	（1）基本体1（拉伸）	（2）扫描切割	（3）基本体2（拉伸）
草图内容及示意图	草图平面：前视基准面 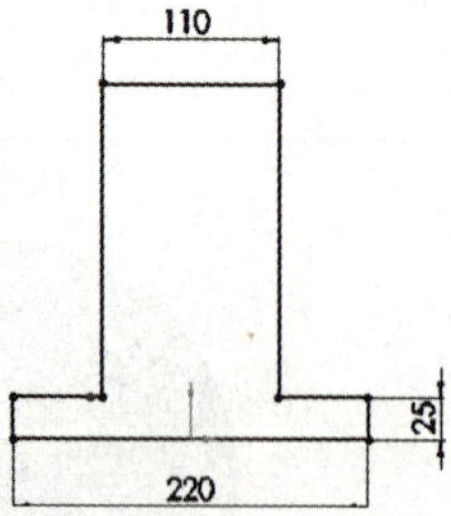	草图平面：实体表面 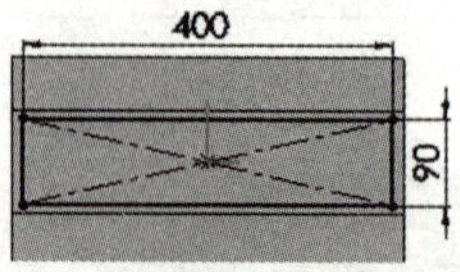	草图平面：实体表面 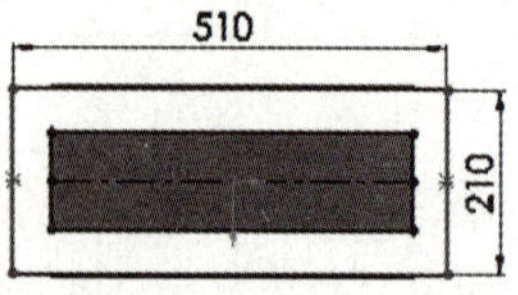

续表

步骤	（1）基本体1（拉伸）	（2）扫描切割	（3）基本体2（拉伸）
特征内容及示意图	单向拉伸 425mm 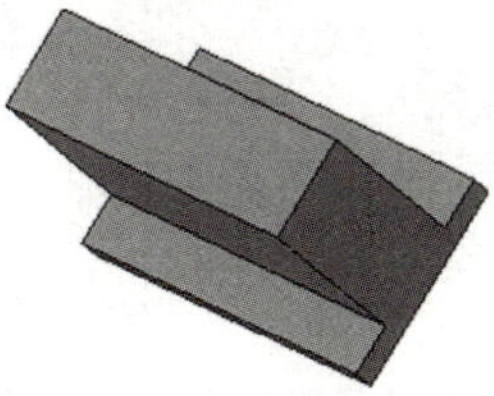	单向切割 190mm 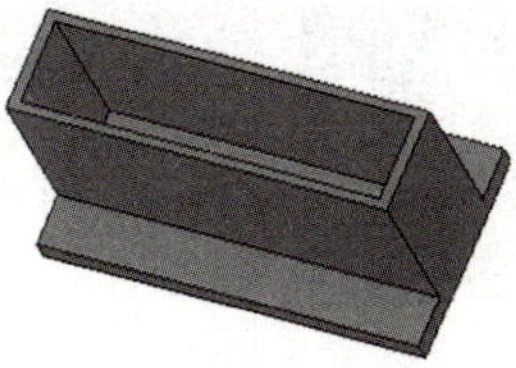	单向拉伸 15mm 

步骤	（4）基本体3（拉伸）	（5）打孔切割	（6）凸台拉伸
草图内容及示意图	草图平面：前视基准面 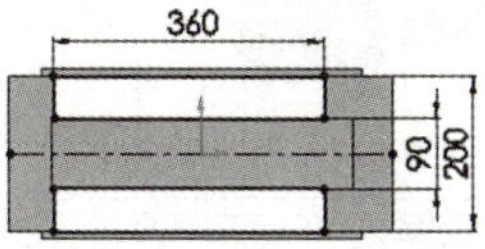	草图平面：实体表面 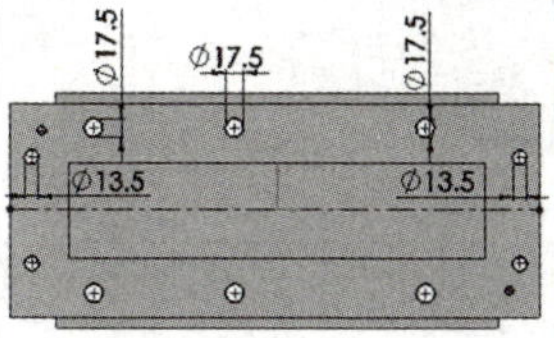	草图平面：实体表面 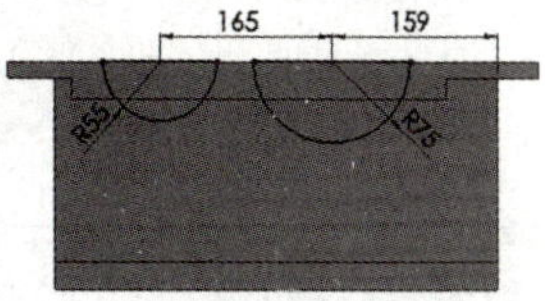
特征内容及示意图	单向拉伸 35mm 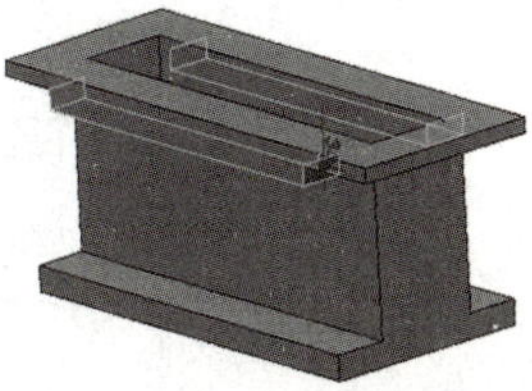	贯通 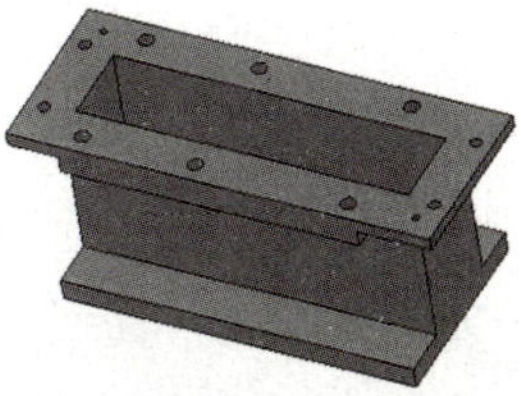	单向拉伸 50mm 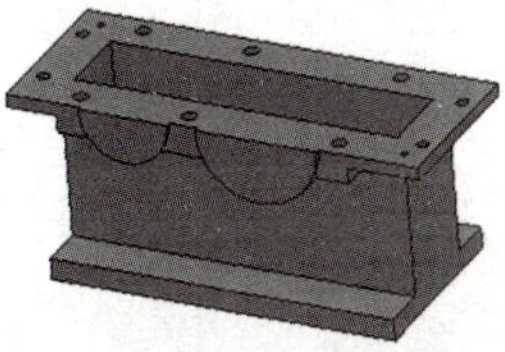

步骤	（7）镜像（拉伸）	（8）切割	（9）筋并镜像
草图内容及示意图	镜像平面：前视基准面	草图平面：实体表面 	草图平面：穿过轴基准面 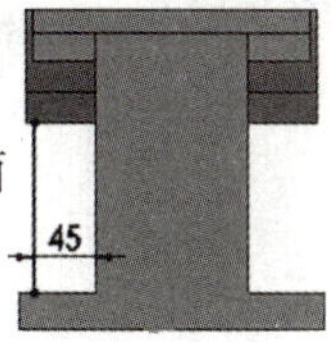
特征内容及示意图	单向拉伸 35mm 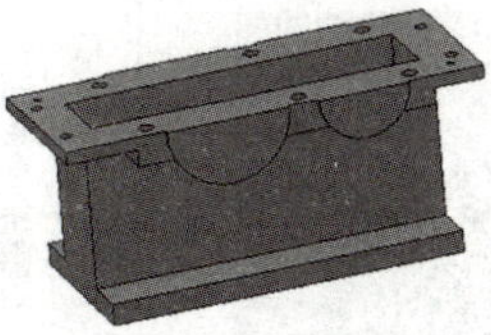	贯通 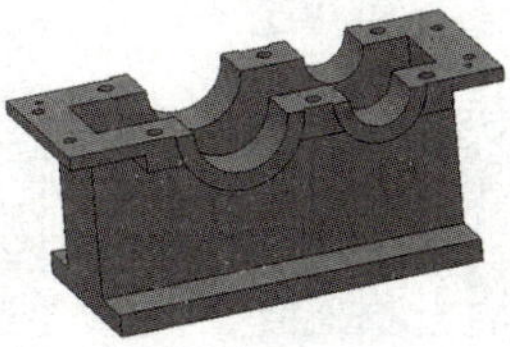	镜像平面：前视基准面 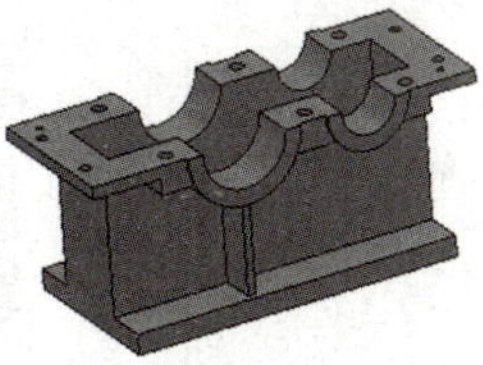

续表

步　骤	(10) 镜像(拉伸)	(11) 切割	(12) 螺纹孔
草图内容及示意图	创建筋板并镜像 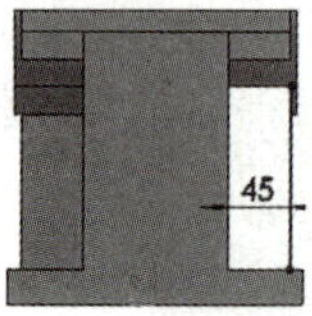 45	单向拉伸 15mm 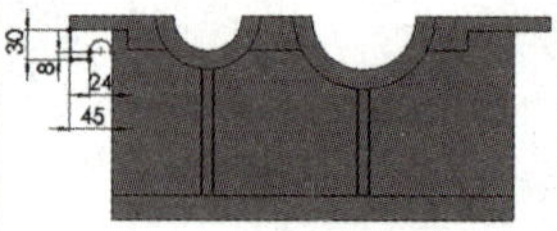 30 / 8 / 24 / 45	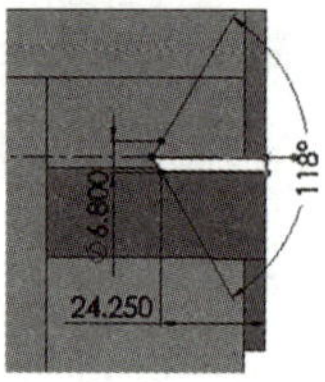 118° ⌀6.900 24.250
特征内容及示意图	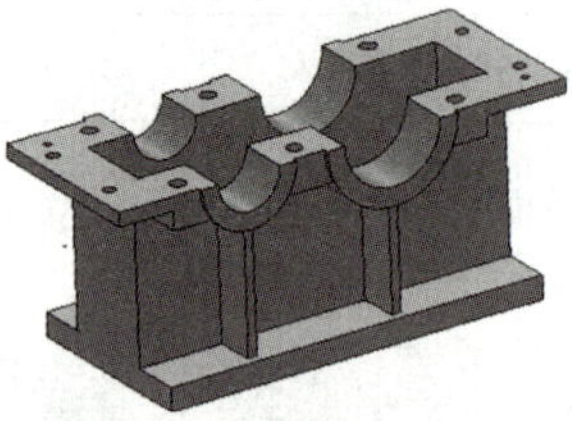	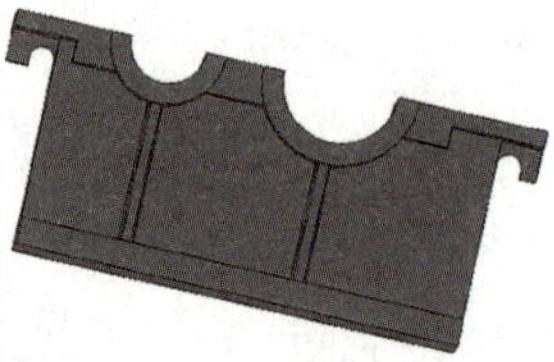	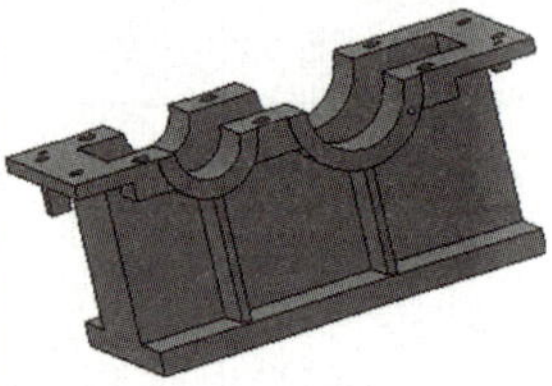

步　骤	(13) 阵列螺纹孔并镜像	(14) 重复螺纹孔并镜像	(15) 切割
草图内容及示意图	轴向		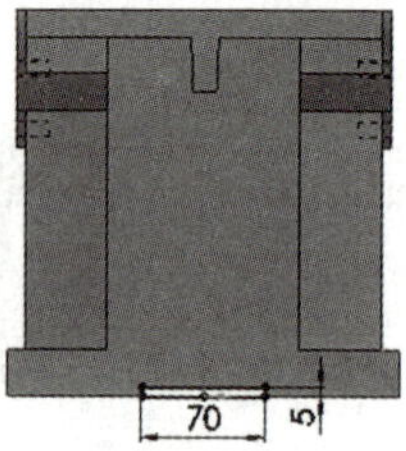 70　5
特征内容及示意图		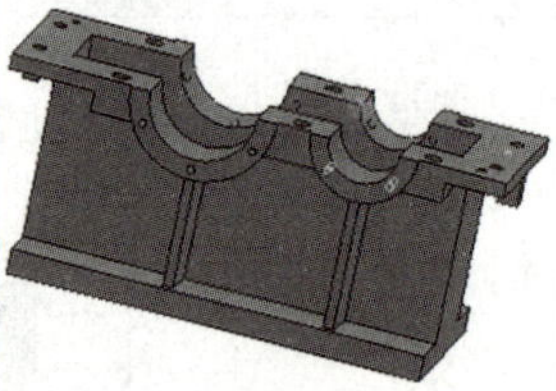	贯通 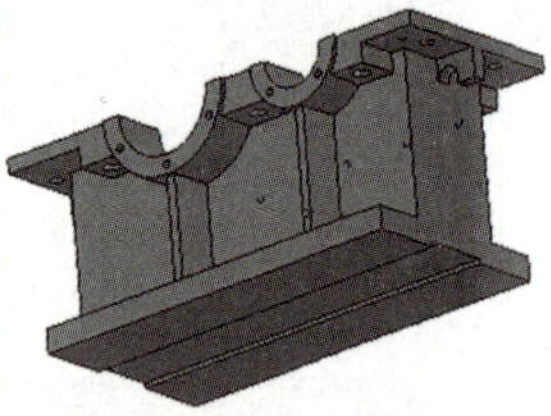

步　骤	(16) 拉伸螺塞凸台	(17) 切割螺塞孔	(18) 拉伸游标尺凸台
草图内容及示意图	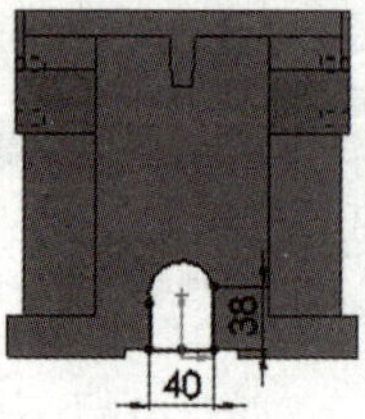 38 40	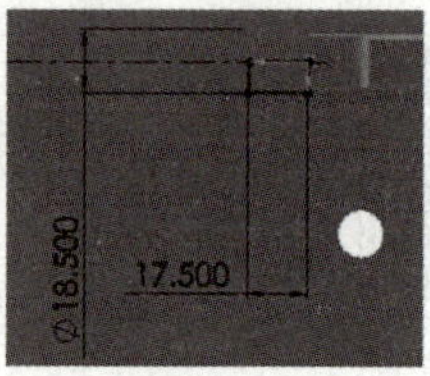 ⌀18.500　17.500	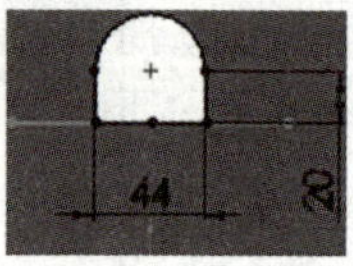 44　20

续表

步骤	(16) 拉伸螺塞凸台	(17) 切割螺塞孔	(18) 拉伸游标尺凸台
特征内容及示意图	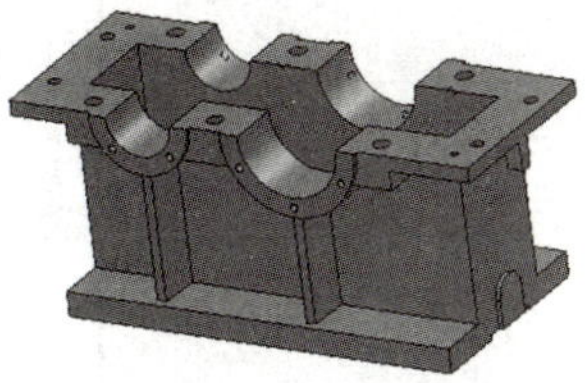	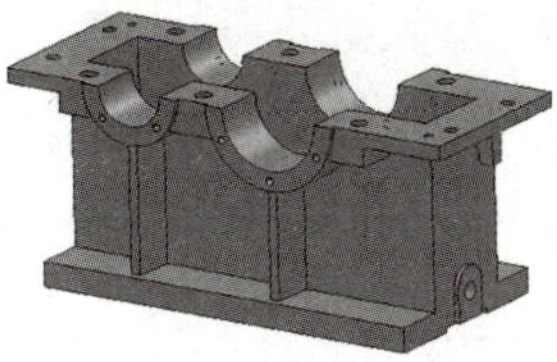	

步骤	(19) 切割游标尺孔	(20) 切割并镜像	(21) 倒圆角
草图内容及示意图	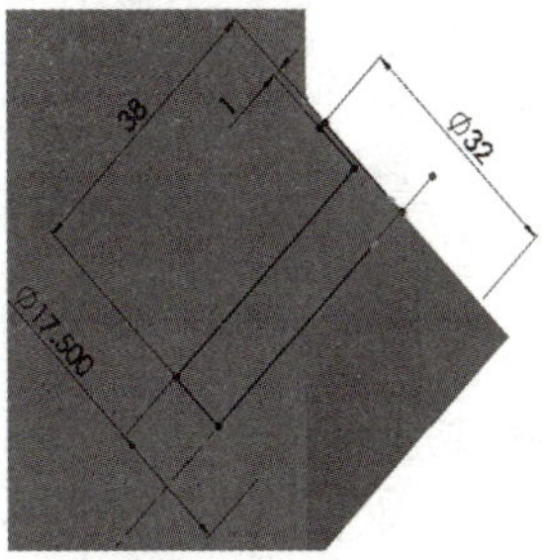	单向拉伸 2mm 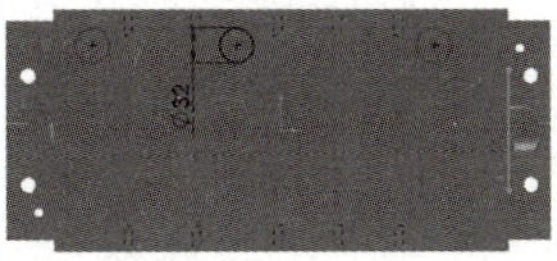	倒圆角 R2mm、R5mm
特征内容及示意图			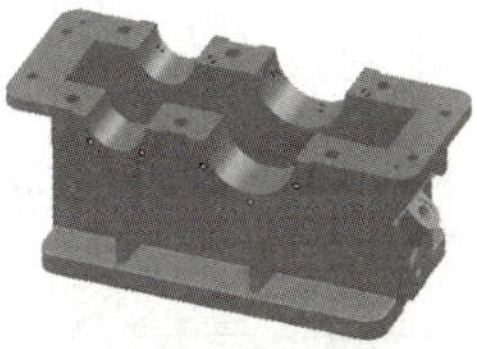

步骤	(22) 切割底板孔	(23) 切割锪平	(24) 倒直角并完成
草图内容及示意图	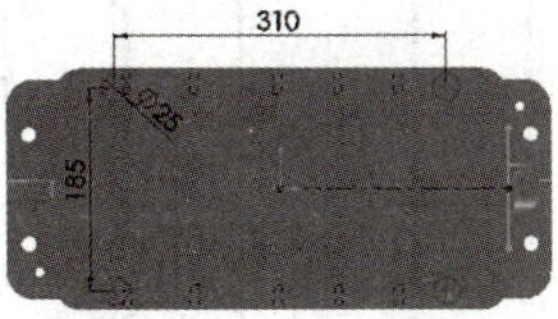	单向拉伸 1mm 	
特征内容及示意图	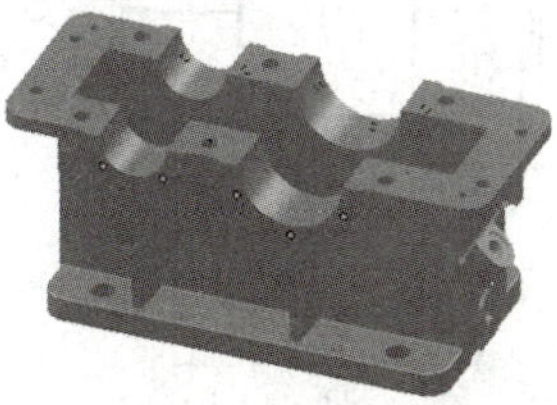	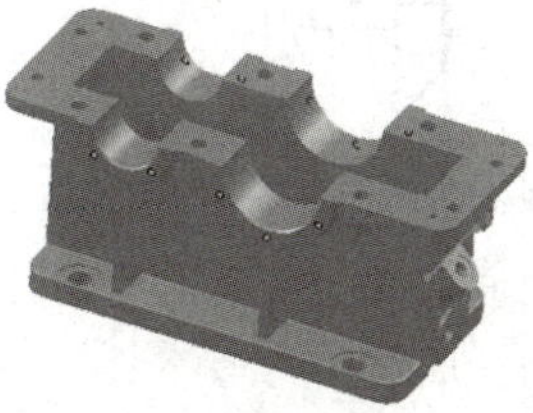	

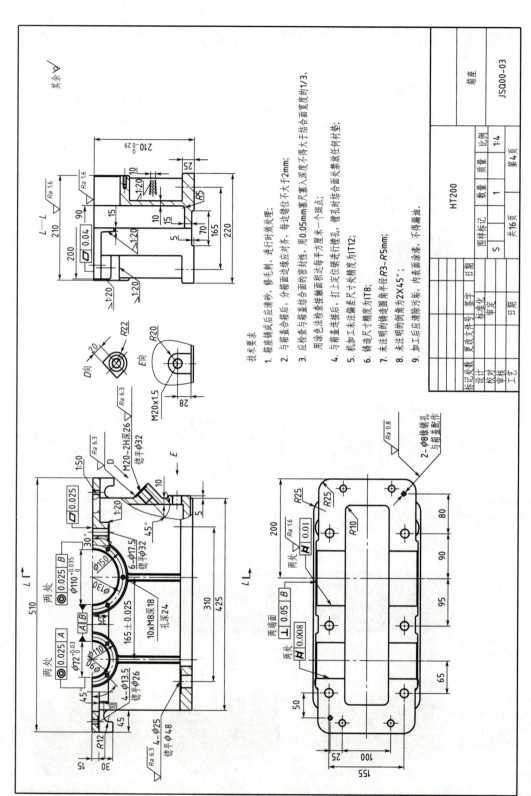

图 7.25 箱座零件图

（4）**齿轮建模**。

根据图 7.26 所示的从动齿轮零件图，在基本体的基础上做切割等其他细节特征，草绘尺寸参照图 7.26。

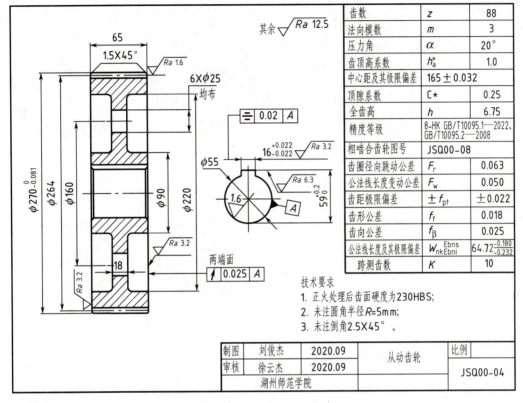

图 7.26 从动齿轮零件图

① 新建零件 JSQ00-04.prt 并进入建模工作环境。

② 从动齿轮零件的建模步骤见表 7-19。

表 7-19 从动齿轮零件的建模步骤

步　　骤	（1）调入从动齿轮	（2）切割并镜像	（3）切割并阵列
草图内容及示意图	修改齿轮参数值，$m=3\text{mm}$，$z=88$，$B=65$，孔直径为 55，其余采用默认值	草图平面：实体表面，内径为 90mm，外径为 220mm	草图平面：实体表面，直径为 25mm

续表

步　　骤	（1）调入从动齿轮	（2）切割并镜像	（3）切割并阵列
特征内容及示意图	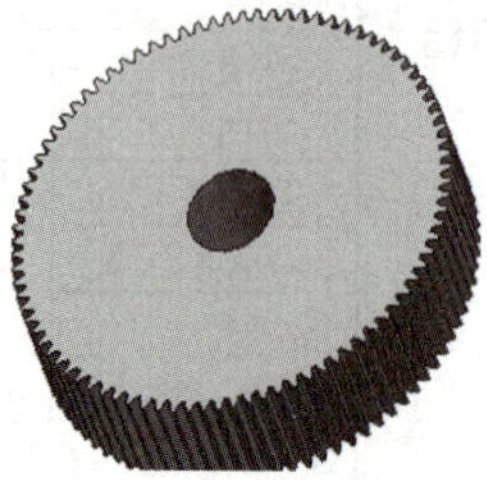	单向拉伸 23.5mm 	轴向阵列 

步　　骤	（4）切割键槽	（5）倒圆角	（6）倒直角并完成
草图内容及示意图	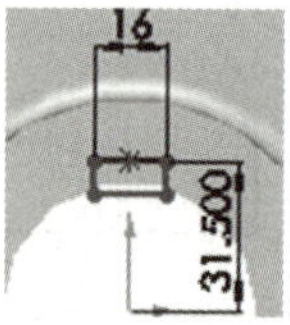 16 31.500		
特征内容及示意图			

（5）**轴承端盖建模**。

根据图 7.27 所示的轴承端盖零件图，在基本体的基础上做切割等其他细节特征，草绘尺寸参照图 7.27。

① 新建零件 JSQ00-05.prt 并进入建模工作环境。
② 轴承端盖零件的建模步骤见表 7-20。

（6）**从动齿轮轴建模**。

根据图 7.28 所示的从动齿轮轴零件图，在基本体的基础上做切割等其他细节特征，草绘尺寸参照图 7.28。

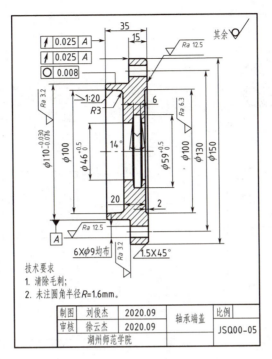

图 7.27 轴承端盖零件图

表 7-20 轴承端盖零件的建模步骤

步骤	（1）基本体 1（旋转）	（2）切割并完成
草图内容及示意图	草图平面：前视基准面	草图平面：实体表面
特征内容及示意图	旋转 360°	

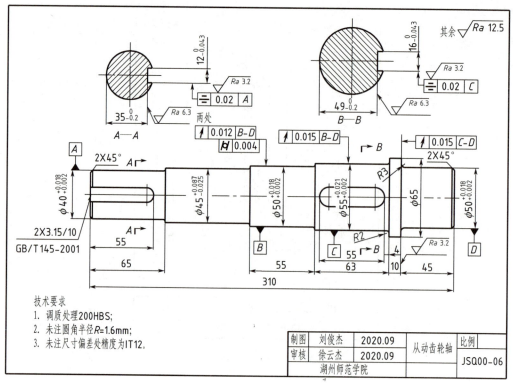

图 7.28　从动齿轮轴零件图

① 新建零件 JSQ00-06.prt 并进入建模工作环境。
② 从动齿轮轴零件的建模步骤见表 7-21。

表 7-21　从动齿轮轴零件的建模步骤

步　骤	（1）基本体1（旋转）	（2）切割键槽
草图内容及示意图	草图平面：前视基准面	草图平面：实体表面
特征内容及示意图	旋转 360°	单向切割 5mm

续表

步骤	（3）切割键槽	（4）倒角并完成
草图内容及示意图	草图平面：实体表面	
特征内容及示意图	单向拉伸 27.5mm	

（7）**轴承端盖建模**。

根据图 7.29 所示的轴承端盖零件图，在基本体的基础上做切割等其他细节特征，草绘尺寸参照图 7.29。

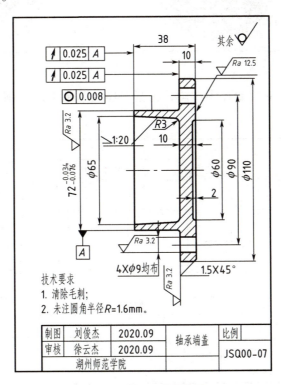

图 7.29 轴承端盖零件图

① 新建零件 JSQ00-07.prt 并进入建模工作环境。
② 轴承端盖零件的建模步骤见表 7-22。

表 7-22 轴承端盖零件的建模步骤

步　　骤	（1）基本体（旋转）	（2）切割并完成
草图内容及示意图	草图平面：前视基准面	草图平面：实体表面
特征内容及示意图	旋转 360°	阵列

（8）**挡油环建模**。

根据图 7.30 所示的挡油环零件图，在基本体的基础上做切割等其他细节特征，草绘尺寸参照图 7.30。

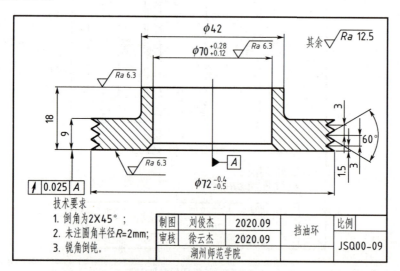

图 7.30　挡油环零件图

① 新建零件 JSQ00-09.prt 并进入建模工作环境。
② 挡油环零件的建模步骤见表 7-23。

表7-23 挡油环零件的建模步骤

步骤	基本体（旋转）
草图内容及示意图	草图平面：前视基准面
特征内容及示意图	旋转360°

（9）**主动齿轮轴建模**。

根据图7.31所示的主动齿轮轴零件图，在基本体的基础上做切割等其他细节特征，草绘尺寸参照图7.31。

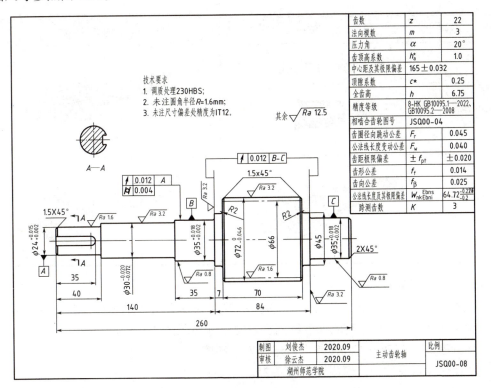

图7.31 主动齿轮轴零件图

① 新建零件 JSQ00-08.prt 并进入建模工作环境。
② 主动齿轮轴零件的建模步骤见表 7-24。

表 7-24 主动齿轮轴零件的建模步骤

步骤	（1）调入从动齿轮	（2）切割并镜像
草图内容及示意图	修改齿轮参数值，$m=3$，$z=88$，$B=70$，其余采用默认值	草图平面：实体表面 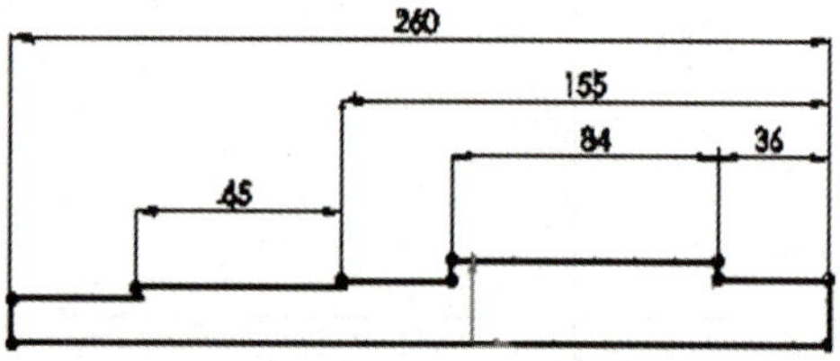
特征内容及示意图		旋转 360° 

步骤	（3）切割键槽	（4）倒角并完成
草图内容及示意图	草图平面：实体表面 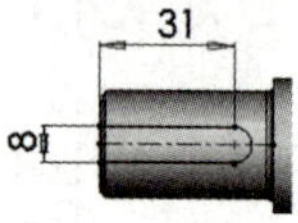	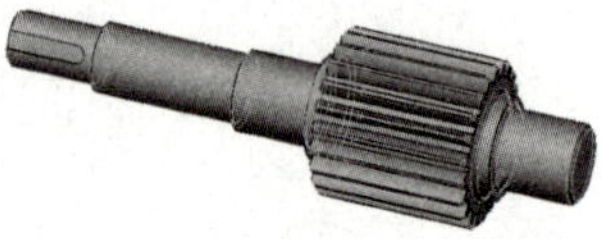
特征内容及示意图		

（10）**窥视孔盖建模**。

根据图 7.32 所示的窥视孔盖零件图，将零件分解为两个基本体分别创建，在两个基本体的基础上做切割等其他细节特征，草绘尺寸参照图 7.32。

① 新建零件 JSQ00-12.prt 并进入建模工作环境。
② 窥视孔盖零件的建模步骤见表 7-25。

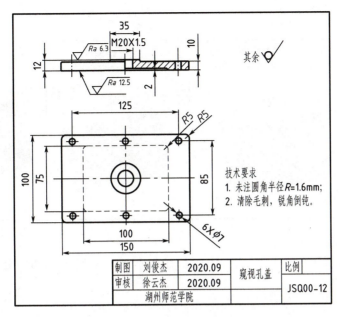

图 7.32 窥视孔盖零件图

表 7-25 窥视孔盖零件的建模步骤

步骤	（1）基本体1（拉伸）	（2）基本体2（拉伸）	（3）切割
草图内容及示意图	草图平面：前视图表面	草图平面：实体表面	草图平面：实体表面
特征内容及示意图	单向拉伸 10mm	单向拉伸 2mm	单向拉伸 2mm

步骤	（4）切割	（5）切割	（6）倒圆角并完成
草图内容及示意图	草图平面：前视图表面	草图平面：实体表面	

步　骤	（4）切割	（5）切割	（6）倒圆角并完成
特征内容及示意图	贯通	贯通	

（11）**轴承端盖建模**。

根据图 7.33 所示的轴承端盖零件图，在基本体的基础上做切割等其他细节特征，草绘尺寸参照图 7.33。

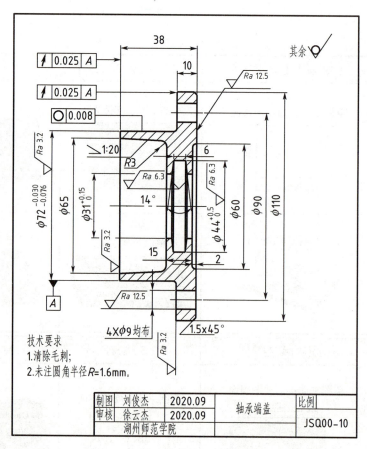

图 7.33　轴承端盖零件图

① 新建零件 JSQ00-10.prt 并进入建模工作环境。
② 轴承端盖零件的建模步骤见表 7-26。

表 7-26 轴承端盖零件的建模步骤

步　　骤	（1）基本体（旋转）	（2）切割并完成
草图内容及示意图	草图平面：前视基准面 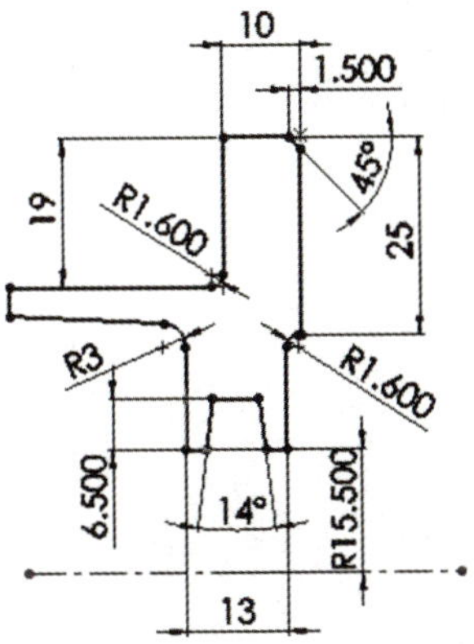	草图平面：实体表面 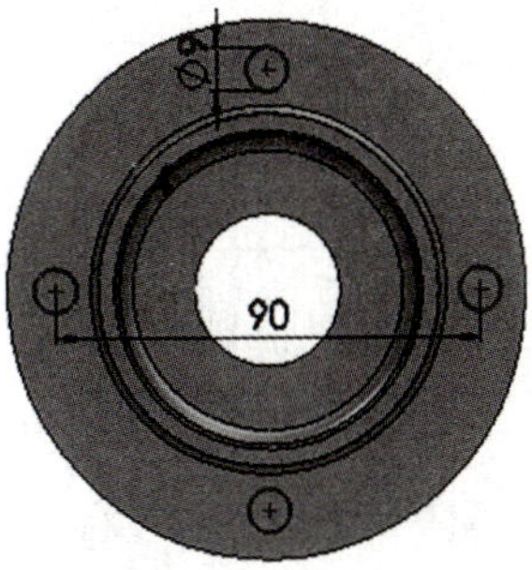
特征内容及示意图	旋转 360° 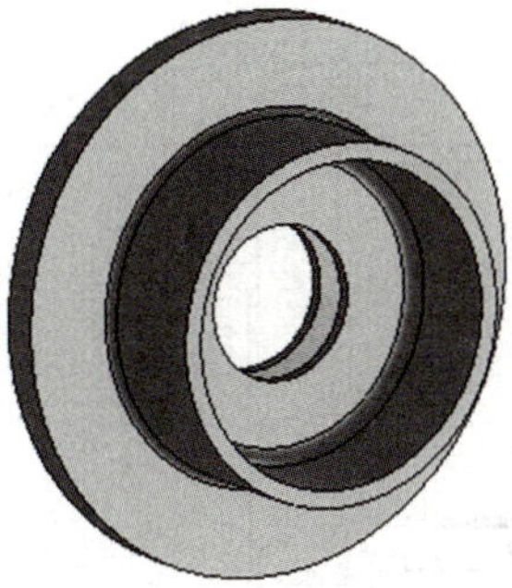	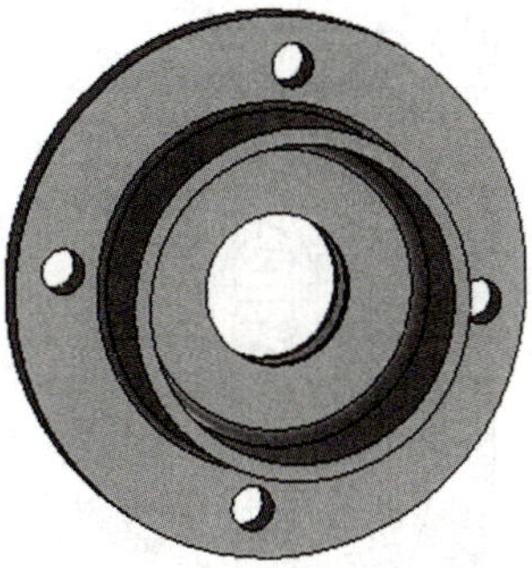

（12）**箱盖建模**。

根据图 7.34 所示的箱盖零件图，将零件分解为五个基本体分别创建，在五个基本体的基础上做切割等其他细节特征，草绘尺寸参照图 7.34 尺寸。

① 新建零件 JSQ00-11.prt 并进入建模工作环境。
② 箱盖零件的建模步骤见表 7-27。

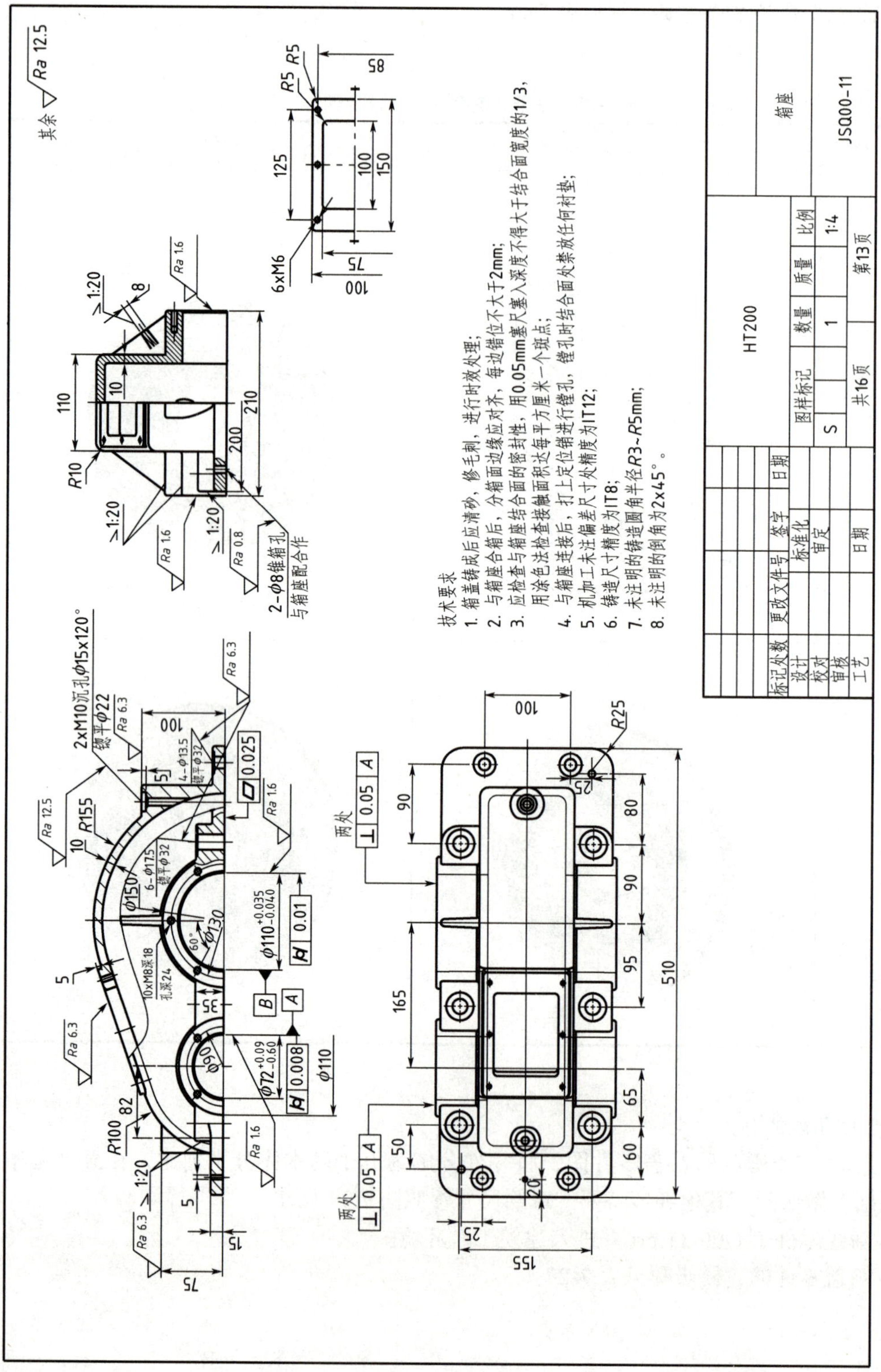
其余 Ra 12.5
技术要求
1. 箱盖铸成后应清砂，修毛刺，进行时效处理；
2. 与箱座合箱后，分箱面边缘应对齐，每边错位不大于2mm；
3. 应检查与箱座结合面的密封性，用0.05mm塞尺塞入深度不得大于结合面宽度的1/3，用涂色法检查接触面积达每平方厘米一个斑点；
4. 与箱座连接后，打上定位销进行镗孔，镗孔时结合面处禁放任何衬垫；
5. 机加工未注偏差尺寸处精度为IT12；
6. 铸造尺寸精度为IT8；
7. 未注明的铸造圆角半径R3~R5mm；
8. 未注明的倒角为2x45°。
2xM10沉孔Φ15x120°
锪平Φ22
4-Φ13.5
锪平Φ32
6-Φ17.5
锪平Φ32
10xM8深18
孔深24
2-Φ8锥销孔
与箱座配合作
6xM6
两处
HT200
箱座
JSQ00-11
标记 处数 更改文件号 签字 日期
设计 标准化
校对 审定
审核
工艺 日期
图样标记 数量 质量 比例
S 1 1:4
共16页 第13页

图 7.34 箱盖零件图

表 7-27　箱盖零件的建模步骤

步　骤	（1）基本体1（拉伸）	（2）抽壳	（3）基本体2（拉伸）
草图内容及示意图	草图平面：前视基准面 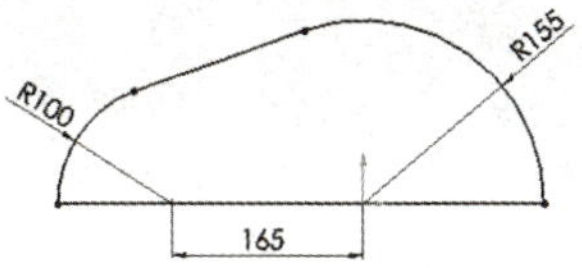　R100　R155　165		草图平面：实体表面 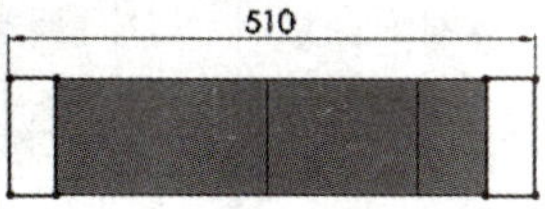　510
特征内容及示意图	单向拉伸110mm 	厚度为10mm 	单向拉伸15mm 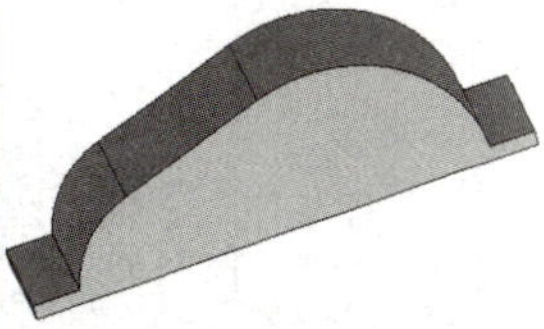

步　骤	（4）基本体3（拉伸）并镜像	（5）基本体4（拉伸）	（6）切割基本体3
草图内容及示意图	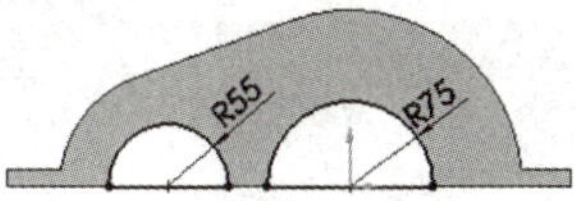 R55　R75	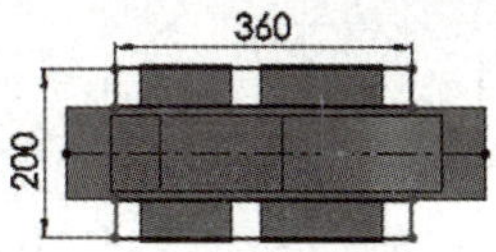 360　200	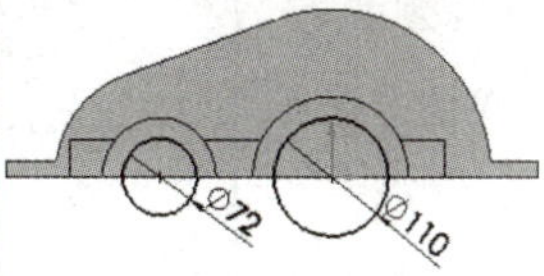 Ø72　Ø110
特征内容及示意图	单向拉伸50mm 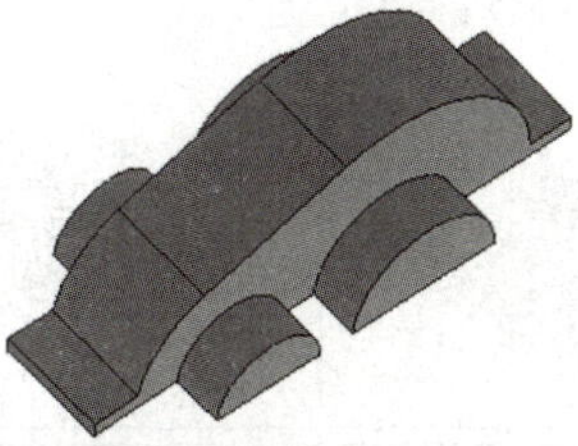	单向拉伸35mm 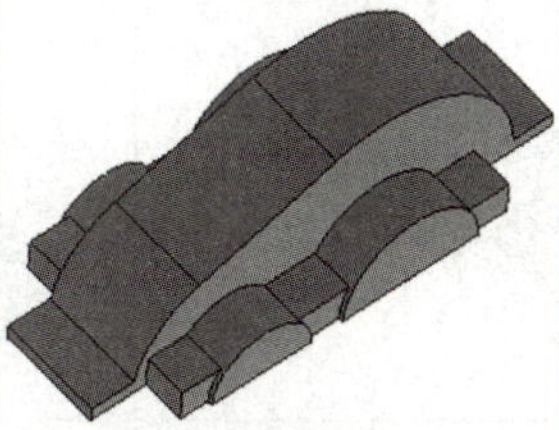	贯通 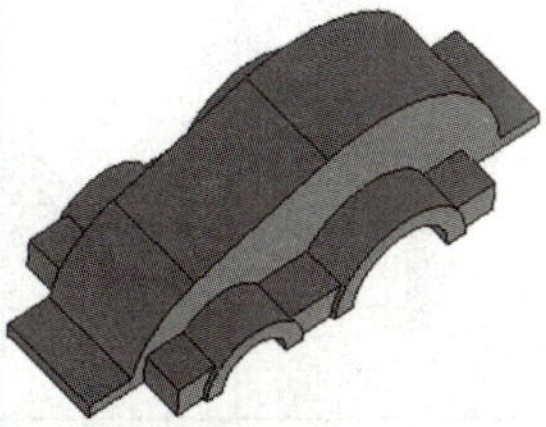

步　骤	（7）基本体5（拉伸）	（8）筋并镜像	（9）螺纹孔并阵列
草图内容及示意图	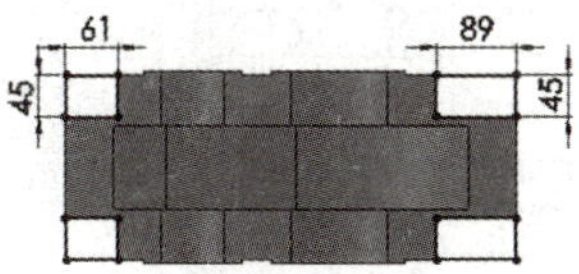 61　89　45　45	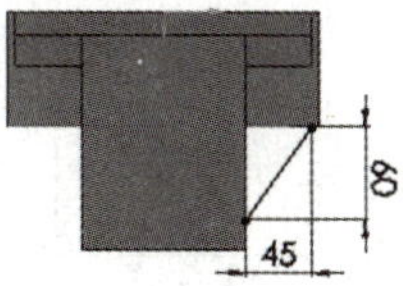 80　45	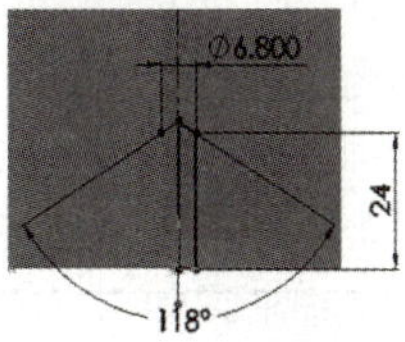 Ø6.800　24　118°
特征内容及示意图	单向拉伸5mm 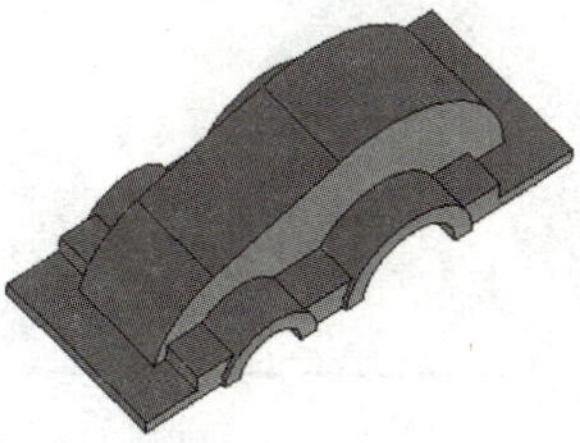		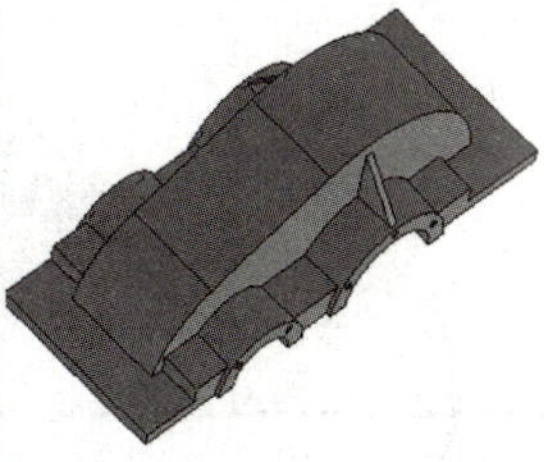

265

续表

步骤	（10）切割孔	（11）打窥视孔	（12）窥视孔（拉伸）
草图内容及示意图	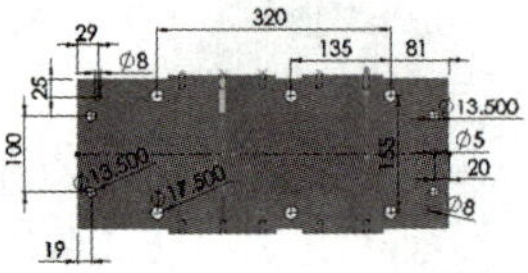	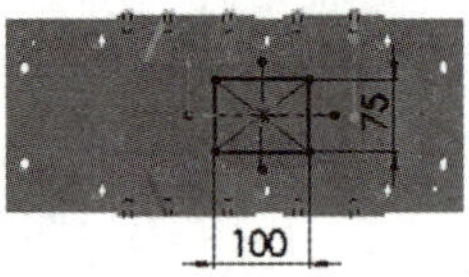	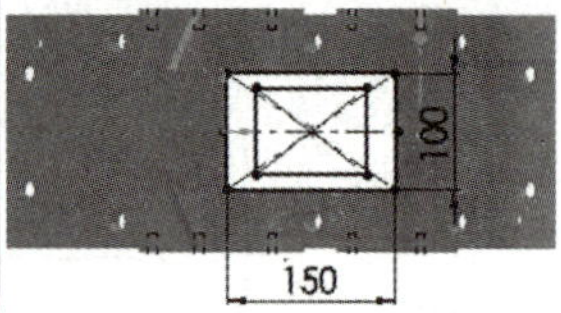
特征内容及示意图	贯通 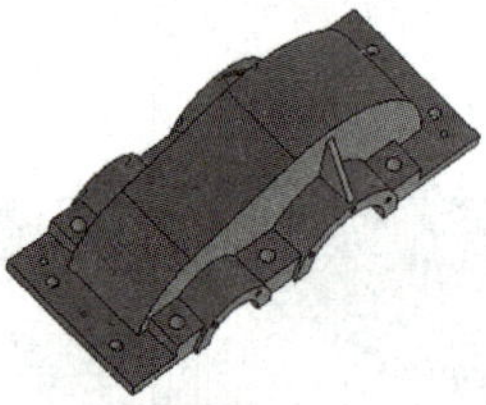	贯通 	单向拉伸 5mm 

步骤	（13）打窥视孔螺纹孔并阵列	（14）吊环凸台（拉伸）	（15）打吊环凸台孔
草图内容及示意图	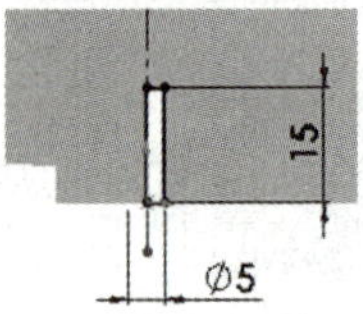	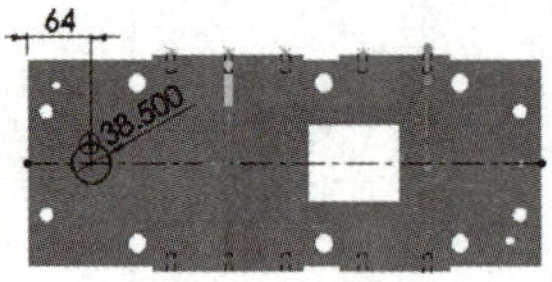	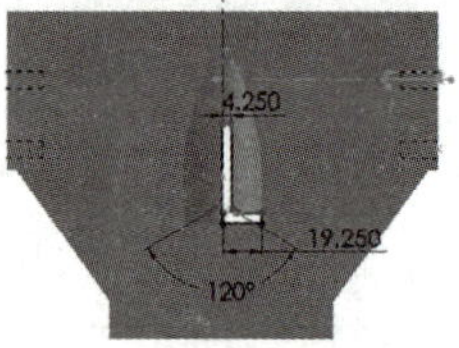
特征内容及示意图		成型到实体 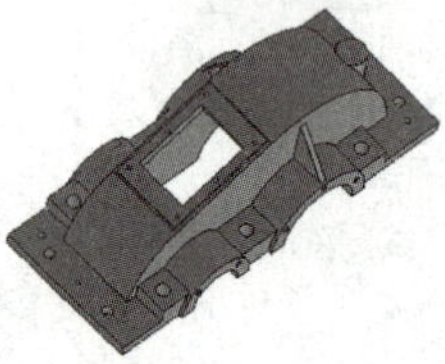	

步骤	（16）左侧重复吊环孔	（17）切割锪平	（18）倒圆角并完成
草图内容及示意图		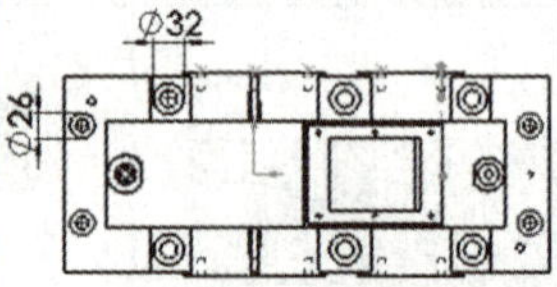	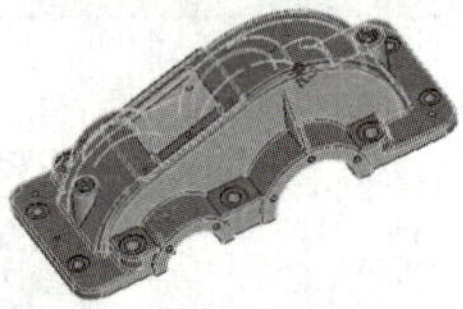
特征内容及示意图		单向拉伸 2mm 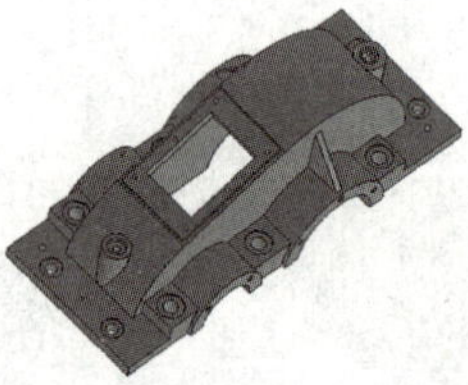	倒圆角 R2mm、R3mm、R5mm 

（13）**通气螺塞建模**。

根据图 7.35 所示的通气螺塞零件图，在基本体的基础上做切割等其他细节特征，草绘尺寸参照图 7.35 尺寸。

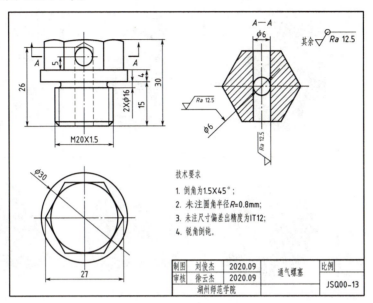

图 7.35 通气螺塞零件图

① 新建零件 JSQ00-13.prt 并进入建模工作环境。
② 通气螺塞零件的建模步骤见表 7-28。

表 7-28 通气螺塞零件的建模步骤

步　骤	（1）基本体1（拉伸）	（2）旋转切割	（3）基本体2（旋转）
草图内容及示意图	草图平面：前视基准面	草图平面：前视基准面	草图平面：实体表面
特征内容及示意图	单向拉伸10.18mm	旋转360°	旋转360°

续表

步　　骤	（4）倒直角	（5）打孔	（6）切割孔并完成
草图内容及示意图			
特征内容及示意图			

（14）**游标尺建模**。

根据图 7.36 所示的游标尺零件图，在基本体的基础上做切割等其他细节特征，草绘尺寸参照图 7.36 尺寸。

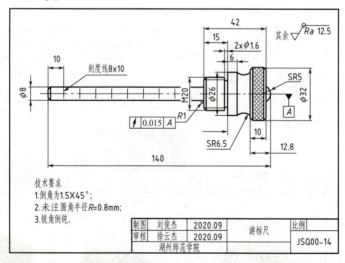

图 7.36　游标尺零件图

① 新建零件 JSQ00-14.prt 并进入建模工作环境。
② 游标尺零件的建模步骤见表 7-29。

表 7-29 游标尺零件的建模步骤

步 骤	旋转并倒直角完成
草图内容及示意图	草图平面：前视基准面，倒直角 C1.5 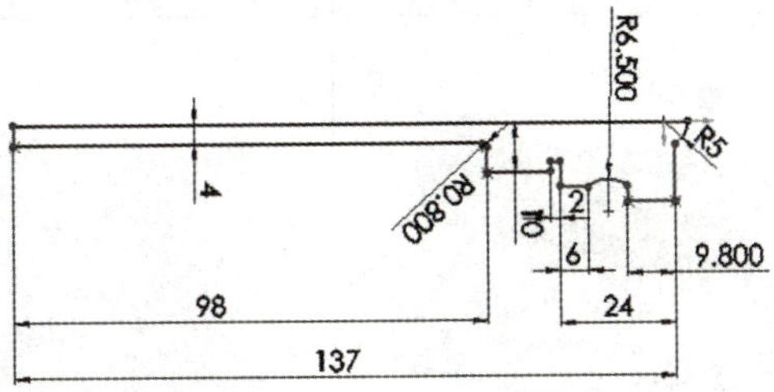
特征内容及示意图	旋转 360° 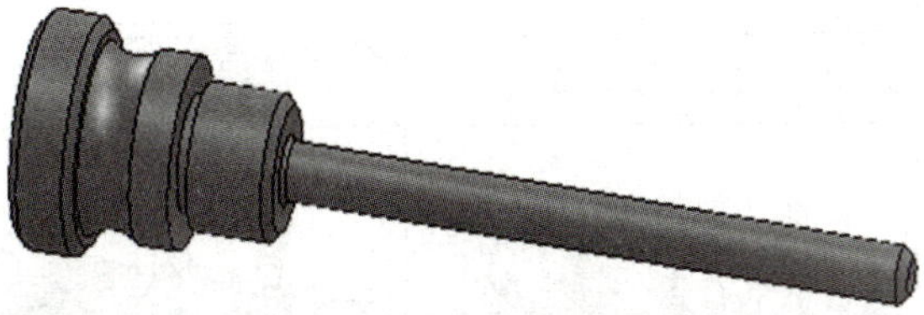

（15）**减速器装配**。

根据图 7.22 所示的减速器装配图，按照装配顺序进行装配。

① 新建组件 JSQ00-00.asm 并进入装配工作环境。

② 装配步骤见表 7-30。

表 7-30 装配步骤

步 骤	（1）装入箱座（默认）	（2）垫片（配合）	（3）垫片（插入或同轴）
装配约束	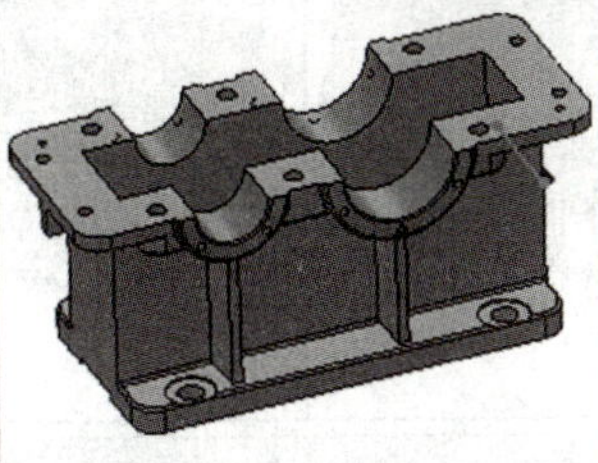	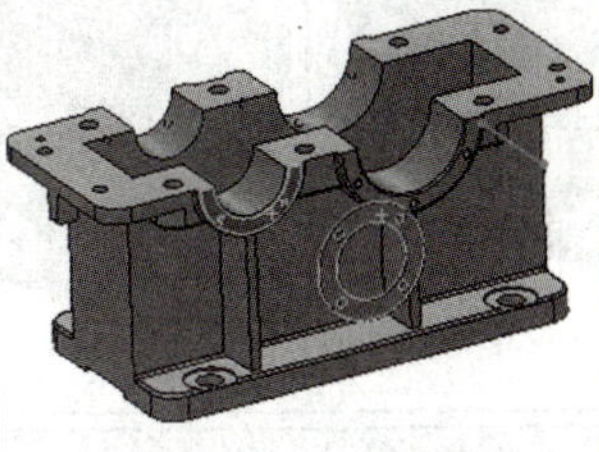	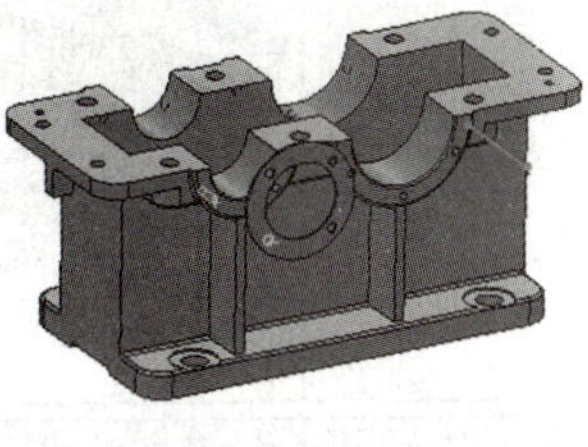

步 骤	（4）垫片（插入或同轴）	（5）齿轮轴（插入或同轴）	（6）齿轮轴（配合）
装配约束	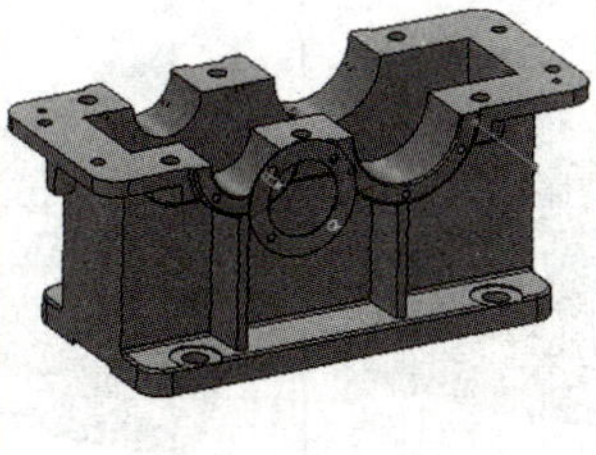	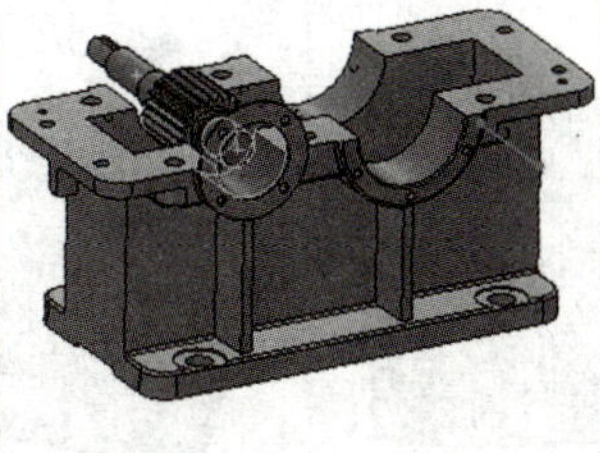	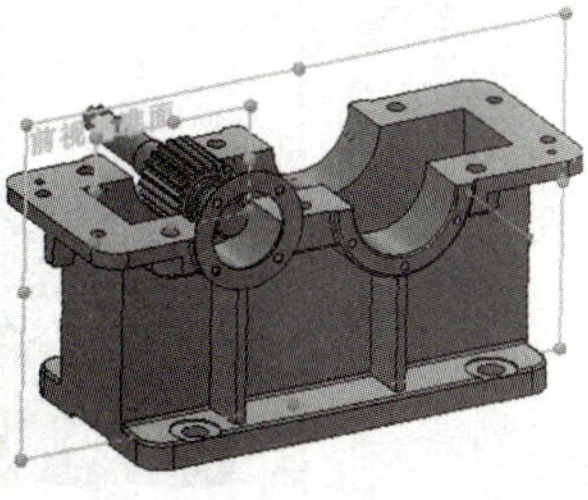

续表

步骤	（7）轴承端盖（配合）	（8）轴承端盖（插入或同轴）	（9）轴承端盖（插入或同轴）
装配约束	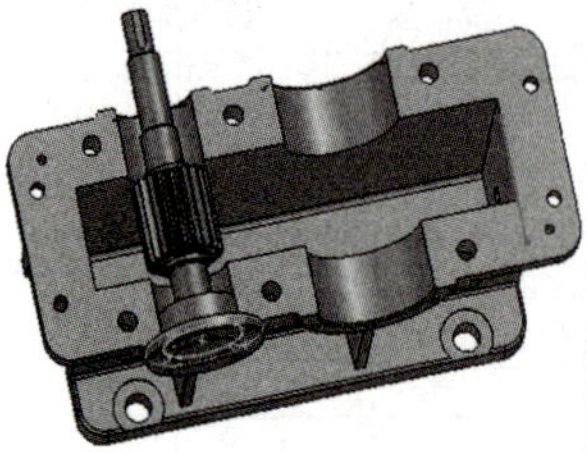	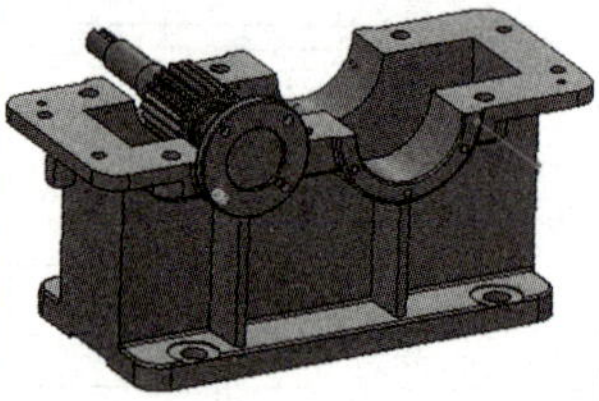	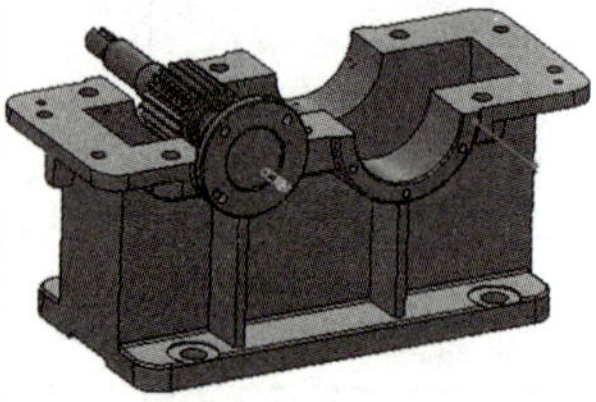

步骤	（10）轴承（插入或同轴）	（11）轴承（配合）	（12）挡油环（插入或同轴）
装配约束	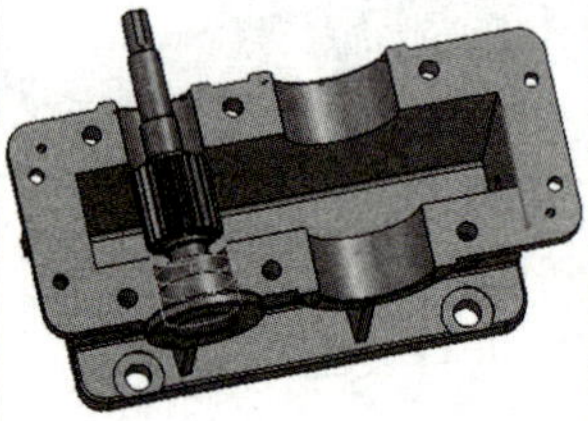	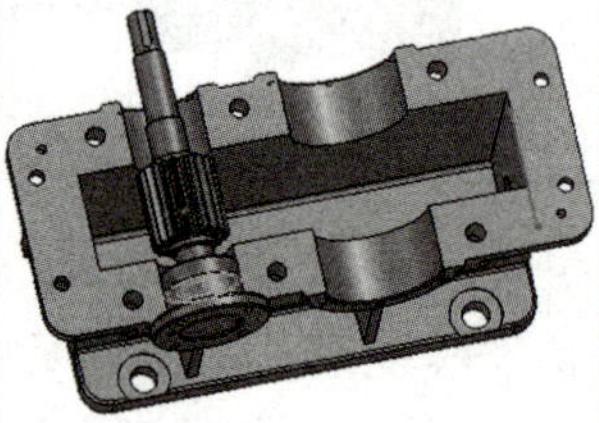	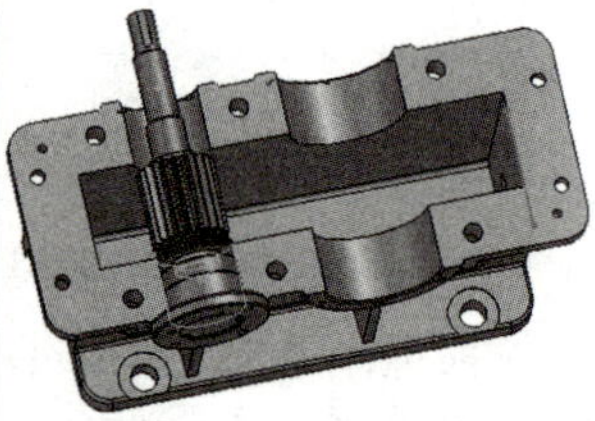

步骤	（13）挡油环（配合）	（14）垫片（配合）	（15）垫片（插入或同轴）
装配约束	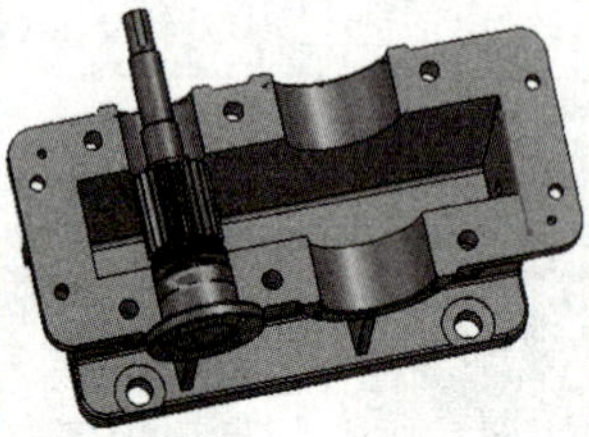	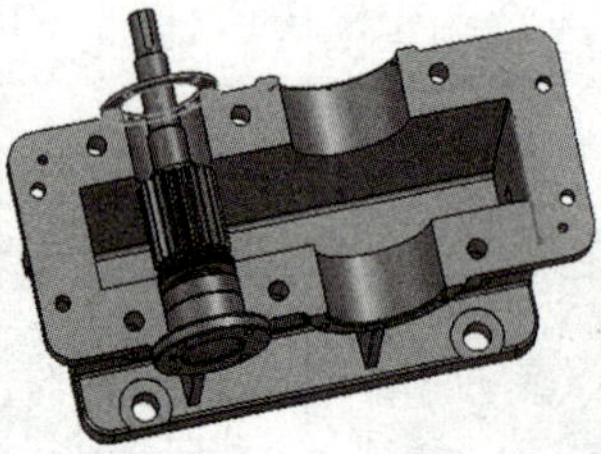	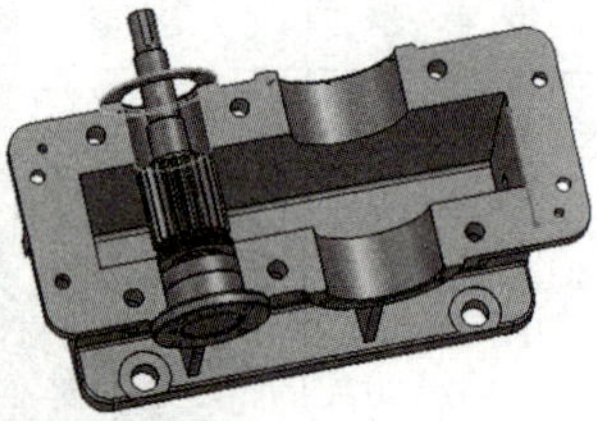

步骤	（16）垫片（插入或同轴）	（17）轴承端盖（配合）	（18）轴承端盖（对齐或同轴）
装配约束	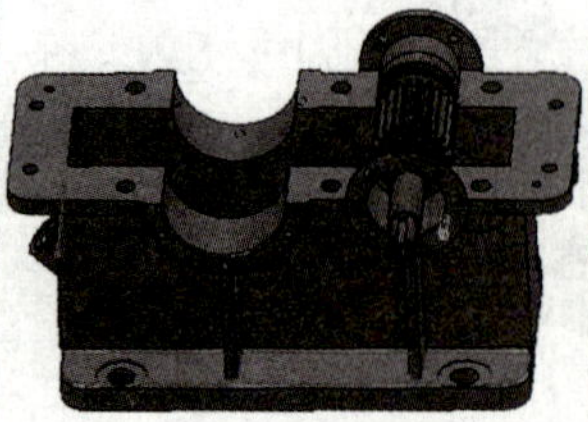	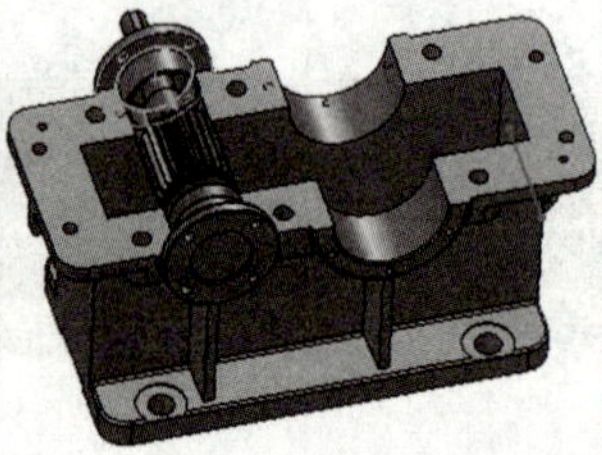	

续表

步骤	(19) 轴承（插入或同轴）	(20) 轴承（配合）	(21) 挡油环（对齐或同轴）
装配约束	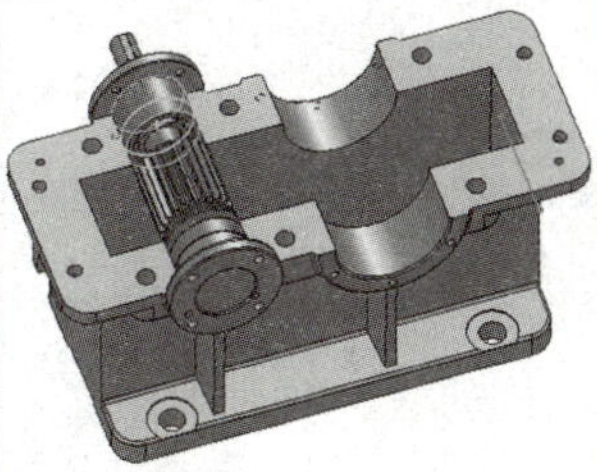	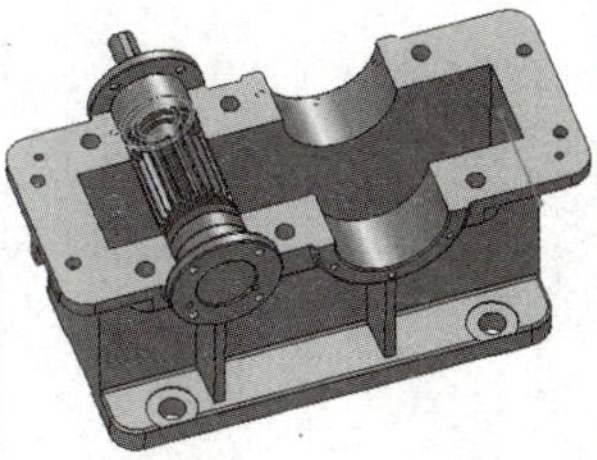	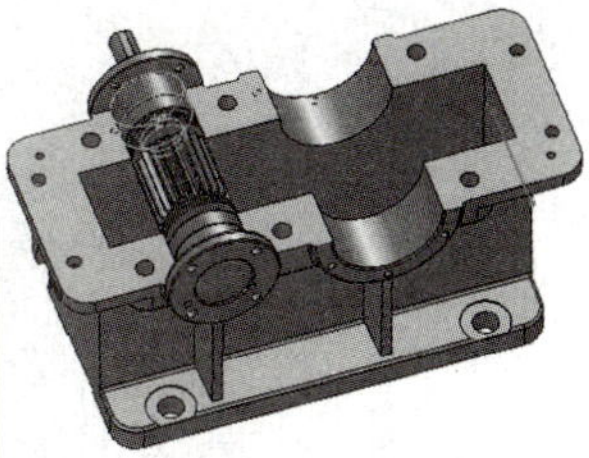

步骤	(22) 挡油环（配合）	(23) 垫片（配合）	(24) 垫片（对齐或同轴）
装配约束	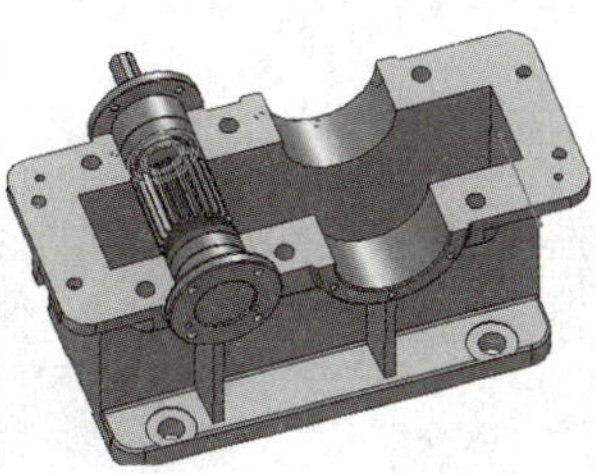	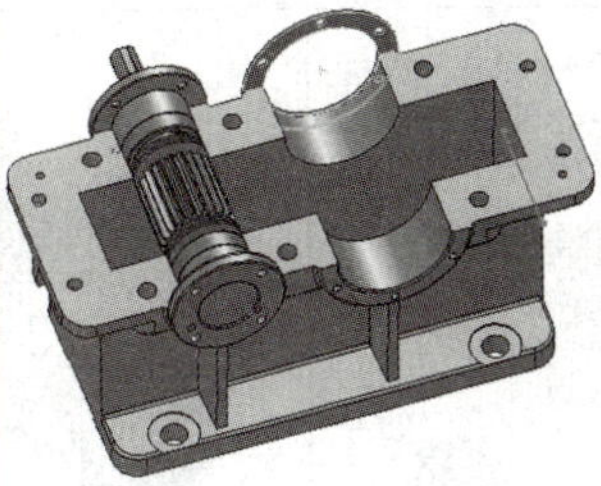	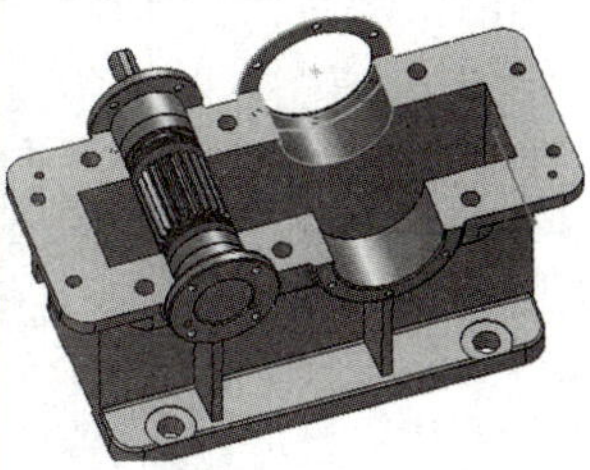

步骤	(25) 垫片（插入或同轴）	(26) 轴承端盖（配合）	(27) 轴承端盖（对齐或同轴）
装配约束		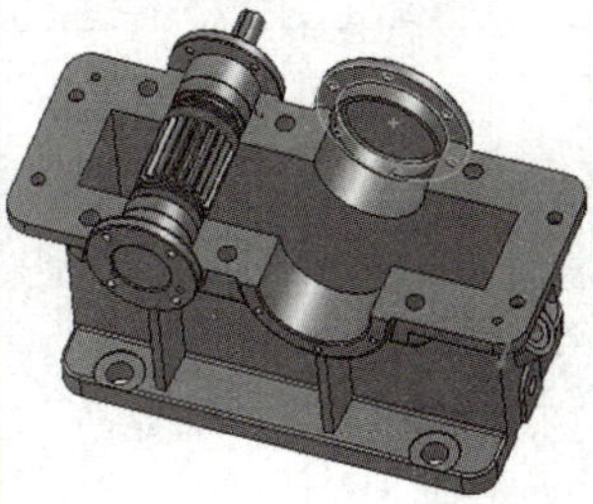	

步骤	(28) 轴承端盖（插入或同轴）	(29) 轴承（配合）	(30) 轴承（对齐或同轴）
装配约束	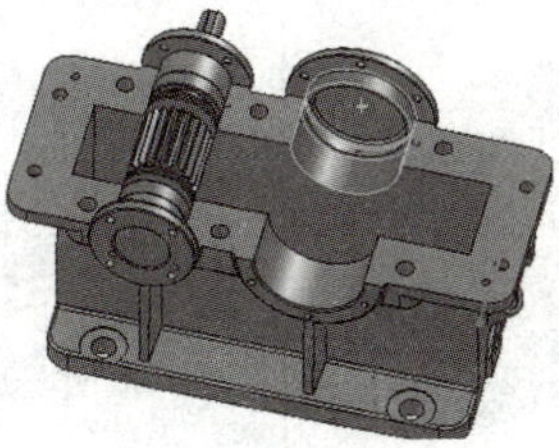	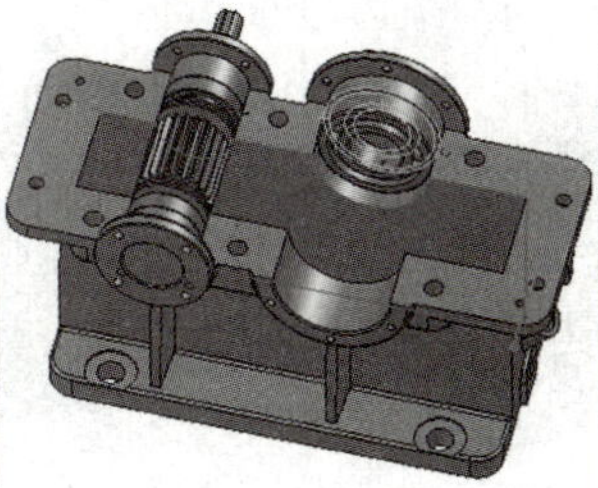	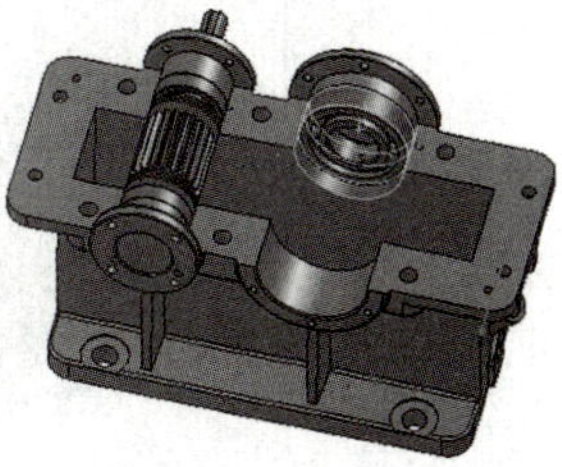

续表

步　骤	（31）挡油环（插入或同轴）	（32）挡油环（配合）	（33）从动齿轮（对齐或同轴）
装配约束	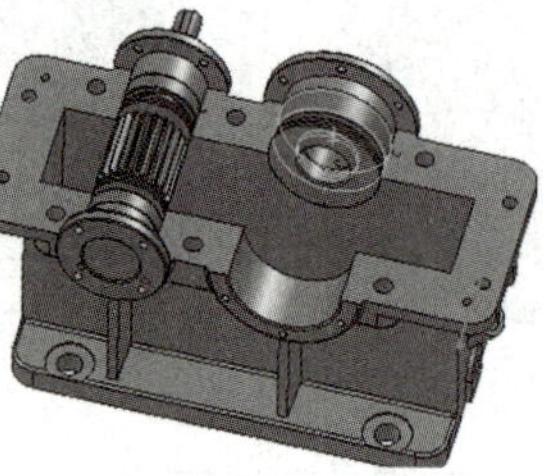	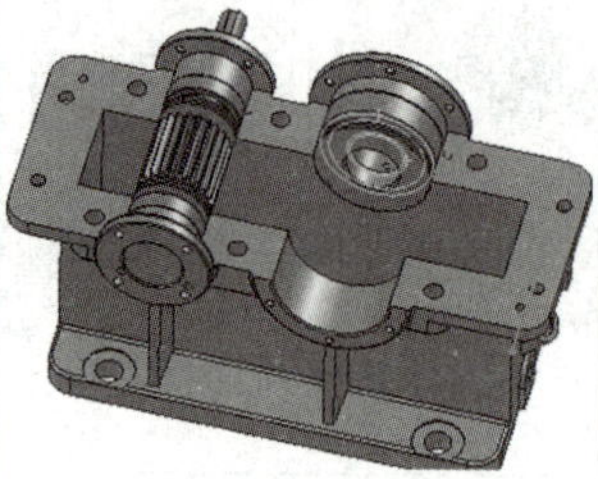	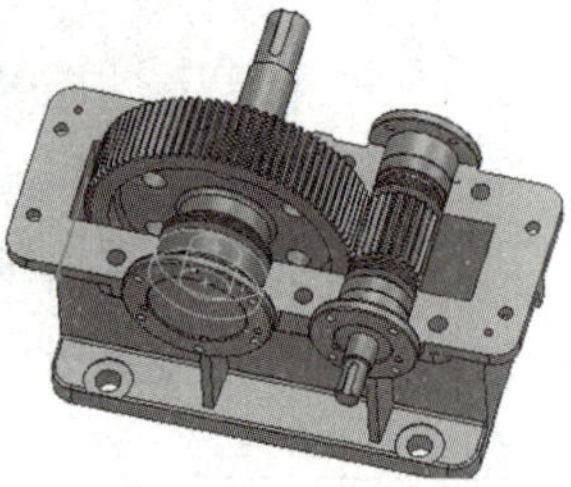

步　骤	（34）从动齿轮（配合）	（35）从动齿轮（配合）	（36）垫片（对齐或同轴）
装配约束		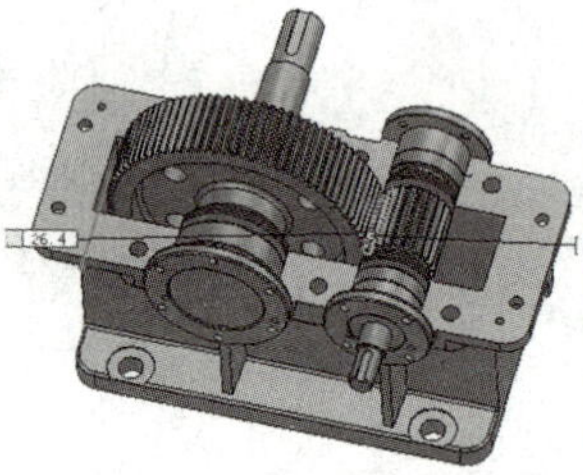	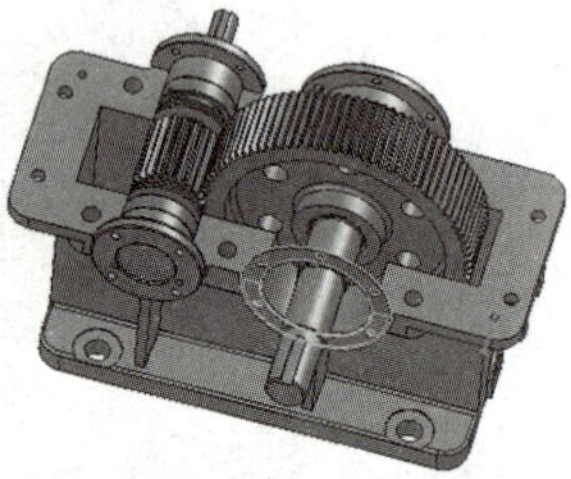

步　骤	（37）垫片（插入或同轴）	（38）垫片（插入或同轴）	（39）轴承端盖（对齐或同轴）
装配约束			

步　骤	（40）轴承端盖（插入或同轴）	（41）轴承端盖（配合）	（42）轴承（对齐或同轴）
装配约束			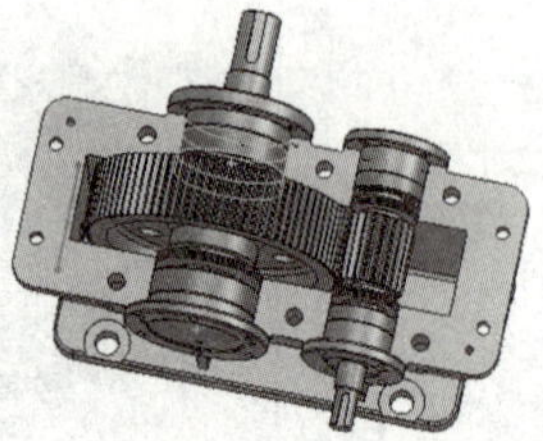

续表

步骤	(43) 轴承（配合）	(44) 挡油环（配合）	(45) 挡油环（对齐或同轴）
装配约束	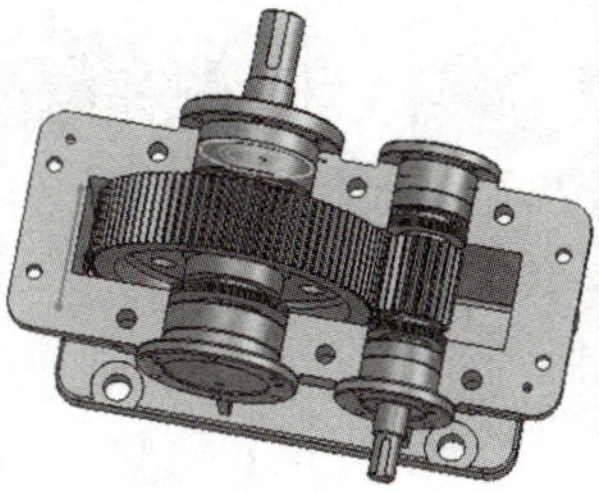	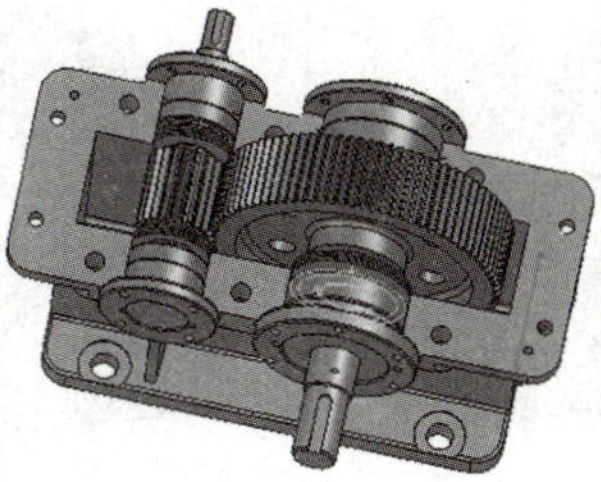	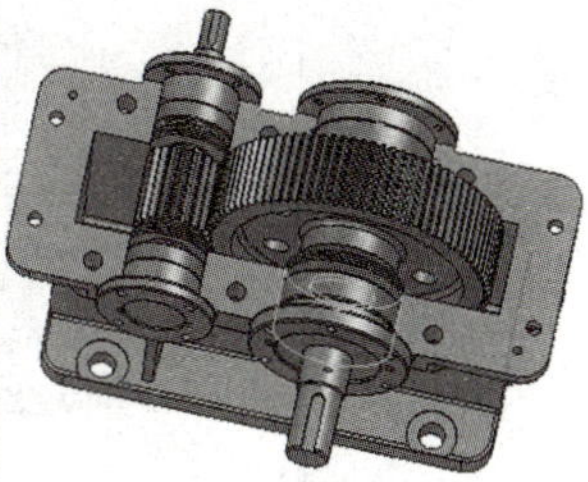

步骤	(46) 箱盖（配合）	(47) 箱盖（配合）	(48) 箱盖（配合）
装配约束	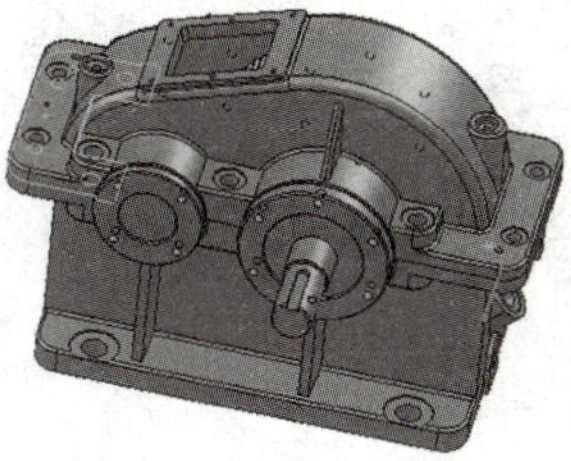	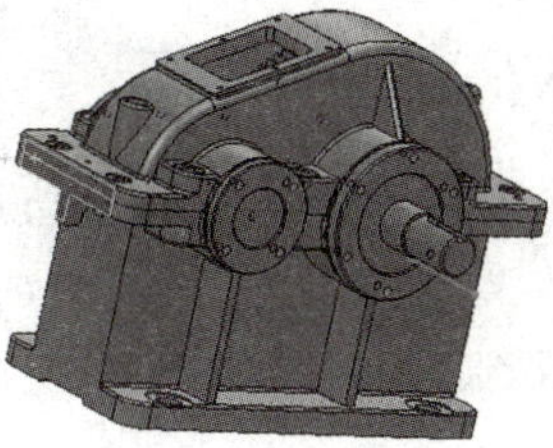	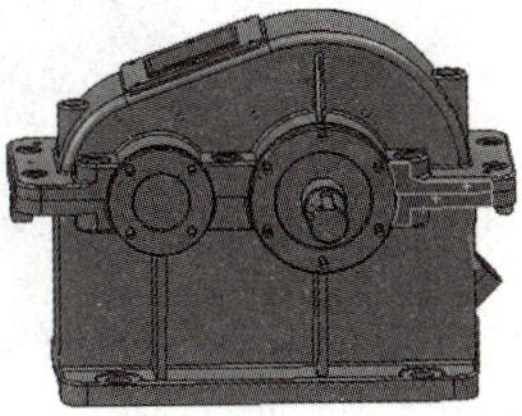

步骤	(49) 窥视孔垫片（配合）	(50) 窥视孔垫片（配合）	(51) 窥视孔垫片（同轴）
装配约束	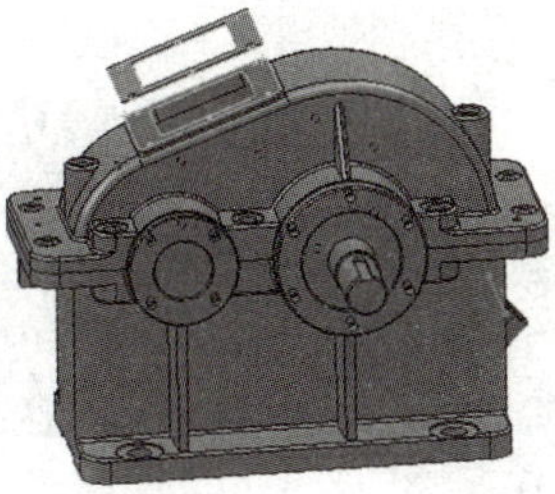		

步骤	(52) 窥视孔盖（配合）	(53) 窥视孔盖（对齐或同轴）	(54) 窥视孔盖（对齐或同轴）
装配约束	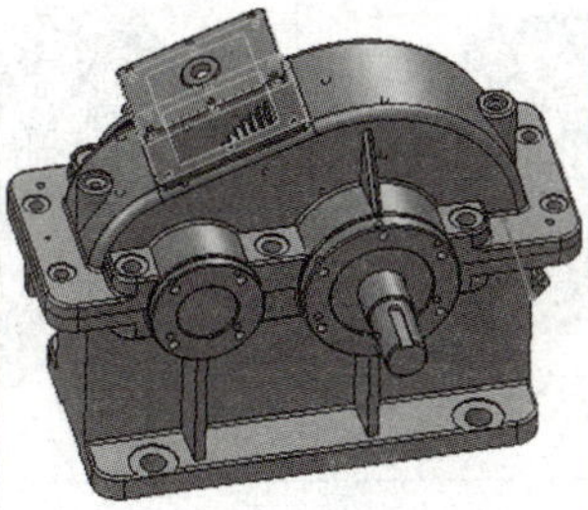		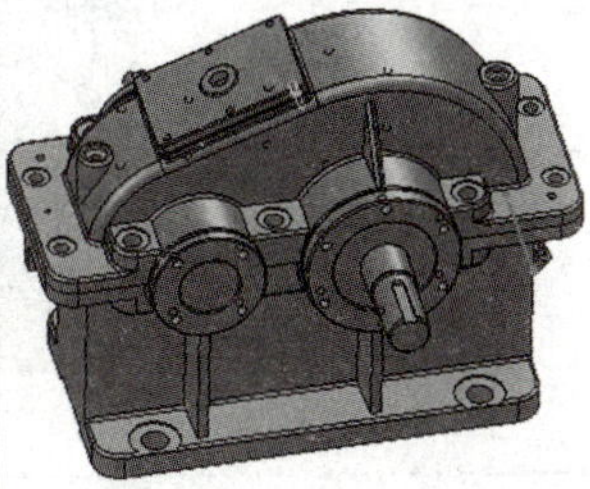

续表

步　骤	（55）游标尺（配合）	（56）游标尺（插入或同轴）	（57）螺钉（配合）
装配约束			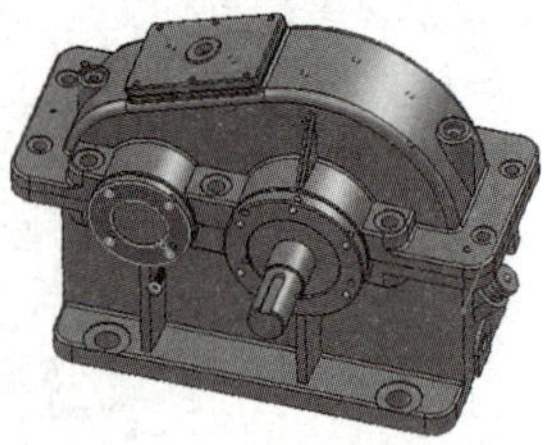

步　骤	（58）螺钉（插入或同轴）	（59）螺钉（重复）	（60）M16 螺钉（配合）
装配约束	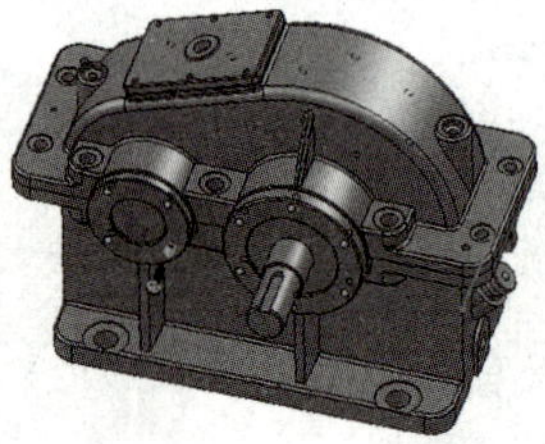	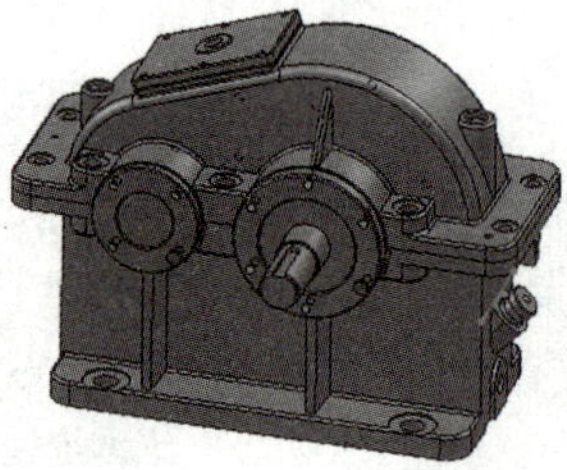	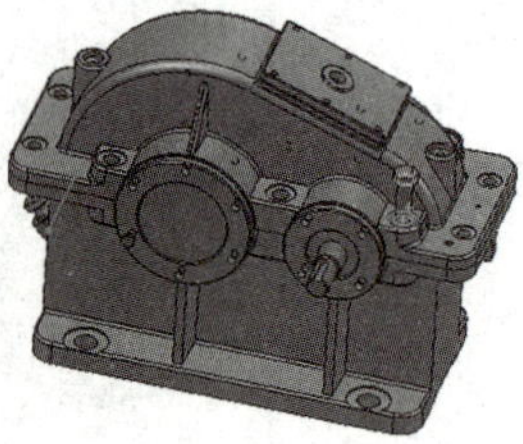

步　骤	（61）M16 螺钉（插入或同轴）	（62）M16 螺钉（重合）	（63）垫片 16（对齐或同轴）
装配约束	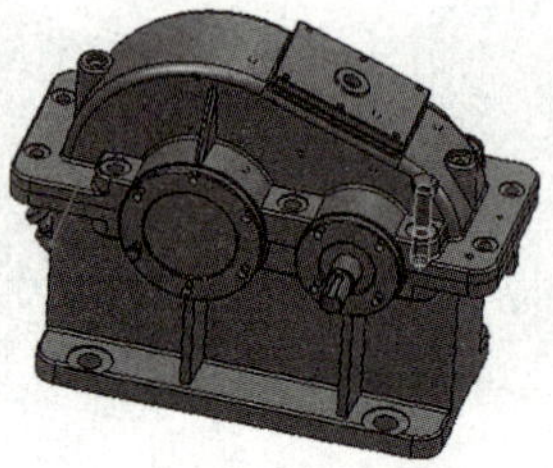	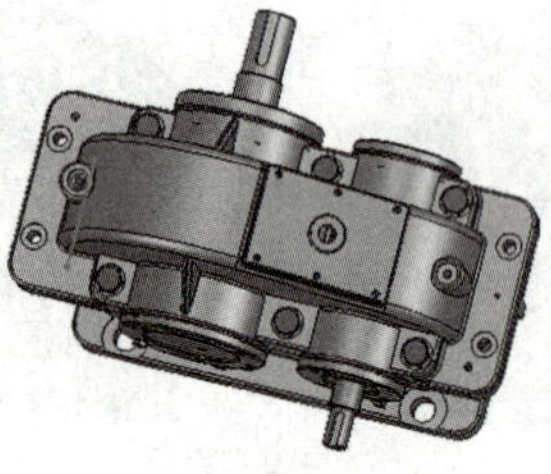	

步　骤	（64）垫片 16（插入或同轴）	（65）垫片 16（重复）	（66）M16 螺母（配合）
装配约束		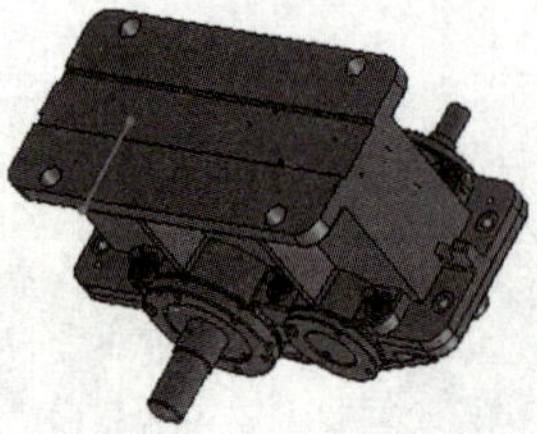	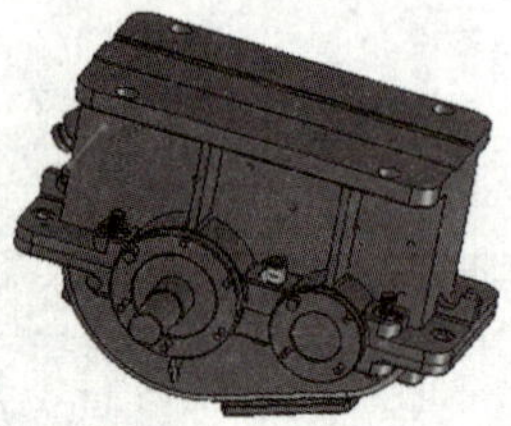

续表

步骤	(67) M16 螺母（插入或同轴）	(68) M16 螺母（重复）	(69) 起盖螺钉（配合）
装配约束	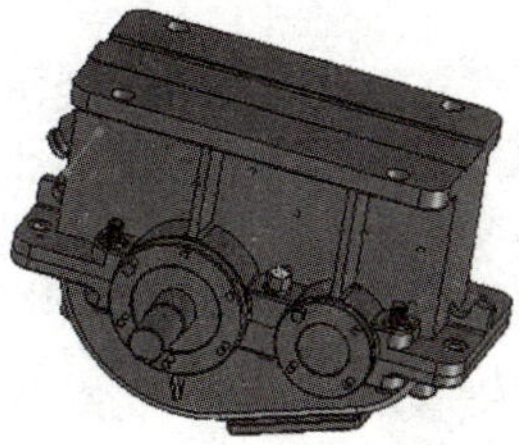		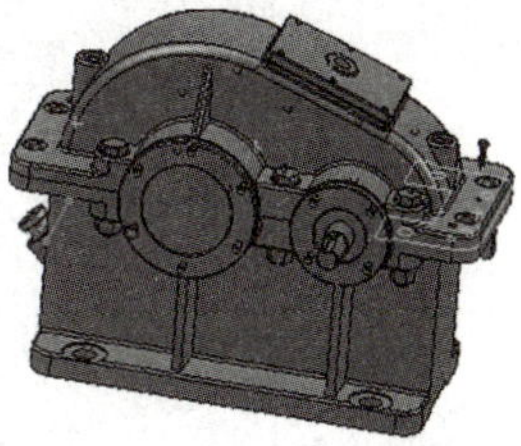

步骤	(70) 起盖螺钉（插入或同轴）	(71) 吊环螺钉（配合）	(72) 吊环螺钉（对齐或同轴）
装配约束	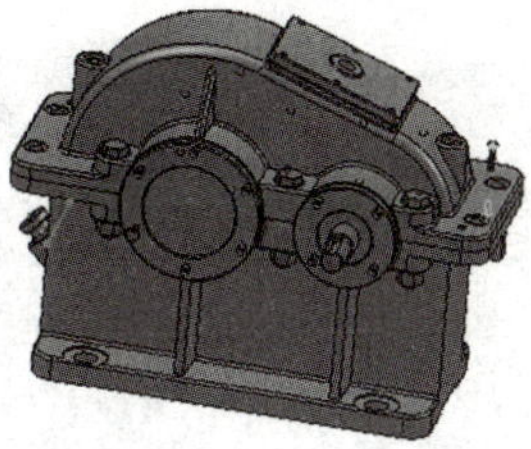	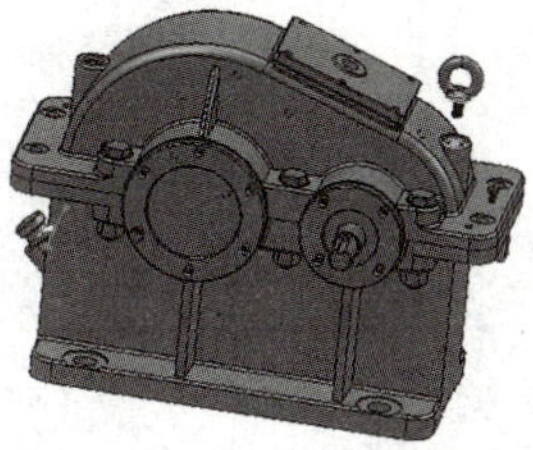	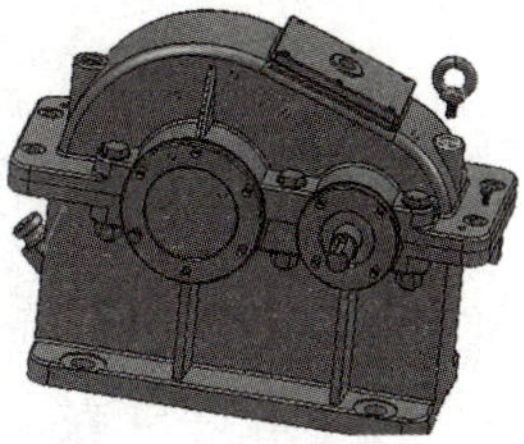

步骤	(73) 吊环螺钉（重复）	(74) M6 螺钉（配合）	(75) M6 螺钉（对齐或同轴）
装配约束	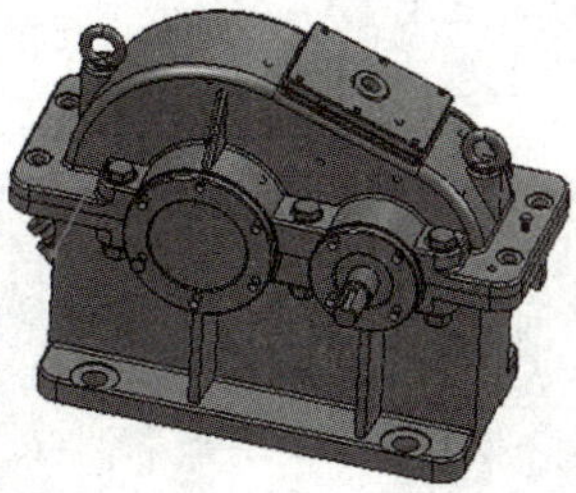		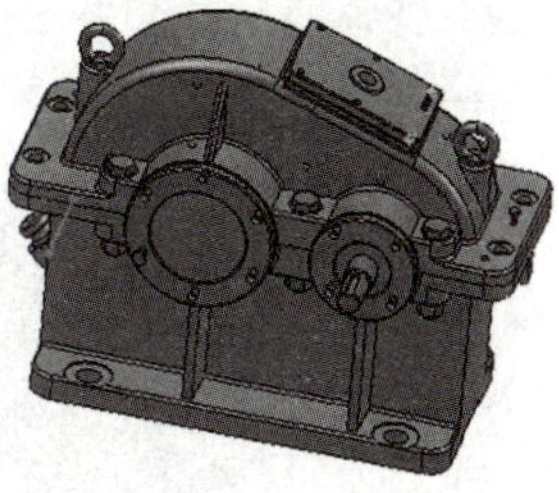

步骤	(76) M6 螺钉（阵列）	(77) 定位销（配合）	(78) 定位销（对齐或同轴）
装配约束	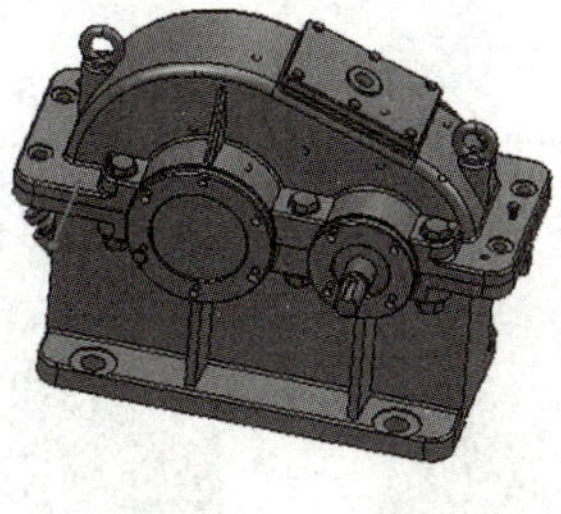		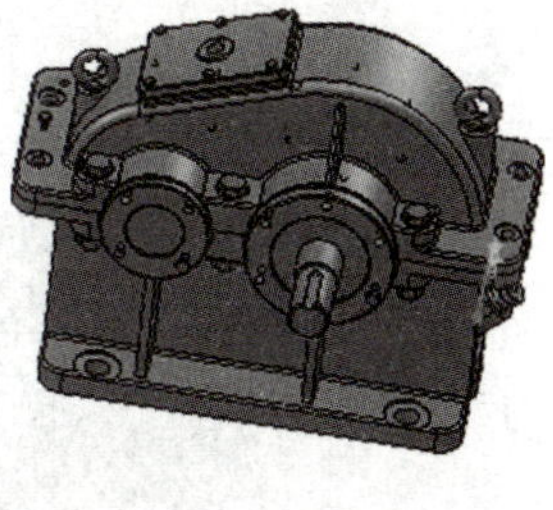

续表

步　骤	(79) 定位销（重复）	(80) M12 螺钉（配合）	(81) M12 螺钉（对齐或同轴）
装配约束	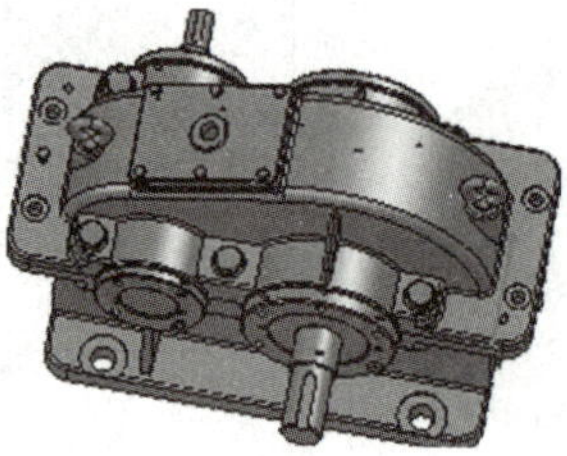	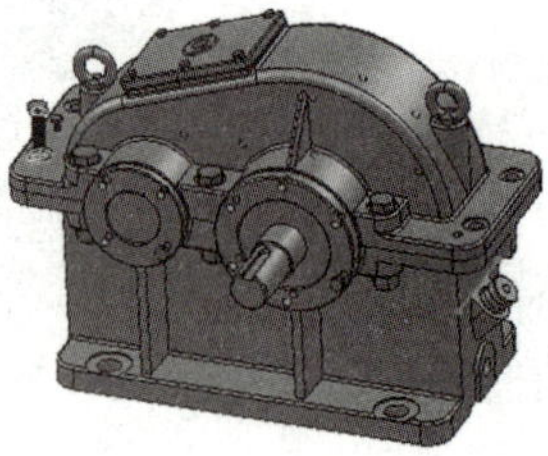	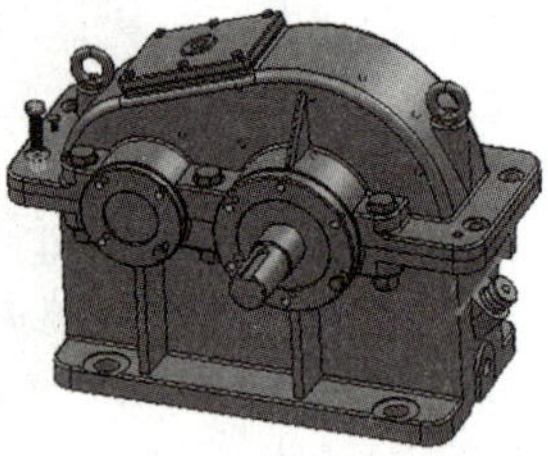

步　骤	(82) M12 螺钉（重复）	(83) 垫片 12（配合）	(84) 垫片 12（对齐或同轴）
装配约束			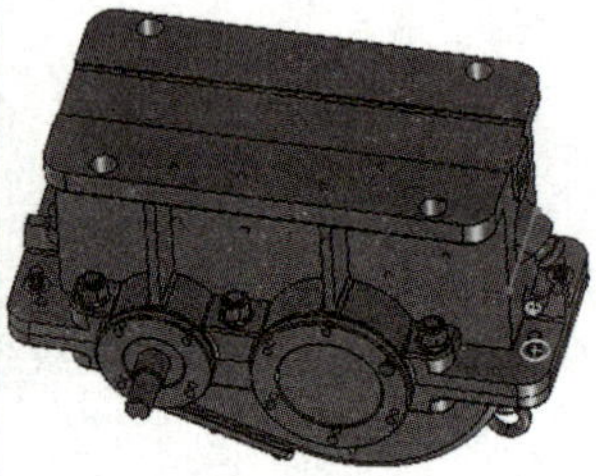

步　骤	(85) 垫片 12（重复）	(86) M12 螺母（配合）	(87) M12 螺母（对齐或同轴）
装配约束			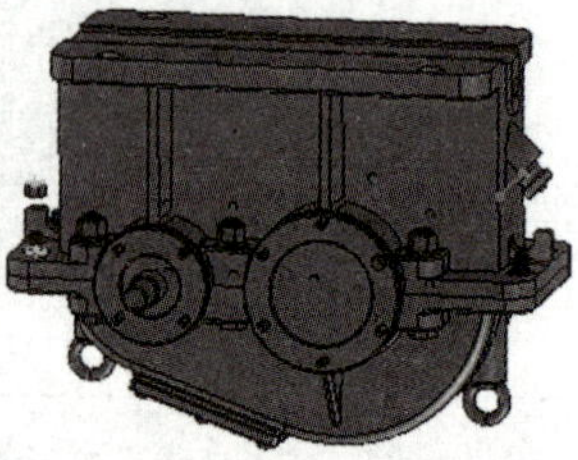

步　骤	(88) M12 螺母（重复）	(89) 通气螺塞（配合）	(90) 通气螺塞（对齐或同轴）
装配约束		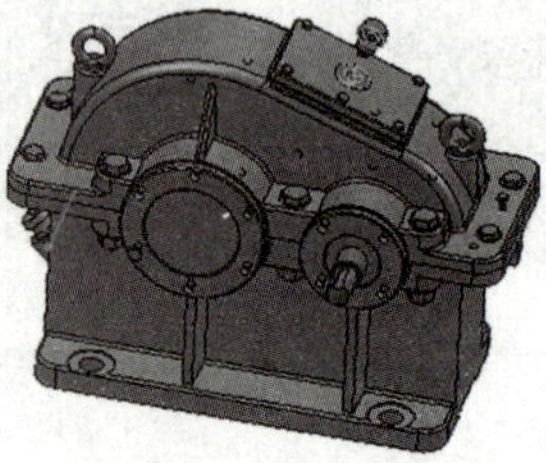	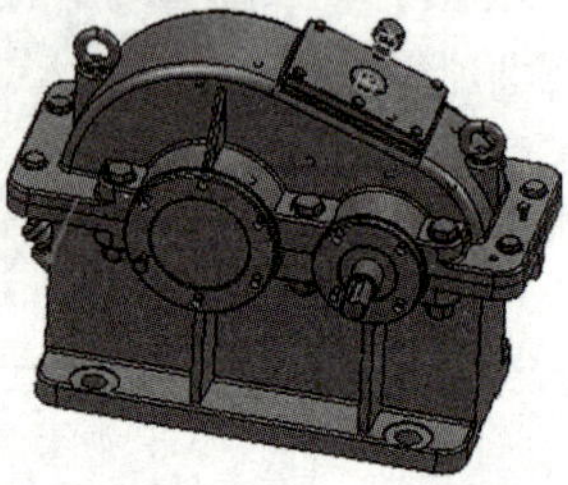

续表

步骤	（91）放油螺塞（配合）	（92）放油螺塞（对齐或同轴）	（93）完成
装配约束	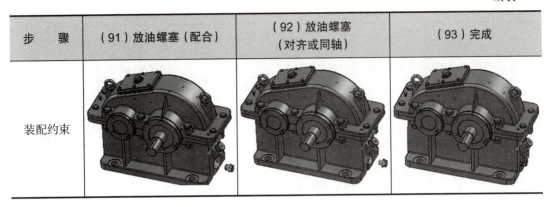		

（16）**减速器工程图**。

根据第 4 章和第 5 章工程图出图步骤和方法，将各零件导出零件图，并在 AutoCAD 中做后期处理（参见第 3 章内容），处理后的工程图如图 7.22 至图 7.36 所示。

本 章 小 结

本章主要介绍了齿轮泵、台虎钳、减速器的建模过程和装配过程。通过本章的学习，读者可以初步掌握应用 NX、SolidWorks、AutoCAD 等软件进行机械设计的基本流程和基本过程。

习 题

7.1 阅读图 7.37 所示的端盖零件图，应用三维软件建模（图 7.38），并反求出工程图。

7.2 阅读图 7.39 所示的轴零件图，应用三维软件建模（图 7.40），并反求出工程图。

7.3 按照图 7.41 至图 7.50 所示的三维装配图，应用三维软件建模，并反求出工程图，尺寸自定。

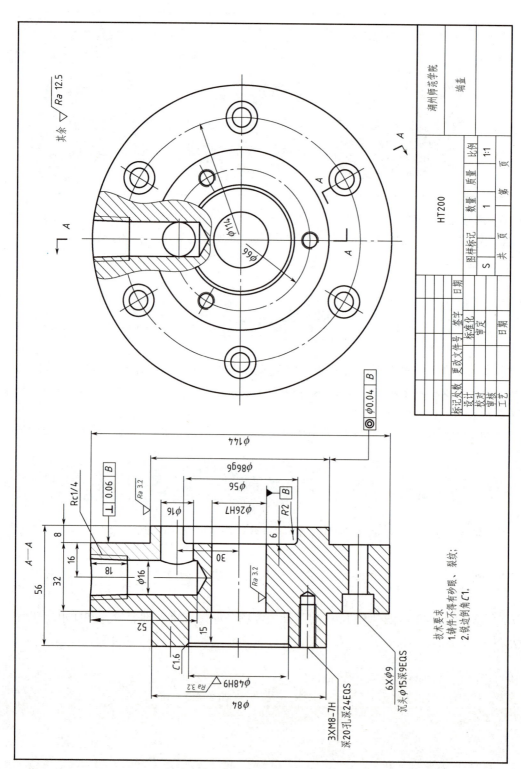

图 7.37 端盖零件图

第7章 综合工程案例

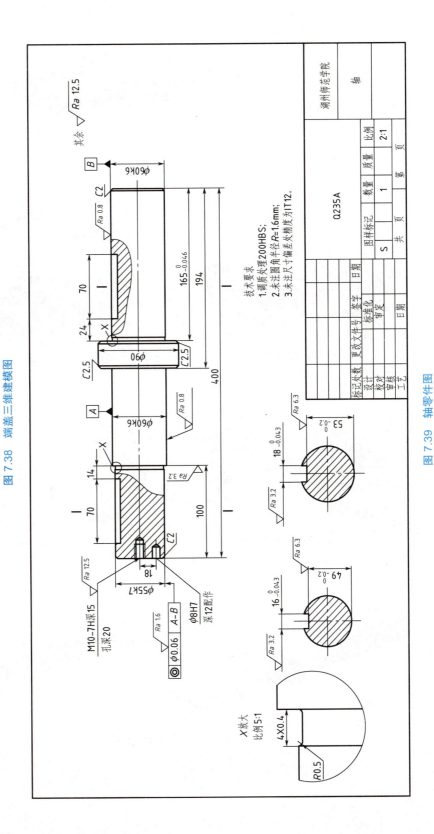

图 7.38 端盖三维建模图

图 7.39 轴零件图

图 7.40　轴三维建模图

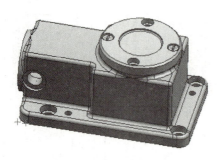

图 7.41　泵体三维建模图

图 7.42　泵体三维建模爆炸图

图 7.43　凸轮三维建模图

图 7.44　轴承端盖三维建模图

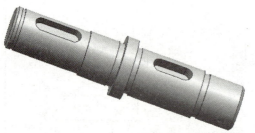

图 7.45　阶梯轴三维建模图

图 7.46 轴承三维建模图　　　　图 7.47 柱套三维建模图

 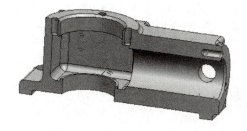

图 7.48 泵体三维建模图

图 7.49 柱塞三维建模图

图 7.50 泵套三维建模图

第 8 章 机械 CAD 及其相关领域的发展

教学目标

通过本章的学习，读者可以了解 CAD/CAM 技术的基本概念，熟悉我国 CAD/CAM 技术的现状及发展趋势，了解数字化制造技术的起源与发展，熟悉数字化制造技术的主要内容。

教学要求

能力目标	知识要点	权重	自测分数
CAD/CAM 技术	CAD/CAM 技术的基本概念、技术现状和发展趋势	50%	
数字化制造技术	数字化制造技术的概念、起源与发展、主要内容和发展方向	50%	

引例

在机械产品设计过程中，通常需要引用各种工程设计手册或设计规范中的数据资料。在传统设计中，这些数据是通过人工查询获取的，既烦琐又容易出错。若利用计算机技术对工程数据实施有效管理，则不仅可以提高设计的自动化程度和效率，而且可以有效地降低出错率。例如齿轮的模数是决定齿轮尺寸的一个基本参数，为便于制造、检验和互换使用，齿轮的模数值已经标准化，齿轮标准模数系列表（GB/T 1357—2008）

见表 8-1。设计齿轮时,需要从标准模数系列表中选择合适的值。选用模数时,应优先选用第 Ⅰ 系列,其次是第 Ⅱ 系列,尽量不选用括号内的模数。用户可以采用计算机辅助设计手段对上述规则作出处理,从而进行齿轮设计。

表 8-1 齿轮标准模数系列表(GB/T 1357—2008)

单位:mm

第Ⅰ系列	1	1.25	1.5	2	2.5	3	4	5	6
	8	10	12	16	20	25	32	40	50
第Ⅱ系列	1.125	1.375	1.75	2.25	2.75	3.5	4.5	5.5	(6.5)
	7	9	11	14	18	22	28	36	45

工程数据多为表格、线图、经验公式等。在计算机辅助设计过程中,需要将这些数据转换为计算机能够处理的形式,以便通过应用程序检索、查询和调用。常用的工程数据计算机处理方法有程序化处理、文件化处理和解析化处理等,而对于大量、复杂的工程数据,需采用数据库技术储存和管理。

8.1 CAD/CAM 技术

CAD/CAM(Computer Aided Design and Computer Aided Manufacturing,计算机辅助设计与制造)技术是制造工程技术与计算机技术相互结合、相互渗透而发展起来的综合性应用技术。20 世纪 50 年代末,随着计算机技术的发展及一些发达国家的航空和军事工业的需要,CAD/CAM 技术迅速发展。1989 年,CAD/CAM 技术被美国国家工程院评为当代最杰出的十项工程技术之一。CAD/CAM 技术涉及学科多、知识密集、综合性强、经济效益高,是当今世界发展较快的技术。

8.1.1 CAD/CAM 技术的基本概念

CAD/CAM 技术的工作流程如图 8.1 所示。

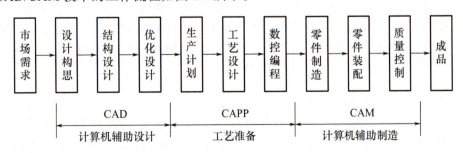

图 8.1 CAD/CAM 技术的工作流程

由图 8.1 可知,CAD 的概念涉及设计构思、结构设计和优化设计;CAPP 的概念涉及生产计划、工艺设计、数控编程;CAM 的概念涉及零件制造、零件装配和质量控制。

CAD 是指工程技术人员以计算机为工具，运用专业知识，对产品进行的总体设计、绘图、分析和编写技术文档等设计活动的总称。一般认为，CAD 的主要功能有草图设计、零件设计、装配设计、有限元分析等。

CAPP 是指工程技术人员以计算机为工具，根据产品设计给出的信息对产品的加工方法和制造过程进行的工艺设计。一般认为，CAPP 的功能包括毛坯设计、加工方法选择、工艺路线制定、工序设计和工时定额计算等。其中，工序设计又包含装夹设备的选择或设计，加工余量分配，切削用量选择，机床、刀具和夹具的选择，必要的工序图生成等。

CAM 是指工程技术人员以计算机为工具，完成从毛坯到产品制造过程中的直接和间接的各种活动，包括工艺准备、生产作业计划制订、物流过程的运行控制、生产控制、质量控制等。

8.1.2 我国 CAD/CAM 技术现状

20 世纪 70 年代，我国开始研究 CAD/CAM 技术。20 世纪 80 年代，我国进行了大规模的 CAD/CAM 技术研究与开发工作。我国 CAD/CAM 技术的研究与开发大致经历了三个阶段：引进、跟踪、研发阶段，自主开发和快速成长阶段，产业化、系统化发展阶段。纵观我国机械制造业，CAD/CAM 技术的应用现状主要呈现以下几个特点。

1. 起步晚，市场份额小

我国 CAD/CAM 技术应用从 20 世纪 80 年代开始，"七五"期间，国家对 24 个重点机械产品进行了 CAD/CAM 的开发研制工作，为我国 CAD/CAM 技术的发展奠定了基础。国家科学技术委员会实施的国家高技术研究发展计划（863 计划）中的 CIMS 主题，促进了 CAD/CAM 技术的研究和发展。"九五"期间，国家科学技术委员会又颁布了《1995—2000 年我国 CAD/CAM 应用工程发展纲要》，将推广、应用 CAD/CAM 技术作为改造传统企业的重要战略措施。尤其是机械行业，自 1995 年以来，我国相继开展了"CAD 应用 1215 工程"和"CAD 应用 1550 工程"，前者是树立 12 家"甩图板"的 CAD 应用典型企业；后者是培育 50～100 家 CAD/CAM 应用的示范企业，扶持 500 家，继而带动 5000 家企业的计划。因推出这些重大举措，我国 CAD/CAM 技术的研发与应用取得了较大进步，但由于一些企业经济实力不足、技术人才短缺，因此 CAD/CAM 技术不能完全应用到生产实践中。国内开发的 CAD/CAM 软件在包装和功能上与发达国家相比存在差距，虽已投放市场，但所占份额较小。

2. 应用范围窄、层次浅

CAD/CAM 技术在企业中的应用主要包括二维绘图、三维造型、装配造型、有限元分析和优化设计等，其中，二维绘图技术在企业中的应用情况较好，一方面得益于国家大力推进"甩图板"工程；另一方面二维绘图技术解决的是企业的共性问题。由于三维造型软件早期没有推出计算机版本，需要在工作站环境中工作，投资较大，因此使用的企业相对少一些，应用情况好的也相对少一些。尽管早已推出比较成熟、稳定的计算机版本，但大多数企业并未认识到其优势，仍然使用二维绘图，因而基于三维造型技术的装配造型也应用很少。有限元分析和优化设计普及率更低，因为这些系统都进行了一定的理论假设，所以结果的可靠性较低，应用难度也较大，只用于某些必要的场合。

在 CAM 方面，企业普遍应用的只是数控程序编制，华中数控系统、南京 SKY 系统、日本 FUNUC 系统、德国 SIEMENS 系统在国内企业中的应用非常广泛。而只有少数大型企业应用广义的 CAM，中小企业极少应用，主要原因如下：①中小企业多采用单一功能的 CAD/CAM 软件，难以达到 CAD/CAM 的功能集成；②尽管有些企业配备了高水平的集成软件，也花费巨资引进了配套设备，但由于缺少高素质的技术人员，配备的软件和设备没有得到有效利用，只利用了极少部分功能。

3. 功能单一，经济效益不明显

CAD/CAM 技术在企业中的应用只是单元的智能技术应用，从企业生产的各个侧面提高效率，推进自动化。采用单一功能的 CAD/CAM 技术的效果相当有限，只有将 CAD、CAPP、CAM 等技术集成在一起，并综合应用在设计与制造过程中，才能产生显著经济效益。

我国机械制造业要想跟上时代的步伐，必须把握好 CAD/CAM 技术的正确发展方向。

（1）进一步普及机械行业 CAD/CAM 技术，努力提高其应用水平。在国家各项举措的大力推动下，我国机械制造企业一定要重视 CAD/CAM 技术的推广应用，应把推广应用 CAD/CAM 技术看作企业发展的生命线，在资金投入和人才引进方面不惜一切代价，为 CAD/CAM 技术在生产实践中应用创造必备的条件，促进我国 CAD/CAM 技术的应用水平迈上新的台阶。

（2）在 CAD/CAM 软件的选用上，坚持高档、中档、低档并存。高档 CAD/CAM 软件实现了 CAD、CAE（Computer Aided Engineering，计算机辅助工程）、CAPP、CAM、PDM（Product Data Management，产品数据管理）和 PPC（Production Planning and Control，生产计划与控制）等技术的高度集成，基本能实现设计制造及生产管理一体化，实现"无纸制造"，典型代表有 I-DEAS、Pro/ENGINEER、UG、CATIA 软件，但相对来说投资较大，对人员的素质要求较高。我国大型企业具备这些条件，也大多购置了这种软件及相应设备，但未能充分应用其功能，今后一定要有所突破。中档、低档 CAD/CAM 软件功能单一或部分集成，主要特点是价格低，实用性强，易学易用，对人员素质要求不是很高，大多数企业都具备应用条件。

（3）加大创新力度，不断开发具有特色的国内 CAD/CAM 软件。开发 CAD/CAM 软件的目的是应用 CAD/CAM 技术，科研单位不仅要紧跟时代潮流，跟踪国际的最新动态，加快对引进国外 CAD/CAM 软件的二次开发应用步伐，而且要结合国情、遵守各国规范，面向国内机械制造业发展的需要，加大科技创新力度，研发出方便实用、更具特色、更有竞争力的 CAD/CAM 产品，促进我国机械制造业 CAD/CAM 技术快速发展。

8.1.3 CAD/CAM 技术的发展趋势

CAD/CAM 技术经历了 50 多年的发展历程，成为一种应用广泛的高新技术，并拥有巨大生产力，有力地推动了制造业的技术进步和产业发展，且继续向集成化、网络化、智能化和虚拟化方向发展。

1. 集成化 CAD/CAM 技术

集成化是当前 CAD/CAM 技术发展的一个重要方向。CAD/CAM 技术将 CAD、CAE、CAPP、CAM 模块集成为一个系统，设计人员可利用 CAD 建立的产品模型，在 CAE 模块内进行运动学和动力学分析，自动生成产品的数据模型并存储在系统数据库中，由 CAPP、CAM 模块对产品系统数据库进行工艺设计及数控加工编程，从而使产品设计、制造和分析测试作业一体化。

CAD/CAM 技术集成化的另一个方向是计算机集成制造（Computer Integrated Manufacturing，CIM）。CIM 的目标是以企业为对象，借助计算机和信息技术，使企业的经营决策、产品开发生产准备到生产实施及销售过程中有关人、技术、经营管理三要素及其形成的信息流、物流、价值流有机集成，并优化运行，使得产品上市快、品质高、消耗低、对环境友好，为企业赢得市场竞争。

2. 网络化 CAD/CAM 技术

计算机网络特别是 Internet 正在以惊人的深度和广度影响着 CAD/CAM 技术。计算机网络可将分散在不同地点的 CAD/CAM 系统工作站和服务器按一定网络拓扑结构连接起来，可实现不同设计信息快捷、可靠地交换，共享网络的软件、硬件资源，加速了设计进程，降低了产品开发设计成本。

3. 智能化 CAD/CAM 技术

将人工智能技术、专家系统应用于 CAD/CAM 系统，形成智能的 CAD/CAM 系统，其具有人类专家的经验和知识，具有学习、推理、联想和判断功能，以及智能化的视觉、听觉、语言能力，可以解决以前只有人类专家才能解决的问题。

智能化 CAD/CAM 系统能够模拟人类专家的思维方式，模拟人类专家运用自身拥有的知识与经验解决问题的方法和过程，在产品设计过程中适时地给出智能化提示，告诉设计人员当前设计存在的问题及下一个步骤，为设计人员解决现有问题给出提示，给予设计人员有效帮助。

4. 虚拟化 CAD/CAM 技术

虚拟现实（Virtual Reality，VR）技术是利用计算机创建的一种可以自然交互虚拟环境的技术，使操作者具有沉浸感、自主性和交互性。

基于 VR 技术的 CAD/CAM 系统有如下两个显著特点：其一，将设计者在 CAD/CAM 环境下的活动提升到人机融合为一体的交互活动，构成智能化的设计系统，充分发挥设计者的智慧和决策作用；其二，在设计过程中，可对虚拟产品进行多方位的分析、评价和修改，保证产品的结构合理性，降低产品成本，缩短产品的开发周期。

5. 并行工程

并行工程（Concurrent Engineering）是随着 CAD/CAM 技术和 CIMS 技术的发展提出的一种新哲理和系统工程方法。其思路是并行地、集成地开展产品设计、开发及加工制造。它要求产品开发人员在设计阶段考虑产品整个生命周期的所有要求，包括质量、成本、进度、用户要求等，以便最大限度地提高产品开发效率及一次成功率。

8.2 数字化制造技术

8.2.1 数字化制造技术的概念

数字化制造技术的术语性定义是在数字化技术和制造技术融合的背景下，在虚拟现实、计算机网络、快速原型、数据库和多媒体等支撑技术的支持下，根据用户的需求，迅速搜集资源信息，对产品信息、工艺信息和资源信息进行分析、规划和重组，实现对产品设计和功能的仿真及原型制造，快速生产出达到用户要求性能的产品制造的全过程。

通俗地说，数字化就是将许多复杂多变的信息转换为可以度量的数字、数据，再以这些数字、数据建立起适当的数字化模型，把它们转换为一系列二进制代码，引入计算机进行统一处理，这就是数字化的基本过程。计算机技术的发展使人类第一次可以利用极其简洁的"0"和"1"编码技术实现对声音、文字、图像和数据的编码、解码。各类信息的采集、处理、存储和传输实现了标准化和高速处理。数字化制造是指制造领域的数字化，它是制造技术、计算机技术、网络技术与管理科学的交叉、融和、发展与应用的结果，也是制造企业、制造系统与生产过程、生产系统不断实现数字化的必然趋势。其内涵包括三个层面：以设计为中心的数字化制造技术、以控制为中心的数字化制造技术、以管理为中心的数字化制造技术。

8.2.2 数字化制造技术的起源与发展

1. 数控机床出现

1952 年，美国麻省理工学院首先实现了三坐标铣床的数控化，数控装置采用真空管电路。1955 年，实现了数控机床的批量制造，主要是针对直升机的旋翼等自由曲面的加工。

2. CAM 处理系统自动编程工具出现

1955 年，美国麻省理工学院伺服机构实验室公布了自动编程工具（Automatically Programmed Tools，APT）。其中，数控编程主要是发展自动编程技术，它是先由编程人员将加工部位和加工参数以一种限定格式的语言（自动编程语言）写成所谓的源程序，再由专门的软件转换成数控程序。

3. 加工中心的出现

1958 年,美国 K&T 公司研制出带自动换刀(Automatic Tool Changer,ATC)系统的加工中心。同年,美国 UT 公司首次把铣钻等工序集中于一台数控铣床,通过自动换刀方式实现连续加工,成为世界上第一台加工中心。

4. CAD 软件出现

1963 年,美国出现了 CAD 的商品化计算机绘图设备,可进行二维绘图。20 世纪 70 年代,出现了三维 CAD 表现造型系统,中期出现了实体造型。

5. 柔性制造系统出现

1967 年,美国实现了多台数控机床连接而成的可调加工系统,即最初的柔性制造系统(Flexible Manufacturing System,FMS)。

6. CAD/CAM 融合

20 世纪 70 年代,CAD、CAM 技术开始走向共同发展的道路。由于 CAD 与 CAM 技术采用的数据结构不同,因此 CAD/CAM 技术发展初期的主要工作是开发数据接口,沟通 CAD 与 CAM 之间的信息流。不同的 CAD、CAM 技术有自己的数据格式,需要开发相应的接口,不利于 CAD/CAM 技术的发展。在这种背景下,1980 年美国波音公司和 GE 公司制定了初始化图形交换规范(Initia Graphics Exchange Specification,IGES),从而实现了 CAD/CAM 技术的融合。

7. 计算机集成制造系统出现

20 世纪 80 年代中期出现了计算机集成制造系统(Computer Integrated Manufacturing System,CIMS),美国波音公司成功将其应用于飞机的设计、制造和管理,将原需 8 年的定型生产周期缩短至 3 年。

8. CAD/CAM 软件空前繁荣

20 世纪 80 年代末期至今,大量 CAD/CAM 一体化三维软件出现,如 CADAM、CATIA、UG、I-DEAS、Pro/Engineer、ACIS、Mastercam 等,并成功应用到机械、航空航天、汽车、造船等领域。

8.2.3 数字化制造技术的主要内容

1. CAD——计算机辅助设计

早期 CAD 是 Computer Aided Drawing(计算机辅助绘图)的缩写,随着计算机软件、硬件技术的发展,人们逐步认识到单纯使用计算机绘图不能称为计算机辅助设计。真正的设计是整个产品的设计,包括产品的构思、功能设计、结构分析、加工制造等,二维工程图设计只是产品设计的一部分。于是 CAD 的缩写由 Computer Aided Drawing 改为 Computer Aided Design,CAD 不再只是辅助绘图技术,而是协助创建、修改、分析和优化的设计技术。

2. CAE——计算机辅助工程分析

CAE 通常是指有限元分析和机构的运动学及动力学分析。有限元分析可完成力学分析（线性、非线性、静态、动态），场分析（热场、电场、磁场等），频率响应和结构优化等。机构分析能完成机构内零部件的位移、速度、加速度和力的计算，机构的运动模拟及机构参数的优化。

3. CAM——计算机辅助制造

CAM 能根据 CAD 模型自动生成零件加工的数控代码，动态模拟加工过程，同时完成加工时的干涉和碰撞检查。CAM 与数字化装备结合，可以实现无纸化生产，为 CIMS 的实现奠定基础。CAM 的核心技术是数控技术。通常零件结构采用空间直角坐标系中的点、线、面的数字量表示，CAM 就是用数控机床按数字量控制刀具运动，完成零件加工。

4. CAPP——计算机辅助工艺规划

世界上最早研究 CAPP 的国家是挪威，挪威于 1966 年开始研究 CAPP，并于 1969 年正式推出世界上第一个 CAPP 系统——AuToPros，并于 1973 年正式推出商品化 AuToPros 系统。20 世纪 60 年代末，美国开始研究 CAPP，并于 1976 年由 CAM-I 公司推出颇具影响力的 CAP-I's Automated Process Planning 系统。

5. PDM——产品数据库管理

随着 CAD 技术的推广，原有技术管理系统难以满足要求。采用 CAD 之前，产品的设计、工艺和经营管理过程中涉及的各类图纸、技术文档、工艺卡片、生产单、更改单、采购单、成本核算单和材料清单等，均由人工编写、审批、归类、分发和存档，所有资料均通过技术资料室统一管理。采用计算机技术之后，上述与产品有关的信息都变成电子信息。简单地采用计算机技术模拟原来人工管理资料的方法往往不能从根本上解决先进的设计制造手段与落后的资料管理之间的矛盾。要解决这个矛盾，必须采用 PDM 技术。

PDM 是从管理 CAD/CAM 系统的高度上诞生的先进的计算机管理系统软件，它管理产品整个生命周期的全部数据。工程技术人员根据市场需求设计的产品图纸和编写的工艺文档只是产品数据的一部分。PDM 系统除了管理上述数据，还要对相关的市场需求、分析、设计与制造过程中的全部更改历程、用户使用说明及售后服务等数据进行统一、有效管理。PDM 关注的是研发设计环节。

6. ERP——企业资源计划

ERP 系统是指建立在信息技术基础上，对企业的所有资源（物流、资金流、信息流、人力资源）进行整合集成管理，采用信息化手段实现企业供销链管理，从而科学管理供应链上的所有环节。

ERP 系统集信息技术与先进的管理思想于一身，成为现代企业的运行模式，反映时代对企业合理调配资源，最大化地创造社会财富的要求，成为企业在信息时代生存、发展的基石。在企业中，管理主要包括三方面内容：生产控制（计划、制造），物流管理

（分销、采购、库存管理）和财务管理（会计核算、财务管理）。

7. RE——逆向工程

RE 是指对实物做快速测量，并反求为可被三维软件接受的数据模型，快速创建数字化模型（CAD），进而对样品进行修改和详细的设计，达到快速开发新产品的目的，属于数字化测量领域。

8. RP——快速成型

RP 技术是 20 世纪 90 年代发展起来的，是近年来制造技术领域的一项重大突破，其对制造业的影响可与数控技术的出现媲美。RP 系统综合了机械工程、CAD、数控技术、激光技术及材料科学技术，可以自动、直接、快速、精确地将设计思想物化为具有一定功能的原型或直接制造零件，从而对产品设计进行快速评价、修改及功能试验，有效地缩短了产品的研发周期。

8.2.4 数字化制造技术的发展方向

（1）利用基于网络的 CAD/CAE/CAPP/CAM/PDM 集成技术，实现产品全数字化设计与制造。

在 CAD/CAM 应用过程中，利用产品数据管理 PDM 技术实现并行工程，可以极大地提高产品开发的效率和质量，企业通过 PDM 技术进行产品功能配置，利用系列件、标准件、借用件、外购件减少重复设计。在 PDM 环境下进行产品设计和制造，通过 CAD/CAE/CAPP/CAM 等模块的集成，实现产品无图纸设计和全数字化制造。

（2）CAD/CAE/CAPP/CAM/PDM 技术与 ERP、供应链管理（Supply Chain Management，SCM）、客户关系管理（Customer Relationship Management，CRM）结合，形成制造企业信息化的总体构架。

CAD/CAE/CAPP/CAM/PDM 技术主要用于实现产品的设计、工艺和制造过程及其管理的数字化；ERP 以实现企业产、供、销、人、财、物的管理为目标；SCM 用于实现企业内部与上游企业之间的物流管理；CRM 可以帮助企业建立、挖掘和改善与客户的关系。上述技术的集成可以整合企业的管理，建立从企业的供应决策到企业内部技术、工艺、制造和管理部门，再到用户之间的信息集成，实现企业与外界的信息流、物流和资金流的顺畅传递，从而有效提高企业的市场反应速度和产品开发速度，确保企业在竞争中取得优势。

（3）虚拟设计、虚拟制造、虚拟企业、动态企业联盟、敏捷制造、网络制造及制造全球化将成为数字化设计与制造技术发展的重要方向。

虚拟设计、虚拟制造技术以计算机支持的仿真技术为前提，形成虚拟的环境、虚拟设计与制造过程、虚拟的产品、虚拟的企业，从而大大缩短产品的开发周期，提高产品设计开发的一次成功率。特别是网络技术的高速发展，企业通过互联网、局域网和内部网组建动态企业联盟，进行异地设计、异地制造，在最接近用户的生产基地制造产品。

（4）以提高对市场快速反应能力为目标的制造技术将得到超速发展和应用。

瞬息万变的市场促使交货期成为竞争力诸多因素中的首要因素。为此，许多与此有关的新观念、新技术在21世纪得到迅速的发展和应用。其中，较具代表性的是并行工程技术、模块化设计技术、快速原型成形技术、快速资源重组技术、大规模远程定制技术、客户化生产方式等。

（5）**制造工艺、设备和工厂的柔性、可重构性将成为企业装备的显著特点**。

先进的制造工艺、智能化软件和柔性的自动化设备、柔性的发展战略构成未来企业竞争的软件和硬件资源。个性化需求和不确定的市场环境，要求克服设备资源沉淀造成的成本增加风险，制造资源的柔性和可重构性将成为21世纪企业装备的显著特点。将数字化技术用于制造过程，可大大提高制造过程的柔性和加工过程的集成性，从而提高产品生产过程的质量和效率，增强工业产品的市场竞争力。

【例8-1】 "云制造"的模具协同制造模式。

由于现阶段"云制造"还是一种理念，因此基于"云制造"的模具协同制造模式还有许多层面的问题亟待研究，随着5G技术的成熟和发展，云制造模式也将逐步普及。现阶段，在运行机制方面，需要探索制造资源共享的商业模式、推动机制等基本问题；在实现的关键技术方面，为了实现模具云制造的理念和完善的商业模式，还需要探索模具云制造平台的运行原理等实现技术。下面以某汽车覆盖件模具的设计与制造过程为例，探讨在这种新模式下的模具设计与制造思路及其实施技术，并进一步描述其工作流程，如图8.2所示。

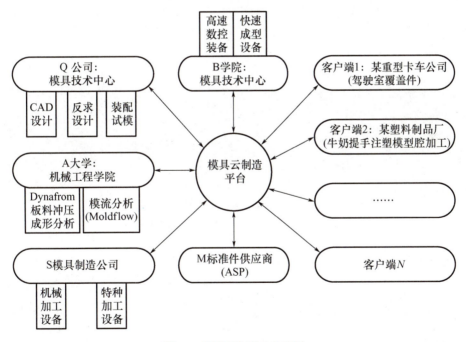

图8.2 模具云制造工作流程

某重型卡车公司要开发某款新车驾驶室，通过模具云制造平台发布客户端请求后，模具云制造平台根据连接到该平台的各种软件和硬件资源进行匹配，推荐由Q公司模具技术中心进行定制并签署合同，生成模具云制造服务。Q公司接到平台下达的任务后，在模具云制造平台的引导下，联合A大学机械工程学院和B学院模具技术中心进行重型卡车驾驶室设计制造。由 Q 公司根据重型卡车公司提供的产品实物进行二维扫描，获得"点云"，利用 Imageware 软件对"点云"进行缝补重构，将重构后的数字模型导入 CAD 软件进行修改（新产品的开发），将修改后的样件数字模型导入 CAD 软件的模具设计与制造模块，进行驾驶室覆盖件模具的结构设计；设计好的覆盖件模具经模具云制造平台递交给 A 大学机械工程学院 CAE 分析中心进行覆盖件的 Dynaform 板料冲压成形分析及 ANSYS 有限元仿真分析；分析并确认无误后的模型通过模具云制造平台传递至 S 模具制造公司和 B 学院模具技术中心，分别进行驾驶室覆盖件模具的工艺零件和结构零件的协同制造。同时，该模具所需的标准件由模具云制造平台发布需求信息，通过招标，由 M 标准件供应商提供所需标准件（导柱、导套、螺钉、销钉、弹性元件）；该模具所有零部件经检测无误后，由模具云制造平台协调后同期回到 Q 公司模具技术中心进行装配、调试，试模制造成品并确认无误后，由模具云制造平台确认合同执行完毕。其中，CAD、CAE 相关软件资源在 Q 公司模具技术中心和 A 大学机械工程学院；机加工设备和特种加工、高速加工制造资源在 S 模具制造公司和 B 学院模具技术中心。模具云制造服务平台对各层的资源进行智能调度，以完成模具的设计、制造过程，实现分布资源同步参与上述过程。

本案例体现了模具云制造平台"将分散的各种资源集中使用"的思想，阐述了"多对一"的模式，即多个分布式资源为一位用户或一项任务服务。

参考文献

大连理工大学工程图学教研室，2013. 机械制图［M］. 7 版. 北京：高等教育出版社.
何铭新，钱可强，徐祖茂，2016. 机械制图［M］. 7 版. 北京：高等教育出版社.
金清肃，2007. 机械设计课程设计［M］. 武汉：华中科技大学出版社.
单忠臣，2002. 机械 CAD/CAM［M］. 北京：中央广播电视大学出版社.
王之栎，王大康，2003. 机械设计综合课程设计［M］. 北京：机械工业出版社.
徐云杰，2012. 机械工程制图［M］. 北京：兵器工业出版社.